A Bloody Journey into the World of the Gun

GUN BABY GUN

權力、財富、血腥與兵工業，一場槍枝的生命旅程

血色的旅途

IAIN OVERTON

伊恩・歐佛頓——著　陳正芬——譯

獻給G

獻給S

獻給A

謹以此記念我的祖父母

Carolina Bernal (1917-2014)

Pablo Antonio Bernal (1919-2014)

目錄 Contents

第一部　引言

但這些還不夠，
我對獵人的世界所知甚為貧乏，
既沒見過狙擊手，也從沒到過槍枝工廠，
我想把以上各部分整合起來，一窺槍枝完整的樣貌。

第二部　槍帶來的疼痛

「經驗」是各地創傷中心的共通點，
他們親眼目睹恐怖情景，必定從中學到許多，
而學習的衝動也轉變為醫學史的進程；
若是沒有從那些受到槍傷的人身上學到教訓，豈不就等於對槍屈服。

第三部　權力的擁有者

無數多的擁槍者，槍殺他人以聲張個人權力，
他們陷入一時的狂熱、絕望、憤怒或自我防衛，
於是用手上的槍來奪人性命，
殺人多半未經預謀，而是對威脅、狂熱或恐懼的反應。

第四部　擁槍的愉悅

槍賦予人威權的優勢，而且是無法僅憑腦袋贏得的威權。
光憑一把槍就能在所有爭論中獲勝，
把「無名小卒」提升為「男人」。
難怪這麼多男人愛它們。

第五部　經濟效益

整個槍枝產業都蒙上神祕的面紗，
只有少數幾家股票公開上市，
大部分都沒有義務公開詳細帳目或年報。
這一行不像菸草、製藥或金融等產業會有吃裡扒外者，
因此有些人甚至稱槍枝產業是「最後一個不受規範的消費產品」。

第一部 引言

但這些還不夠，

我對獵人的世界所知甚為貧乏，

既沒見過狙擊手，也從沒到過槍枝工廠，

我想把以上各部分整合起來，一窺槍枝完整的樣貌。

Chapter 01

槍

巴西↓聖保羅的兇殺案↓悲傷的孩子與死去的母親↓深入警方的槍械庫↓一個啟示↓旅程的誕生↓英國里茲↓神祕的博物館以及和專家見面↓到瑞士拜訪槍枝界的權威人士

故事從一樁死亡事件開始。

五歲男童蜷著身子，整夜躺在死去母親的冰冷雙腳旁，直到拂曉的微光照進陰暗的臥室，鄰居們才聽見男童的哭聲，大家也才終於明白，在太陽尚未升起的過去幾小時裡，究竟發生了何事。

子彈從這位少婦的左太陽穴進入，從後腦門出來，血跡飛濺在斑駁的牆上。那間窄小的屋子原本就不時傳出咆嘯的爭吵聲，但誰都沒料到事態竟會演變至此。

男童被發現後，警察隨即趕到，但被害人男友與他用來行兇的手槍一樣，早已不知去向。

當我們來到這棟路邊的死寂屋子時，男童已經裹上毯子，從母親遺體所在的陰暗房間被帶到陽光下，他的母親仍然在屋內。

我們不知所措地看著一輛輛從聖保羅北上的車子從身旁駛過，車裡的人也放慢速度注視著我們。警察和負責記錄的工作人員擠在一輛無用武之地的白色救護車旁，狗在遠方吠叫，我拿出錄影機，走進屋內。

死者在住家前半部開了一家小店，專門賣些添加色素的糖果和不冰的螢光色飲料。櫃台上的淺盤放著天主教聖像的墜子，賣給暫停歇腳的卡車司機。但這些塑膠聖像昨晚沒能夠顯現神蹟，現在的她躺在屋子的另一端。走過布滿灰塵的櫃台，穿過狹窄的廊道，她就在那灘寂靜之中。

據說死亡有股甜甜的氣味，我在走進她的臥房之際有這種感覺。我的口中有股味道，讓我想起陳列在小店牆上的淡橘色瓶子，或是擺放在整齊且亮晶晶小盒子裡的柳橙巧克力泡芙，空氣中帶有這種濃濃氣味，在這初夏的日子裡，距她死亡已經超過十二小時。

她名叫露西葛蕾吉，身上一絲不掛，這讓我有點意外，但有尊嚴的死亡又談何容易。她的乳房垂向一邊，其餘部位盡皆裸露在外，她沒有流很多血，唯獨消瘦蠟黃的臉上有一處汙跡。我在角落架起三腳架開始工作，警察沒有上前阻止拍攝，然而現在的我甚至不曉得這麼做還有什麼意義，因為我拍的影片永遠不可能出現在夜間新聞快報。伊朗裔的英國籍記者拉米塔・納法伊（Ramita Navai）對類似場面早已見怪不怪，我和他合拍的影片，報導巴西城市的暴力事件與死傷，但當地第四頻道的新聞，卻絕對不會播放如此殘忍的個案細節。

儘管如此，我還是覺得我該做點事。

於是，我聚焦在她張開的雙手，以及破舊櫃子上的一排小玩意，接著鏡頭來到一隻紫色小熊的臉，我猜那是戀人以前買給她的。錄影帶快速轉動的聲音劃破了房間詭異的寂靜，我繼續拍，直到法醫用厚毛毯將她包起，就像她的兒子被裹上毯子一樣。而當她沉重的身子被抬起時，我只想到睡在這麼厚的毯子底下該有多熱。

我們跟在遺體後，走到陽光下，再度鑽回車子裡，等驗屍官的廂型車開走。我們驅車往南，跟著一輛從容不迫的警車回到該市的警察局總部。每個人都不發一語。

這棟低矮寬闊的建築，是用巴西建築師喜愛的水泥、橫木和遮板建成，正面長長的玻璃屏幕後，站著佩槍荷彈的警察，令這棟市府建築少了時髦感、多了肅殺的氣氛。通往警局的階梯寬敞但級距甚淺，樓梯呈弧形旋轉，使通往正義之路更顯漫長。

我想到漫畫《超時空戰警》（*Judge Dredd*）中，將聖保羅描繪成一座可怕的反烏托邦（dystopian）城市。警察局是懲兇除惡的中樞機構，但這裡的警察只是托著沒有生命的金屬武器站著。理由很簡單，短短一年內，這座城市就發生過超過一千起的槍殺案件，猖獗的犯罪事件迫使學校停課、市區巴士改道行駛。[1]

因此，這座政府大樓如臨大敵的氣氛也就不足為奇。無止盡的毒品戰爭摧殘這片土地，導致數十名警察被殺，警局總部入口處的守衛可不能掉以輕心，他們配戴重裝備，將警用突襲步槍斜背在防暴護肩上，裡面則穿著防彈背心。

通過掃描和安檢後，我們來到另一側，出來接待的是卡斯楚（Luis de Castro）上校，他的身高不高，有著修剪整齊的深色短髮、稜角分明的下顎和仔細熨燙的襯衫，一副生來就要保家衛國的樣子，他與我們握手寒暄後，立刻說明這次請我們前來，是要參觀聖保羅市用來存放扣押槍枝的處所。

「幾年前，我們針對槍枝持有者給予赦免，」他說話字字鏗鏘，彷彿在下指令，「我們沒收或接收約兩萬支槍，每支槍發給五十至一百美元不等。」

上校邁開步伐，帶領我們穿過一條長廊，這條長廊的以日光燈管照明，裸露刺眼；兩側的牆彷彿用砂紙拋光一樣，上頭空無一物；地板被磨蝕得高低不平，我們緩緩走進這隻官僚巨獸的銀白色肚子，領頭的上校所到之處，靴子皆發出清脆的聲響。他停在一扇灰色的門前示意我們進去，門後是個小房間，幾位身著制服的警察坐在電腦前輸入資料，他們抬頭看了我們一眼，從眼中能看出他們大部份時間都待在不見天日的房間裡，彿面對著一扇牢籠的門。

上校吆喝一聲，隨即出現一張陰鬱的臉，將鎖打開。門向外開啟了，我們走進半明半暗之中。

數千支槍塞滿整個空間，牆上掛著一排排細長的木盒，彷彿是專門分類郵件的辦公室，每一格擺著一支槍，上面附著一張小紙籤。空間早就不夠用，連櫃檯和周遭的木頭椅子上都布滿槍枝，打開任一個房間的門，看到的景象都一樣。

北美洲的半自動槍、中國的狩獵步槍、德國的九釐米手槍、英國的老式霰彈槍，還有自製

1. 二〇一二年，與聖保羅面積差不多的倫敦，兇殺案不到一百件。如果從兇殺率來看巴西的死亡率，會發現該國的槍殺死亡率是全世界第四高，每十萬人平均有十九點三人遭到槍擊。據估計其中約百分之九十五為他殺。

手槍和高科技的機關槍。這些武器因年代久遠而嚴重鏽蝕，不禁令人想像奴隸的主人在古老莊園裡揮舞它們的樣子，有些槍上甚至蓋有「警察」的戳記，因為當巴西的幫派份子取走警察的性命時，也會順道將他的配槍帶走。[2]

這讓我突然想到，這處槍的墳場就像電影《六度分隔》（six degrees of separation），象徵意義遠大於眼前的小房間。這裡每一把槍都經由製造者或受害者、槍手或賣家，而和某個大事件發生關聯。換言之，與外面的世界有著深度卻又曖昧的連結。

這裡有用納稅人的錢買來的左輪手槍，還有古老戰爭留下來的軍械，有警用手槍和軍用手槍，有射擊運動用的步槍，以及來自世界各地的獵槍，許多槍被行兇的汙跡玷汙。法律與保護、暴力與報復、休閒與獵食，人生的縮影盡皆展現在這些陰影中。

某種程度，這個存放槍枝的祕密處所，具體呈現所有人權悲劇的象徵，身為調查記者與人權研究者，我一直想將這些悲劇公諸於世，本書的構想也在那一刻誕生，我想從槍在金屬搖籃開始，一路追蹤到它染血的棺材為止。這場旅程將探索槍枝的生命周期，希望藉此對死亡甚或生命多一些認識。

* * *

全世界有近十億支槍[3]，數量之大可謂空前。據估計，每年生產一百二十億發子彈，一百多國擁有自己的槍枝產業，近年來有二十國曾發生兒童攜槍鬥毆的案例，在這新的千禧年中，

AK47步槍的售價甚至低到區區五十美元。

確鑿的事實顯現了不堪設想的後果，然而儘管數字駭人，在我踏入槍的世界之前，對這些卻一無所知，或許是因為槍常被新聞和媒體遺忘的緣故吧，在我的職業生涯中，經常會報導槍械帶來的傷害，卻從不曾真正做過槍枝本身的報導，這就有點像是惡魔的臉，知道它的存在，但又不覺得有必要一提。但其他種類的武器可就待遇不同，「用菜刀把他的頭砍下來？天哪，太恐怖了！」說到槍，就變成「沒辦法啊，到處都有槍。」槍存在著，值得注意卻又無人提起。

我在露西葛蕾吉躺臥的陰暗房間裡，看到槍如何奪走人的性命，在聖保羅的警局總部，看到警方如何設法遏止並管制槍枝，但這些都是片段畫面，依然無法回答是誰製造這些槍、警用手槍為何淪為壞人的兇器，以及誰會從販賣這些烏茲衝鋒槍中得利。

我因為從事各種各樣的工作和社會運動而知道部份答案。戰地記者通常只是目睹槍造成的傷害，往往將報導聚焦在各個邪惡的政府上，鼓吹對武器的交易強化規範；調查記者則是設法揭露敗德的槍枝販子。過去這些工作我全都做過，因而對這些事略知一二。我報導過東印度被非法販賣的女性，拍攝過布宜諾斯艾利斯的貧民窟，親眼目睹墨西哥邊界的暴力事件，也記錄

---

2. 根據非政府組織里約萬歲（Viva Rio）的一項研究顯示，在一九九八至二〇〇三年間，里約熱內盧（Rio de Janeiro）從犯罪分子扣押的一萬零五百四十九支槍中，有百分之十一屬於軍事警察所有。

3. 「小型武器調查」估計有八億七千五百萬支槍，但這是二〇〇七年的估計值。由於每年生產的槍多於損毀或報廢的槍，因此近十億支槍似乎是合理估計。

過中國與台灣之間緊張的外交僵局，我見過各種不同顏色的槍枝，但這些還不夠，我對獵人的世界所知甚為貧乏，既沒見過狙擊手，也從沒到過槍枝工廠，我想把以上各部份整合起來，一窺槍枝完整的樣貌。

這當然是個大工程，每當我說出想做的事時，人們總是倒抽一口氣。這肯定是全球性的，太多媒體只著重美國與槍的關係，但我想採取更廣泛的角度，我認為美國的槍僅是那血腥冰山的一角。

因此，這是一趟誕生於記憶和新體悟的旅程，我不僅要重溫舊時筆記，也要踩在機場漫長的地毯上，前往一個又一個殺戮現場，把槍對世界的影響交織成一張完整的錦毯，某座城市的瞬間猶如一縷絲線，與我造訪的遠方另一座城市，意外地連結在一起。

我的視野顯然寬廣到必須採取某種計畫才行，於是我決定根據受槍枝影響的不同族群，將研究分成幾部份，包括直接被槍械傷害的死者、傷者、自殺者，利用槍來聲張權力的殺人犯、警察和武裝部隊，用槍從事休閒娛樂的玩家和獵人，企圖以販賣槍枝謀取利益的賣家、走私者、說客，以及最源頭的製造者。我打算把過去的記憶和訪談、現在的旅行見聞和研究加以整合，逐一探究各個族群，完整理解在槍的陰影下生活和死亡是什麼樣子。

不過，首先我想對槍械本身有更多一點的認識，我想知道槍械在世界上的歷史定位，槍械的演進經過以及對歷史的影響，於是我從倫敦的家往北走，來到全世界槍枝收藏最豐富的博物館，位在英國里茲（Leeds）的皇家軍械庫（Royal Armouries）。

＊　＊　＊

英國國家槍械中心（British National Firearms Centre）從近四百年前開始收藏槍枝，最初的發想來自君王查理一世，目的是把國家採購的槍枝統一化，之後數百年間收藏逐漸增多。如今皇家軍械庫號稱是在一個屋簷下擁有最多獨特步槍和手槍的地方，當然也成為深入了解槍枝世界的不二所在。

於是在某個風大的春日，資深管理人馬克・莫瑞福勒特（Mark Murray-Flutter）同意在這所公立博物館的入口等我到來。身材壯碩的馬克，以快步和笑容給予我熱情的歡迎，他伸出左手來握我的右手，令我有些不解，我低頭一看，眼中看見的不是血肉之軀，而是一隻義肢。我猜他從過軍，也是太接近槍所付出的代價。他沒理會我臉上的表情。

馬克沒多做解釋便逕自轉身，領帶在風中飄啊飄的，踏著輕快步伐帶我遠離這棟灰色的市府建物。在濃密的茶色雲朵下，我們沿著一條有著風吹拂的路繼續走，進入一扇不知屬於哪棟房子也沒有地址的門，接著穿過沒開窗戶的鋼筋水泥建築，來到金屬探測器前。荷槍警衛透過防彈窗，要求檢視我的護照，之後是搜身。最後我們進入洞穴般的空間，一般民眾鮮少來到這裡。

「到啦，」馬克咧著嘴笑。「全都在這裡。」

槍。上千支的槍。槍枝填滿洞穴般的房間，就像擅自占據空間的金屬昆蟲，瑟縮著身子，靜悄悄地，還帶有股魔力，酣睡等待醜陋黎明的到來。在昏黃的燈光下，我看到一排排所有想像得到的槍械：有些上了油，火力強大的槍在地上、有些擦拭晶亮的槍在架子上，有些槍掛在牆上的槍托裡，有些好端端擺在櫃子裡，有些則藏在崁壁式抽屜的深處，就像波赫士（Borges）那知名的圖書館，只不過這裡是槍而不是書，有一萬四千多支用鋼鐵、木頭和黃銅製作的槍。此外，這裡不像巴西警局的槍械庫，每一支槍都整潔有序，不讓它們淪落無人控管的狀態。

空氣中嗅得到歷史的氣味，那是槍油和揮之不去的無煙火藥。由於歷來的管理人試圖以合理方式蒐羅各種槍枝，因此從這些武器看得到過去的戰爭和被淡忘的衝突。過去英國人大量生產步槍時，會把第一版的原型送交軍械庫，這些槍被用蠟印上厚厚一層版權所有的封緘後存放，接著遠在他處的機器便生產出數以百萬計的複製品，這些原型的百子千孫幾經流轉，最後來到喜馬拉雅的山腳下和非洲氤氳混沌的叢林中，一如這個商賈之國[4]經由買賣和殺戮，最終成為帝國。

在這裡看得到一切暴力恥辱和血腥歷史的源頭，然而不僅有英國槍枝的大集合，還有其他地方的槍，這裡是槍械聯合國，幾乎只要說出某個國名，就能出現那個國家的槍枝。

「最好的方式，就是把這裡想成圖書館，只不過裡頭不是書，而是槍，」馬克遞給我咖啡時說道。說話輕聲細語、理路清晰的馬克解釋他不是熱衷武器，至少不是對武器的殺傷力有興趣，這位受過傷的學者喜歡的，是武器代表的意義。馬克曾經是社會歷史學家，他想知道槍械如何融入社會，要說他有什麼興趣，那就是槍械的裝飾性了，因此他自認是正向的槍枝管理者，而不是從槍枝控管、槍枝奪走多少人性命以及侵犯多少人自由，來看待這個房間裡的東西。換言之，他是對槍的意義感興趣。

「我受那些用槍作為身份表徵、外交餽贈以及愛情的紀念，還有如何宣示功成名就的功用吸引，」他的聲音有學者的氣息。「對擁槍的人來說，經濟地位愈高就愈不在乎多花錢，在意的是設計的浮誇和炫耀度，俄國的寡頭政治領導者和墨西哥毒梟會把槍枝鍍金，讓世人知道自己是最厲害的。」

我們談到一些數據與事實。不過，馬克的槍枝簡介沒有太多新意，槍枝世界的魔鬼藏在細節裡，許多手槍迷會專注在口徑和型號等枝微末節上，但引起我注意的不是這些，讓我感到好奇的是這些手槍幹過的事，而不是那些經過微調後，就能成為更具殺傷力的新款手槍。

但這也無妨。馬克說，十四世紀以來，槍械的基本物理原理其實大同小異，一把槍需要的是槍管、發射物、發射管道、點火裝置和瞄準工具，打從槍枝原理被發想以來，之後的發展多半只是改良。

「槍變得更輕巧，但基本上還是相同的，」他將身子前傾。「槍械的發展有兩大突破，一是十九世紀初發展的獨立式彈匣，還有英國人馬克辛（Maxim）開發，能自動射擊的機槍。」我想，槍枝的人氣歷久不衰，或許是因為動作原理簡單而吸引人吧。[5]

馬克喝完茶，起身要我跟他走。他遞給我一副白手套，我們躡手躡腳進入槍堆中，他開始

4. 譯註：原文是 a nation of shopkeeper，據說是拿破崙對英國的輕蔑說法。

大咧咧地遞過來一支又一支的步槍。

最靠近我們的是一把加德納槍，這是有五根槍管的手動機槍，由垂直的彈倉補充子彈，只要轉動曲柄，子彈就會載入後膛，接著螺栓鎖緊，機槍發射。[6]這是槍枝發展的重大里程碑，有人甚至憑著加德納槍的連續性原理，而從這個機械操作中看見文明的曙光，也因此機槍在一些人眼中是理性文明的產物。照這個邏輯看來，凡是製造不出類似殺人武器的文化，就被視為較不文明，要遭受帝國統治。

持類似看法的人，一定會對這裡留下深刻印象，因為在這銅牆鐵壁的房間裡，牆上陳列著一排排衝鋒槍；美國南北戰爭期間，最初設計用來對抗觀測氣球的高射炮也出現在遠一點的左側；右邊是中國製的DshK重機槍，這種架在輪軸上的槍被暱稱為「小甜甜」；這些槍的旁邊有一排可以架在地上的無後座力步槍，從前它被當作反裝甲武器；最後是可以在水下開火的俄羅斯步槍。文明的進步展現在致命的金屬中。

每一支槍都在訴說自己的故事：步槍和手槍如何改變歷史進程、暗殺薩拉耶佛的斐迪南大公（Archduke Feredinand）如何引發第一次世界大戰、馬丁·路德·金恩被殺，如何促使美國往種族平權邁進、以及槍如何推動工業生產方式與現代醫學的進步，而這一切全都在訴說死亡。

遠處牆上的架子裡有個熟悉的形體，弧形的長彈倉、木質槍托、鐵製照準器，這把槍能像機槍般自動掃射，也能像狙擊步槍連發射擊，可以被扔進河裡、在泥巴裡拖行仍不會阻塞，這支槍極受歡迎，因而有數以千萬計的複製品被製造出來，它叫卡拉什尼科夫（Kalashnikov）或

AK47步槍，也是全世界最知名、殺傷力最強的槍。它的實用性和致命性，在現代軍事衝突中展現無遺，辛巴威、布吉納法索和東帝汶用它做為軍人戰袍上的紋章圖案，埃及西奈半島和伊拉克巴格達外塵土覆蓋的平原上都有它的塑像，雞尾酒以它命名，而高知名度也使它成為飲料品牌，裝在它招牌形狀的罐子裡販賣，有些父母甚至替孩子取名卡拉許（Kalash），它的魅力無遠弗屆、深入人心。

馬克伸出戴著白手套的手，抽出一把中國槍。

「這是五六式的自動步槍，」他把槍管靠近自己的臉。「沒錯，這是從北方省分來的，而且這個可折疊的槍托是新的。」這把槍來自國家兵工廠六六（State Factory 66），是五〇年代起生產的一千五百萬同型槍之一，他抽出另一支一九八一年分的槍，也來自中國。他的手指畫過序號的前兩碼，他說這一型槍有大約九十種變化版，又指著一支槍身由硬金屬製成、折疊式槍托的黑色「壞東西」說，「東德製的。」短短四個字道盡一切。這把槍外型很東德，可不是鬧著玩的。

---

5. 馬克辛是住在英國的美國居民。至於擊發的機械原理，多數是從子彈內部開始，也就是作為推進燃料的火藥所在。只要點燃火藥就製造出動力，推進燃料燃燒時會釋放氣體而產生巨大壓力，將子彈推出槍管，使槍發出「砰」的聲音，就像瓶塞從瓶子爆出來。子彈在空氣中行進時，地心引力和空氣的阻力會降低子彈的速度和彈道，短距離射擊時子彈大致是呈直線行進，當距離拉長，子彈的飛行路徑會呈向下的曲線，愈現代化且準頭愈強的子彈，就愈容易穿越空氣行進。

6. 這個武器在美國的桑迪胡克經過最初的軍事測試，而桑迪胡克因為國小恐怖殺人事件幾乎成為這把槍的代名詞。

從這些槍隱約看到每個民族的特質。芬蘭的版本賦予些許時髦感，管狀槍托讓人想起北歐的木材和蠟燭；埃及的槍上蓋了一棵小樹的戳印，是該國的瑪阿迪公司（Maadi）特別用俄羅斯進口的舊機器製造；北韓的槍看起來廉價寒酸，基底有一顆代表共產主義的星星，讓十五歲的北韓學生組成的紅衛兵使用這款槍，對他們營養不良的身軀來說當然夠輕。其他還有巴基斯坦、俄羅斯和中國的AK步槍，有時候光是一個國家就有十幾種，甚至有越共時代的AK步槍，如今看來這款槍是對抗美國軍事力量的終極利器。

不過，抓住我目光的是一把閃亮的鍍金AK步槍，也是一九八八年兩伊戰爭結束的紀念品，胡笙國王將它作為禮物，是珠光寶氣的限量版。

「我想握握看，」我說。我感受歷史的吸引力和當下處境的獨特性。戴著過大的太陽眼鏡、身穿開領襯衫的我，想跟這把槍合照。

「非常的阿拉伯，」馬克拿回我手上的槍，放回櫃子裡。

他帶我到另一個架子，這裡有一把黎巴嫩M16半自動步槍，由美國柯爾特公司（Colt USA）製作，旁邊一把是從愛爾蘭共和軍（IRA）奪來的M16突擊步槍，上頭有個拋光的序號。再旁邊的是一排富有未來感、外型矮胖的比利時FN F2000突擊步槍，也是格達費上校旗下的殘暴軍隊鍾愛的武器。當你走過一排排槍時，會發現每支槍各有巧思，很多都是改良旁邊槍枝的設計而做出微小修正。

「假如我發現一種自我防衛的新方法，你會找到更新的方法來反制我。」馬克說。

接著他略帶敬意地，取出一把一八〇五年款的貝克步槍，這是一八一五年滑鐵盧戰爭時用的，他說這把槍的重量跟現在英國陸軍的SA80式步槍都是十磅左右。我握著它，想像一位莊重的十七歲士兵，用孩子般的手抓住木製槍托，畏懼著即將到來的一切。

我們離開軍事武器，接著來到擺放運動用槍枝的架子，最引人注意的莫過於這些槍的來頭和價錢。馬克抽出一把H&H Magnum點三七五的狩獵步槍，一九〇九年羅斯福總統的同伴就是帶著這把槍到非洲狩獵旅行，類似的槍在拍賣時以近三萬兩千美元賣出；再過來的是一支M30 Luftwaffe Sauer & Sohn Drilling，也是全世界最貴的防身槍械[7]，這支霰彈槍有三根槍管，槍身有代表納粹的卐，納粹空軍的飛行員曾用它來避免遭到俘虜，你可以在這把國力達到巔峰時期的精緻武器上，看到赫曼．戈林（Hermann Goering）對美感和極致工藝的癡迷。正當我以為再貴也貴不過這把槍時，馬克讓我看所有收藏品中之最，一把阿拉伯委託訂製的史密斯威森（Smith & Wesson Model 60）的六十型左輪槍，粉藍色外殼上鑲有九百八十四顆鑽石，造價超過十二萬英鎊。

不過，更令我感興趣的不是這件寶物，而是跟幾把老舊步槍在同一個架子上，一把十九世紀末李恩菲爾德彈倉式步槍（Magazine Lee Enfield Rifle）的原型，陸軍的術語叫做MLE，又稱為艾咪莉（Emily）。一次大戰期間，成千上萬名英國士兵扛著這款步槍前往戰場，這是第一批生產的數百萬支槍之一，我在陸軍官校時，就是經由這款步槍學會射擊，從而進入槍的世界。

---

7. 譯註：一般是指用以反制敵人攻擊武器的反制裝備或武器。目的是增加自己的戰場存活率。

在我還沒失神之前，馬克帶我來到一個不起眼的小型抽屜櫃，裝滿了令人好奇的東西，打開一個個抽屜，盡是供情報人員使用、外表無甚新奇的槍，有知名的００７使用的九釐米華瑟PPK警用刑事手槍（Walther PPK）[8]、有派克鋼筆手槍（Parker Pen）、可以藏在外套裡的「袖子」手槍，還有變身成打火機、戒指、呼叫器、皮帶頭和小刀的槍，每一把槍看似人畜無害，其實全都具殺傷力。

「一群怪咖，」馬克這麼形容。這些槍賦予人想像空間——情報員、美人計、東柏林濃霧中的神祕會面。我們繼續檢視並讚嘆著每一把引起馬克注意的槍枝，時間在沒有陽光或可供指引的燈光下流逝，我們彷彿置身一座大型的陵墓，一座武器的墳場。漸漸地，幽閉空間令我感到恐懼，頭頂吱吱作響的燈具與燈光開始刺痛我的雙眼，突然間，離開的時候到了。

我還有最後一個問題。我詢問馬克的手。「你是在槍擊意外中失去手的嗎？」

「不是，」他回答，「我是個沙利竇邁（Thalidomide）寶寶，」這是五〇年代用來抑制害喜的處方藥，造成上百名畸形新生兒，換言之，他的假手跟槍傷一點關係都沒有，他微笑道別，經過又一次的搜身，確保我的口袋並未藏有情報員的鋼筆手槍後，我離開了。

夜幕低垂，我步行離開存放兇器的祕密地窖，進入下著毛毛雨、漸漸漆黑的北方城市。沙利竇邁寶寶啊，我一面想，一面拉高衣領。各種假想到此為止。

＊　＊　＊

我在爭吵聲中醒來。妓女整夜沒睡，曙光才剛投射到日內瓦的人行道上，該賺到的錢還沒賺到，這種事在在考驗人的耐性。

我推開窗戶往下看，色情酒吧「玩家」的粉紅色霓虹招牌在逐漸到來的天光中閃爍，而對著路過男性伸出長腿的變性人早在幾小時前就離開「世界菁英」（World's Elite）酒吧外的人行道；但幾名剛果女性還在，她們懂得如何吸引客人，吹著口哨，拉扯想在清晨尋求慰藉的男性衣袖，這些女子身上散發甜甜的香水味，面無表情。

去過里茲後，我來到瑞士，想弄清楚全世界究竟有多少槍。前一個晚上，我讀到二〇〇七年估計全世界每七人就有一支槍，警方有大約有兩千六百萬支，軍隊有兩億支，剩下的六億五千萬則為平民百姓持有。這些數據來自「小型武器調查」（Small Arms Survey），這是總部設在瑞士的機構，距我當時的住處約一英里，也是我接下來要拜訪的地方。

那天早晨，我跟他們的最高首長艾瑞克·柏曼（Eric Berman）會面，全世界有將近十億支槍，而他的任務就是利用統計學，為這些槍賦予秩序的假象。就某方面來說，全世界關於槍的數據和圖表都是他說了算，這樣的人當然非見不可，於是我穿著妥當就離開飯店，穿過噓聲連連的女人，直奔日內瓦清醒的街道。

「小型武器調查」位在白朗大道（Avenue Blanc），這一帶算是瑞士最典型的區域，辦公

---

8. 伊恩·佛萊明（Ian Fleming）最初配給手下間諜點二五 ACP 貝瑞塔四一八型槍。

室藏身在與緬甸、維德角共和國和坦尚尼亞大使館同一棟大樓裡，隔壁是窗上掛著一隻超大型可可兔的巧克力店，再過去是一所商業學校、一間醫學中心，以及瑞士審計信託服務公司（Swiss Audit & Fiduciary Services Company），整個區域乏味但井然有序，與槍枝暴力的血腥宛如不同的世界。

我按下電鈴，要求見艾瑞克。等待的時候，我瞄見桌上幾本標題硬梆梆的雜誌，有《國際防衛新聞》（*Defence News International*）、《安全共同體》（*Security Community*）、《亞洲軍事評論》（*Asian Military Review*）；但牆上的照片也好不到哪裡去，其中一張相片裡的窗戶上彈孔累累，從這扇窗向下望，是凌亂雜沓的拉維拉吉亞拉（La Vela Gialla）工業區，位於克拉莫黑手黨家族主導的義大利。另一張相片拍攝著布魯克林某毒梟的手，手上緊握一把柯爾特蟒蛇點三五七左輪手槍（Colt Python.357 Magnum），旁邊是用五美元紙鈔捲起的快克古柯鹼；接下來也是黑白相片，利比亞青年頭戴花色絲巾，手裡抓著卡拉什尼科夫式突擊步槍，面對無懼的鏡頭眼露兇光。這是世界各地的槍及其眾生相。

艾瑞克走來跟我握手，帶我到他的辦公室。我們坐下後，我開始解釋正在寫這本關於槍械的書等等。

「你不用替我美言，」我原本以為接下來的談話會很融洽，但艾瑞克的話令我驚訝。他是身材修長、儀表整潔的中年男子，看起來挺和善，讓我想起英國報社編輯常有的小心謹慎，聰明卻沒有怪癖，專注但卻不至於痴迷。

「『小型武器調查』有很多關於槍枝的見解，但我們沒有單一見解。」他接著回答一個我沒有問的問題，「我個人對於這麼做的理由，和我的同事們很不同……」他開始解釋該調查為何既不贊成軍備，也不反對槍械，接著他凝視著我說，「問我一個明確的問題。」

我問了。「全世界有多少支槍？」

這沒辦法給個數字的，他說。該調查審查一百九十三個聯合國會員國，他一面警告這些資料並未取得最精確的數據，一面遞給我三份報告，「全球估計為八億七千五百萬支槍。」接著他表示數字可能更多，畢竟這是七年前的數據了。他說，軍事和執法單位的數據有許多不可告人之處，因此他們必須從國家的角度來觀察士兵人數，從而估計軍隊擁有多少支槍，因為當軍隊人數精簡時，槍往往就被送進儲藏室裡，諸如此類的事導致難以取得全面性的數據；不過他說有件事可以確定，那就是全球每年製造的武器，多於毀損或報廢的武器。

我問，計算各軍隊的槍枝數，有沒有可能助長國家之間的軍備競賽。

「這是個膚淺的論調，」他說，眼底深處閃現一抹不悅。於是我說，他的防備反而令我更想知道真相。

「很難具體回答，」他交叉著手臂。

「一個地方的軍火數量和暴力程度，並不存在必然的關係，」他說。「任何人都可以偏向贊成或反對槍枝控管，誰都可以選邊站。關於這主題必須非常小心，因為很容易被操弄，有些人就是無法體會其中的複雜性。」

他發現我正對他怒目而視，於是呼了一口氣，告訴我，總之就是要小心，「記者可能把你寫的東西斷章取義，來遂行他們的目的，而我不想被牽連。」

這位紐約客在牆上貼了一張幾年前行遍剛果的健行路徑圖，也曾住過以色列、肯亞、墨西哥和柬埔寨，然而當他說話時，我發現其實他跟我並沒有那麼不同。槍促使他跑遍全世界，而他對槍的觀點也隨著經歷的事物轉變。

我本來希望能夠認識一位嚮導，在我踏上槍枝世界的旅程中，指引一條以知識和事實為根據的道路，但眼前這位卻拒絕採取固定的意見，他用不斷改變的數字來選擇不同的詮釋方式。他告訴我，槍改變了他，現在的他對資料有不同看法，他必須以更嚴謹的措辭來陳述「小型武器調查」的結論。很顯然地，槍枝的本質具政治意義，而他努力採取有意識的中立論調。

他逐漸卸下心防，帶我看他的辦公室，裡面都是些比較軟性的東西，像是跟槍沒什麼關係的人偶、中非共和國的紙鎮、加彭共和國（Gabon）的墓碑，一張幾內亞共和國的郵票上，還奇妙地印著《太空歷險記》（Lost in Space）中的胡蘿蔔人。架子上有一瓶還沒開的哈撒克伏特加酒。

「一定要寫是還沒開的。」我照做了，因為在槍的世界裡，顯然必須謹慎對待事實。畢竟，這攸關生死。

第二部 槍帶來的疼痛

「經驗」是各地創傷中心的共通點，
他們親眼目睹恐怖情景，必定從中學到許多，
而學習的衝動也轉變為醫學史的進程；
若是沒有從那些受到槍傷的人身上學到教訓，
豈不就等於對槍屈服。

Chapter 02

死者

所羅門群島↓二〇〇〇年的夏天，南太平洋有一人死亡↓讓人想起內戰↓槍枝造成大量死亡，且有具體數字為證↓宏都拉斯↓地球上最危險的地方↓三位女性在昏黃街道上被殺害↓到聖佩德羅蘇拉（San Pedro Sula）一間曾被祝融肆虐的殯儀館↓目睹一位記者的工作和夜間拍攝↓屍體防腐員的商業機密

他的眼神呆滯。我猜人死了都是這樣。或許我會像他一樣脖子中彈而亡，只能說幸好不是打到臉上。

我注視子彈的穿入點，沒有流很多血。我分辨不出子彈穿出的傷口，只看到喉結右側有個小洞，和甲板上的涓涓血流。但他的死狀不像電影裡演的，既沒有深色的血水向外蔓延，也沒有死前的哭喊，只有一縷輕柔的空氣和軟癱的屍體。

下個一定是我。

子彈在甲板上激烈地自旋，船艙的木頭壁板裂成碎片，同船的所羅門群島人驚叫連連，抱著木頭緊貼船壁。

又有三發子彈從我頭頂上方掠過，砰、砰。砰。幹！

原本不該是這樣的。我不是他媽的戰地記者，我拿薪水不是要來經歷這些的，當然也不必挨子彈。但我只能轉頭遠離死者的臉，趴在地上看著老舊的甲板，聽著充斥在空氣中的槍聲。

或許當初我不應該下飛機。

是放馬後砲誰不會。二〇〇〇年夏天，我一心想成為「鯊魚的呼喚者」（shark caller），這是南太平洋獵捕鯊魚的古老方法，我為了製作巴布亞新幾內亞北海岸某個原住民部落的廣播專題，而一直想學會這項技術，但我當時不知道的是，在新聞沒有報導的情況下，目的地所羅門群島的暴力緊張程度突然升高。

所羅門群島位在太平洋上，最大島嶼瓜達爾卡納爾（Guadalcanal）上的伊撒塔布族（Isatabu），與多年前來自鄰近省分的鬈髮外來民族馬來塔人（Malaitans）之間發生衝突，而在其首都霍尼亞拉（Honiara）長期的激烈敵對狀態，突然升高至血腥的槍戰廝殺，經濟的低迷與失業人口增加，更加重彼此的仇恨與族群對立，簡單來說，伊撒塔布族想把馬來塔人趕走。

所以，正當我忙著搞懂鯊魚時，約兩萬人正在槍口的威脅下不得不撤離家園。我是那班飛機上唯一的老外，一到那裡，迎接我的是一座鬼城，一切都在封閉狀態。霍尼亞拉位於蒼翠山丘的上坡路，店家紛紛用木頭將門緊閉，只見一群又一群憤怒的年輕人在路上閒晃，頭上綁著頭巾，身穿無袖戰鬥夾克，故意秀出繃緊的臂肌，看起來就像藍波。每個人都配備著重型武裝。

有些馬來塔人決定反擊，他們從警方的軍械庫偷走五百多支攻擊步槍和機關槍，那天早晨有個伊撒塔布的敵軍遭到馬來塔老鷹部隊（Malaitan Eagle Force，簡稱MEF）斬首，兩小時後同一批MEF的軍隊晃到國家醫院，槍殺一位躺在病床上療傷的士兵。

情況想必愈來愈不妙，於是我決定離開首都。當天晚上，我乘船在不知名的海上，就在距岸邊約十公里處，渡輪航進危險之中，甲板傳來急促的低語，隱約可見有一排武器正瞄準外海，我聽見有人用蹩腳的英文喃喃說道，外海有兩艘汽艇從瓜達爾卡納爾海邊就一路尾隨我們的船隻而來，兩艘都滿載伊撒塔布的民兵部隊。

突然間，在未經下令下，夜晚的空氣充滿激烈的槍響，曳光彈從頭的上方飛過，金屬撞擊的聲音在上層甲板此起彼落，船上的老鷹部隊趕忙到船邊回擊，我躲在存放救生艇的金屬貨櫃後面。

在類似時刻，心也開始變得理性。這個金屬貨櫃的厚度是否足以抵擋子彈？如果我猛衝到船艙，會不會被擊中？我在槍林彈雨中想著。接著，他倒下了。

幾分鐘前我才跟他說過話。他年約二十二歲，身穿紅色T恤，上頭印著褪色的白色海灘帽圖樣，頭髮剪得很短，黝黑的臉上有個疤。我從沒問他姓名，但他讓我看他的自動步槍，我問槍有多重，他爽朗地哈哈大笑。

之後槍戰停止。兩艘船突然掉頭航進黑暗中，剛才肇事的船已經逃逸。之後是一片死寂，彷彿有人輕輕將按鍵撥到靜音。母親們恐懼地瞪大眼睛，將孩子緊抱在懷裡；之後漸漸又有了聲音，在這飽受驚嚇的夜晚中，再度響起呢喃低語。

死者就躺在我面前。

這是我頭一回見到暴力事件的死者。如此近距離見到突如其來的死亡，你就不再是以前的你。一旦踏上不歸路就回不了頭。這場殺戮使我從製作鯊魚記錄片轉為報導時事。我進入戰區，前往外地記錄人類最黑暗的本質。如今我一再記述扭曲的屍體和被痛苦蝕刻的臉龐，可說是從這名死者開始，甚至使我走在後腦被七點六二釐米子彈擊中身亡的孩童白骨上。他使我在機關槍造成的地獄，看見馬來塔人脹大而笨重的屍體，橫陳在被火舌肆虐的土地上。

這名死者甚至為這本書鋪路。

在那之後，一切再也不同。

最後，所羅門群島的衝突造成約兩百人死亡，多數被槍擊斃，傷者多達四百六十人。若是從不帶情感的角度看來，這不過是在鮮為人知的地方發生鮮少有人記得的戰爭；但是人死不分貴賤，逝者必定永留在某顆破碎心靈的寂靜角落，對這個人而言，時間永遠無法磨滅其悲痛。

血流乾了，平靜恢復了。戰爭發生幾個月後，歐盟請我回到那裡主持一個槍枝回收計畫，我婉拒這項邀約，不過接下這份工作的人做得很好，因為如今槍在這些被棕梠樹圍繞的島上已成了稀有之物，幾乎沒有人遭到槍殺。

但是，槍卻在所羅門群島外大開殺戒，因為即使有核武、地對空飛彈、化學武器和迫擊砲，然而花小錢卻能製造大災難的，依舊非槍莫屬。槍是頭號殺手，槍下的亡魂多到難以計數，儘管死人不會說話，但卻提供了千真萬確的統計數據。

雖然全球數據難以取得，但各項國際研究估計，每年約發生五十二萬六千到六十萬件暴力致死案；聯合國的資料顯示，在兇殺案頻傳的地區，絕大多數都是用槍犯案，且往往超過八成。遭槍枝攻擊致死的可能性是遭到刀子等近距離攻擊的十二倍，如果考慮衝突事件的被害者有高達九成是被槍殺，就可以合理估計每年有三十萬件槍殺案，這還不包括自殺。世界衛生組織估計，每年有八十萬人結束自己的生命，而舉槍自盡在自殺方式中名列前茅，因此估計每年有二十萬人用槍自殺應屬合理。

綜合以上數據，每年約有五十萬人魂斷槍口。

死在槍口下的型態，顯然因國家而異。美加絕大多數都是自殺，巴西、墨西哥、哥倫比亞或阿爾巴尼亞則以他殺占多數。東歐和南非兇殺頻傳，但是槍殺並不多；南歐和北非的兇殺案不多，然而一旦發生則多半使用槍枝。

美國值得提出來探討一番，美國每年約有八萬件非致死槍傷與三萬件槍殺的案例，換算每天八十多件。而愈往南走情況愈糟，儘管拉丁美洲的人口僅占全世界人口的百分之十四，槍殺案件卻占全世界的百分之四十二。

不過，這些數字背後隱藏了一個問題。艾瑞克．伯爾曼說，要取得任何數據都有其根本上的困難度，這句話所言不假，許多國家沒有適當方法來證實誰死於暴力，連怎麼死的都不知道；就連開發程度相對高的南非，槍殺死亡遠超過其他「外部」死因，但卻只有三分之一的死亡記錄可供分析。撒哈拉以南的非洲國家在世衛組織的死亡資料庫，也只有七個國家的數據。

不過，從現有資料中得知，如果觀看死因排行榜，會發現排名第一的波多黎各，有百分之九十五的兇殺案都跟槍械有關，巴西的槍殺案件數是全世界除了戰區之外最多的。世界上人均槍枝暴力最嚴重的不是美國，而是中美洲的國家宏都拉斯，這點或許讓某些人驚訝。全世界槍枝暴力居冠的城市為聖佩德羅蘇拉，也是地球上最暴力的非戰爭城市。

上述這件事我還是第一次聽說。我去過拉丁美洲，報導過關於古柯鹼高毒性殘餘物帕可（paco）的毒品成癮，甚至是左派在拉丁美洲政界的崛起，而巴西的槍枝暴力只是過去十五年來諸多報導內容之一。我手握照相機到過那裡的許多國家，但是是以觀光客的身份去宏都拉斯，卻沒有見識過該國普遍的暴力犯罪。

不過，這次我想應該直搗聖佩德羅蘇拉的黑暗核心，記錄在凹凸不平的潮濕街道上、被常春藤盤繞的樹林中發生的死亡事件，看當地人在「槍火鼎盛」下如何自處。

* * *

屍體躺在蔗田的陰暗處。夜裡，我們在農場的泥濘中蹣跚前行，手機的光線不斷晃動，這是警察引導行走用的。中美洲的天空只有昏暗的月光，由於沒有預算買手電筒，警察只好將運屍車倒車，讓車頭燈微弱的光照射充滿殘株的蔗田，其餘就只好靠手機的光線了。

無線電傳來呼叫，彷彿這是緊急的殺人現場，其實被害者老早就遭到分屍。甘蔗穿過男子的牛仔褲後，長得愈來愈高大繁茂，先是穿破他布滿屍斑的肉，如今從身體發出芽來，彷彿長大的是骨頭本身。這些甘蔗苗在昏暗的光線下看似百合花，分不出哪個是骨頭、哪個是甘蔗。

「你看，他的雙手曾經被綑綁，」一位驗屍官用西班牙文說。他身穿醫師的白袍，卻用垃圾桶裝骨頭，所有關於證物汙染的顧慮，顯然早在數不清的犯罪現場中，消失在黑暗的角落。

「那是肋骨嗎？」有人用手機照射地上某處。

「不是，這是細枝。」漆黑中的某個聲音說。

「我找到他的頭蓋骨了，」另一個人說。一定是被動物拖走的，我猜。

「看起來是被砍掉的，」第一個聲音說。顯然我猜錯了。在晃動的光線底下，看得出子彈穿過造成的不平整洞口，希望他是先被射殺才遭到斬首。不管怎麼說，獨自一人雙手被綑綁死在田裡，肯定是幫派兇殺無誤。

這是我親眼目睹。而且才來這裡不久，這已經是我見過的第八具屍體。宏都拉斯無疑是個非常暴力的地方，二〇一二年，這個人口數八百萬人的國家平均每天有二十人被兇殺，相當於十萬居民中有九十點四人[9]，美國則是大約四點七人[10]。聖佩德羅蘇拉市更糟，每十萬人就有一百七十三人被殺遇害[11]，二〇一三年光是該市的轄區每天就有近六人被殺，而我目前是在它漆黑的外圍地帶。

暴力猖獗部份歸因於聖佩德羅蘇拉的地理位置，它的南邊夾在毒品王國哥倫比亞和玻利維亞之間，北邊有來自美國的買家，因而成為非預謀兇殺與冷血凌虐的溫床。進入美國境內的古柯鹼，大約八成被認為是透過這裡走私。毒品往北方流動，槍枝也跟著從位在南邊、全世界最大槍枝製造國往北走。

地理的現實加上貧窮、貪腐和執法不力，使幫派與毒梟為了毒品的龐大利益而在聖佩德羅蘇拉喋血火拚，甚至吸引令人聞之喪膽的墨西哥黑幫集團齊塔（Zeta）和錫那羅阿斯（Sinaloas）前來，他們與MS 13幫或十八幫（Calle 18）等當地的幫派份子結盟，凡走過之處，必留下死亡的痕跡。

* * *

幾天前，飛機在聖佩德羅上空轉彎，門瑞頓國家公園（El Merendon National Park）的蒼鬱山丘勾勒出這座城市東方的輪廓，喬洛馬（Choloma）工業區往北邊蔓延。這時我看了看手

---

9. 資料取自宏都拉斯國立自治大學（National Autonomous University of Honduras, NAUH）的「暴力觀察站」（Violence Observatory）。二〇〇五至二〇一二年間，兇殺率上升百分之九十三，從每十萬人四十六點六人，到每十萬人九十點四人。http：//www.unodc.org/unodc/en/data-and-analysis/homicide.html

10. 宏都拉斯比拉丁美洲以及加勒比海的其他國家嚴重百分之兩百八十三，二〇一二年發生七千一百七十二件殺人案，相當於每十萬人有九十點四人。而當年拉丁美洲和加勒比海的比率為二十三點六。http：//aoav.org.uk/wp-content/uploads/2014/06/Crime-and-Violence-in-Latin-America-and-the-Caribbean.pdf。二〇一一年美國的殺人率為五點二。http：//www.cdc.gov/nchs/fastats/homicide.htm

11. http：//www.theguardian.com/world/2013/may/15/san-pedro-sula-honduras-most-violent。聖佩德羅蘇拉太平間給我看的資料顯示，二〇一三年該區域發生一千九百七十一件殺人案，資料公布在www.gunbabygun.com。

錶。蓊鬱的樹林中，墓園呈點狀散布，時間是下午三點半，飛機陡然降落在大批人蜂擁而至的跑道上。我提到這點，是因為就在我剛才見到的墓園附近，在一座山丘上的警察局裡，瘦削的警察用寫不太出來的原子筆記下當時的時間，以及三名被槍殺女子的姓名。

第一位被害者是萊絲莉，二十二歲，單身無業，警察寫下她死的時候身穿藍色牛仔褲、腳蹬灰色涼鞋，尾椎骨有太陽圖案的刺青。第二位是梅莉安，死於背後兩槍、胸前一槍。第三位是凱倫，報告寫她穿粉紅內褲，胸部有五處槍傷，肚子、肩膀和前額各一處。

這三名女子死於返家途中，她們去監獄探望其中一人的黑道男友，搞不好還帶給這個年輕人菸草和藥丸，幫他度過漫長的服刑歲月，之後三人便回家。目擊者說，她們有說有笑步下一輛改造的校車巴士，接著就被殺手射中而同時倒地，其中一位在垂死之際，將一小時前在市集買的蝙蝠俠兒童腳踏車掉在地上。

警察沒有寫下犯案動機。類似兇殺案只是無止盡的毒品戰爭中的又一個悲劇。

在前往三名女子被擊斃的地點途中，司機法蘭克在路邊暫停，用黑色膠帶貼住計程車身兩側的電話號碼，又故意將白紙對摺擋在車牌上，法蘭克知道黑道一定會記下這些細節，他可不希望他們跑到他家時，看見他還有妻小。

法蘭克坐回車內後，堅持要我降下車窗。「他們看不到裡面的話，會以為我們是別的幫派的，」他說。「然後就會開槍。」他可不想賭運氣。

我們來到犯案現場時，天色很快地變暗，驗屍官的卡車已經將屍體運走。沙地上依舊血跡斑斑，有一小截腸子從其中一位女性的後背被彈藥炸到路中央，看著令人作嘔。我用腳將它推開，看到它在電燈下晃動，或許驗屍官在匆忙間沒能清理乾淨。過去三年間，聖佩德羅蘇拉有六千多件殺人案的解剖，自然死亡的解剖只有六十二件。

我朝坐在路旁的群眾走過去，組合屋外懸掛一台正方形的電視機，正在上演溫馨的巴西肥皂劇，金屬油桶冒出火焰，汽車頭燈搖曳的光線照亮這一帶，投射出晃動的影子，一名身穿白色英格蘭足球上衣的男子轉過頭來。

「三名女子嗎？」他說。「沒錯，我聽到十五聲槍響，還看見她們倒地，躺了大概十五分鐘警察才來，但是她們已經死了十五分了。」

他的西班牙文說得很快，我問他為何重複兩次「十五」。

「記者比法醫更早趕到，」他說。接著身旁一名肥胖的女子開始不明所以地尖叫起來。

「幫派份子把殺人當成演戲，」穿足球上衣的男子說，「他們會挑選想要的陳屍地點，而且會把彈殼留下，根本沒在怕。這裡有成堆屍體，警察說他們調查過了，但他們誰也沒抓，沒有人被關進監獄。」

子彈是九釐米的。「這還用說。」這是在這一帶作威作福的十八幫的首選槍枝。他說完能說的後，便走回陰暗的小屋，當我趨近其他人時，他們也慢慢走進黑暗中。哪裡都有幫派份子在監視，情況就是如此，殺戮帶來無力感、絕望，最終是沉默。

我們旁邊的斜坡上有一幢用煤渣建成的高腳小屋。窗戶透出的燈光照到屋內人們的側影，突然間他們提高音量。他們屬於福音教派的基督徒，或許也只有上帝能聽他們訴說。幾隻疲倦的馬被綁在屋外，噴著鼻息，屋內變大的聲音令牠們受到驚嚇，這幾位信徒的哭喊聲飄送到星光閃爍的天空，在這黑暗與更加無聲的沉默中，聖佩德羅又有三具屍體被冷藏在市立太平間。

＊　＊　＊

身穿短袖上衣和髒兮兮長褲的男子，坐在太平間外等待，一面從吸管喝著一袋發泡飲料。這時的陽光刺眼，還要好幾小時才會變得涼快些，路過的車輛掀起些許砂塵，每個人都沉默不語。

一具棺材在他旁邊被用棍子敲開，結果裡面是空的，白費力氣，但他依舊不放棄希望。簡易葬禮大約要價兩千五百倫皮拉（lempira）（宏都拉斯的貨幣單位），相當於一百二十美元，他看著臉色泛黃、眼神悲傷的親戚們駝著背離開太平間，繼續吸著吸管。

他來自弗內拉里雅聖荷西（Funeraria San Jose），和許多殯葬業者一樣，每天來到這個全世界最忙碌的太平間。不久後裡面躺的就會是他。他叫馬可，五十三歲，從沒想過會從事這行，但工作就是工作，況且幹這行還蠻好賺的，光是上個月就賣掉六具棺材。

我問他為什麼來做這行。

「錢哪，這些棺材讓我活到現在。」他語帶輕鬆地說。

「你打理這些準備下葬的屍體嗎？」

「這樣親戚才能打開棺材，向他們心愛的人道別。當然，如果死者的頭還在的話。」聖佩德羅至少有十間葬儀社，但生意依舊興隆，我也像馬可一樣，在死亡的引誘下進入這幾扇門，但我來的目的是想看市立太平間如何應付這麼多被槍殺的人。

門口傳來大叫聲。

「有誰是從巴拉科阿（Baracoa）來的？」有人大聲問道。

胖女人身子低低的走進去，她知道躺在裡面的是誰，而這樣的事實壓得她背駝了起來。這裡每天有多達三十具遺體，多半都是暴力事件的受害者，我轉頭朝著訪客的入口走去，我也是當天早上沒有涕泗縱橫、眼神呆滯的唯一一位。

赫克特・荷南德茲（Hector Hernandez）博士歡迎我的到來，他是這座太平間的館長，他衣著整潔，頭髮花白，給人沉靜、精確和專業的感覺，他領我進入一間空曠的演講廳，牆壁剝蝕，感覺好多年沒有人在這裡執教了。赫克特指向一張塑膠桌，拉來一把搖晃的椅子，他的臉似乎與疲憊融為一體。他說他的團隊有一百四十六人，有六十八位醫生、兩位齒科分析師、四位毒物專家、兩位微生物學家和一位心理醫生。

心理醫生？我打斷他的話。

「太平間不光是服務死者，」他解釋。有時幫派份子對受害者做過的事情之殘忍，以至於留在親人心裡的印記強過於留在死者身上的印記。兇手有固定的做法，他們幾乎都會以頭上的一槍作結，而且偏好使用九厘米子彈，但首先他們會凌虐被害者。「這裡的暴力極盡殘忍之能事，但是送他們上西天的是槍子，」他說。

我問赫克特，每天被運來的屍體是否使他心灰意冷，他嘆了口氣。他已經接受這個事實了。「二〇〇三至二〇一三的十年間，我們做過一萬多次解剖，其中九千四百件在解剖後沒有進行調查，對我來說，最讓人痛苦的是不訴諸制裁，什麼調查都沒有。」

目前太平間存放六十八具屍體，其中四十八具正在比對DNA，另外二十具為無名屍。大部份都是年紀輕輕就遭到殺害。

「經過三十天沒人來認屍的話，我們就會把這些無名屍埋起來，」他說。去年有一百二十人以這種方式被埋葬，絕大多數都是十八至三十歲的男子。我接著問，在他服務的十六年間對什麼事印象最深刻，記憶中最令他震撼的暴力事件是什麼。

他倒抽一口氣，字斟句酌地說，是滅門血案吧，他曾經看過一位已經死亡的母親依然把三名子女緊緊抱在懷裡——黑幫踢開浴室的門，把他們一次做掉。其他案例不知凡幾。他說在這座城市，屍體被放進灰色袋子紮成一包，這些人在痛苦中死去，大腿被綑綁在背後，臉部瘀青，牙齒不見。他們還曾經在田裡發現二十六具像這樣的屍體，可說是殘酷又恐怖的「收獲」。

彷彿記憶太痛苦而必須抽離似的，他突然起身整了整領帶，示意要我跟著走。我們穿過雙重門，走進解剖室，從談論死亡到真正目睹，這樣的轉變只有幾步路。

解剖室地上的磁磚鬆動進水，搖晃的螢光燈發出令人不舒服的光線，濕漉漉的牆上汙跡斑斑，左側躺了一具還沒處理的屍體：他一絲不掛，雙腿扭曲變形，下顎遭槍擊。蒼蠅在上方飛來飛去。

在甜甜的空氣中，館長湊近我說，我不會有遭到感染的具體危險，「這些死人很健康，他們不是病死的。」之後我走出去，看見一袋袋滲出液體的垃圾被留置牆邊，深色分泌物流淌之處的上方，密布著蒼蠅，我不禁對他剛才說的話感到存疑。

離開了那裡，我跟著赫克特上樓，一年前某個夏天的夜晚，一場大火把半個太平間燒毀，現在樓上處在荒廢狀態，只剩下扭曲的鐵製扶手和被塗上記號的牆。宏都拉斯的太平間就是這個樣，死亡彷彿滲透到建築物的結構裡，從此任由它腐朽，被黴菌玷汙。

接著他介紹醫生同事們給我認識，他們身穿藍色襯衫，與我握手時有些彆扭，因為被問到工作內容令他們不好意思。赫克特解釋，他們的工作很辛苦。我問是什麼樣的人會來從事這類工作，他重複太平間外那些殯葬業者的話：這年頭工作不好找。死亡會創造它專屬的就業機會。

我請這幾位驗屍官吃東西，於是我們坐了下來。同桌的有桑切斯、加西亞和羅德里格茲，分別是兩位醫生和法醫攝影師，我帶來炸雞，儘管門外飄來死亡的氣味，但他們照吃不誤，我則是去廁所洗手，但沒找到肥皂跟擦手巾。

我問到氣味。他們嘻嘻笑。「什麼氣味？」剛才一直忙於工作的他們正飢腸轆轆，前一天有九具屍體被運來，六具是兇殺。現在外頭又躺了兩具，我看了一眼他們手上的雞肉和炸雞皮，繼續專心記筆記。

「你看，這一具是頭部中彈，」法醫攝影師滿口食物地掃視面前的筆電，我挪動身子去看螢幕，那是前一天被殺的女子之一，照片上還有蝙蝠俠腳踏車。醫生們也看到了，只是無動於衷。他們告訴我，唯一讓人震撼的，是處理受虐兒童的屍體，其中一位低聲吹了吹口哨，說道，「真的很常見。」

他們形容受害者的手腳通常是以什麼方式被綑綁，繩子是如何先纏住脖子，然後一路捆到腳，「所以當他們沒力氣抵抗時，整個人就軟下來，兩腳一攤，繩子緊緊繞住他們的喉嚨，最後窒息而死。運氣好的話，不用經歷這些就先被槍射死。」

運氣，宿命。他們談這些，好像人只能把希望寄託在這兩件事情上。「有些人挨了二十發子彈，最後還活著躺在醫院。」體重頗有份量，有著濃濃黑眼圈的桑切斯說。「有些人只挨一槍，留了一個小傷口，最後卻來到這裡。」

「這份工作最棒的地方，」賈西亞用紙巾擦掉手指上的油。「就是近距離目睹子彈對一個人的真實影響。」接著他拿起另一隻雞腿。

* * *

當天晚上，我遇到當地電視台的記者歐林・卡斯楚（Orlin Armando Castro），他的雙眼炯炯有神，笑聲頑皮，旺盛的精力意謂他生性好動。在他身旁是攝影師歐斯曼・卡斯提洛

（Osman Castillo），體格精壯，穿著破牛仔褲配上白襯衫。歐斯曼幾乎不說話，歐林充當他的嘴巴。

歐林的皮帶繫著一台警用無線電，三不五時就嗡嗡作響，手上握著黑莓機，他不斷掃視無線電和黑莓機，而他回覆訊息時專注的程度會讓人誤解他一直在等著被叫去兇案現場。一旦有這樣的訊息進來，他和歐斯曼會跳進藍色的「現代」破車飛快前往正確的陳屍地點，做他們份內該做的事——拍攝兇案現場。

我和歐林約了見面，因為他是本地的記者，而且被公認是最快趕到聖佩德羅兇案現場的人，也是每當發生槍殺案件時，警察唯一會通知的記者，他的生活離不開槍殺案，我想知道像他這樣不斷目睹這座城市如此不堪的祕密，並讓槍枝造成的死亡在職業生涯中蝕刻不可磨滅的印記，對他有什麼影響。

我們約在一間荒廢多時的理容院外見面時，已經蠻晚了。握手寒暄後，歐林稀鬆平常地打開車門讓我看他的槍，一支是十二釐米的霰彈槍，另一支是九釐米的貝瑞塔手槍。

「你有用過嗎？」我在昏黃的光線下問。

「用過，」歐林說。我不太習慣看到記者帶槍，更何況是開火。他說有回不小心開車到槍戰現場，只好放下麥克風，拿出手槍射擊，因為搞不清楚狀況的幫派份子會拿槍射他。即使如此，他還是不肯穿防彈背心，因為萬一被幫派份子誤以為是警察，他就死定了。

他在宏都拉斯的全國性新聞頻道Canal 6服務了十一年，在夜晚看不到盡頭的昏暗街道上看過不該看的事。六歲兒童在槍戰中喪生、一家人在自家被處決。他看著我，微偏著頭滑動白色黑莓機的螢幕，上面有個身首異處的女性屍體，私處暴露在外。他繼續用大拇指滑著，另一張相片是死了三天的男子躺在玉米田中，燠熱的天氣使他的雙眼爆出腦袋。歐林眼睛閃著光地哈哈一笑，又給我看另一位半裸的女屍，他的手機都是屍體的相片，十八幫的年輕人像睡著般，以怪異的姿勢攤屍，還有槍戰前後的活人和死人，從面帶微笑到另一種表情。

他說，沒事做的時候好無聊，他的工作有好多故事可說。愈接近死亡愈讓他覺得自己活著，這才是真正的新聞工作。這個小個子對這座城市陰暗角落的喜愛，開始讓我感到害怕。

很多東西不能報導，否則會被幹掉。有些兇案現場一定要遠離，否則恐怕會跟黑幫份子沒完沒了。他覺得自己是在走鋼索。「一邊是深不見底的水，另一邊是火。不知道誰是敵、誰是友。打仗的時候還可以選邊站，你會知道身穿綠色軍服的是軍人，但在這裡……完全不曉得。」他說。

訊息進來了。巴利歐里維拉赫南德茲（Barrio Rivera Hernandez）發生槍擊案，這時歐林的臉色一變。我們跳進他的車子，穿過幽暗的街道前往兇案現場，光線讓街道呈現黃疸的顏色，矮房子外的石灰凹凸不平，活像布滿青春痘疤的皮膚，裝上鐵窗的窗戶呈現芥子毒氣般的黃色色調。

屍體僵硬地躺在刺眼的銀灰色強光下，警察把發亮的三角形標誌擺在昏暗中，標示子彈掉落的地方，屍體的姿勢怪異，雙腿扭曲，雙肩反折到背後。死者身穿橘色馬球衫，看起來幾乎是白色的，乍看之下只見到格子四角褲從沾汙的牛仔褲露出來，攝影師打開燈光，就看得到血從這名男子的背後緩緩滲出。

警察拿出捲尺測量射程，但你會覺得他們這麼做是因為電視台的工作人員就在附近。警察沒跟任何人說話，看熱鬧的人群退到陰影中，街坊鄰居走出來並不時竊竊私語，小孩子坐在人行道上傻笑，身穿粉紅色褶子洋裝、穿了耳洞的三歲女孩吵著要媽媽抱，旁邊的男子則嘻嘻哈哈與兒子玩，警察就在這些孩子面前翻動屍體，而這名男子破碎的臉，望向深邃黑暗的天空。

照相機的強光照著歐林的臉，他站在屍體前陳述已經重複一千次的台詞，錄影機畫面上的屍體在燈光的白與街道的昏黃強烈對比下，宛如折翼的天使，發出冷光。接著攝影機的燈光熄滅，歐林回頭用手機拍了一張照片，又捕捉到一張死亡的扭曲臉龐。

等到他們終於把死者裝進硬梆梆的黑色長形袋子，群眾也因為無聊而逐漸散去，作秀結束。警方把屍體搬到驗屍官的卡車後跟著離開，留下的只有地上黏稠凝固的斑斑血跡。

歐林走回車上，我瞥見他在手機反射下的臉，他想知道當天晚上還有沒有其他兇殺案。老天保佑，我想。對街上死亡事件的飢渴從沒有饜足的一天，這名表情悲傷的瘦小男子就是被這飢渴吞噬，我回到車上後，我們便離開了。

這一帶裝滿流刺網的矮牆，在車窗上方若隱若現，聖佩德羅人的安靜屋子和他們為了掩飾哀傷而表現的亢奮，離我們漸行漸遠，直到僅剩下汽車的聚光燈和沉默，車窗後的黃色街道消失在夜裡。

＊　＊　＊

第二天，黛西指著葬儀社最裡面說，掛在牆上的那些是比較貴的棺材。

「最貴的要五萬四千倫皮拉，」她微笑道。不到三千美元。她是個出色的推銷員，媽媽味的穿著，對這悲傷的地方來說是合宜的，她的頭上有絲絲白髮，淡灰色的長褲在臀部周圍顯得稍緊。她身穿有品味的刺繡白襯衫，這招顯然奏效，因為她一個禮拜就賣了大約三副棺材，每一副都拿到佣金，她說她曾經月入超過一千美元。

我們放眼看著這條葬儀社街。路緣停滿送葬車，旁邊的松樹將影子投射到燠熱的人行道上，一家葬儀社的老闆沿著樓梯排了一盆盆白到幾乎透明的蘭花，入口和人行道附近乾淨得一塵不染，與城市其他地方不同在於，這一帶沒有塗鴉，整條街看來是所有街道中最有錢的。

我來這裡是要看另一群受槍枝影響的人。我想看殯葬業者怎麼做生意。在聖佩德羅，無須走遠就看得到葬儀社。

黛西示意我在展示間中央的玻璃桌旁坐下，她個人還不曾有親近的人因暴力喪生，在這一帶算是罕見，但不表示暴力沒有對她造成影響。死亡的震撼突如其來，依舊令她不安。

「你可以從死者家屬的眼睛裡看到，」她湊近身子，摸了摸我的手臂，九成顧客都是死於暴力。

「但情況不是都那麼糟，前幾天我們葬了一位老人，他一百零二歲。這裡沒有人活那麼久。」她掠過一抹微笑，因為她知道我來這裡不是想寫這個。

我問，靠暴力賺錢會不會讓她心裡感到不舒坦。

「我們在這裡服務了二十一年，我們的存在是必要的，我完全不認為我們是利用誰在賺錢，沒有我們的話，他們該怎麼辦？」她連珠砲似地說著，一面揮舞著戴了金戒指的雙手，「每個人總有一天都會需要這種服務。」她把一個資料夾推向我，裡面是各種棺材和花環、匾額和墓碑的圖樣，彷彿是死亡的型錄。

我問，「那麼，妳希望用什麼方式被埋葬？」我透過上了色的窗戶，看到外頭有一列車隊正緩慢通過，又是一個送葬隊伍，又是一個金雞母。

「我想要中價位的棺材，而且已經買了。」她快速翻過樣本型錄，指著一具樸實的棺木，旁邊寫著一排尺寸。她說現在的人愈來愈胖，所以有做到XXXL，不過高度是固定的，以我的身高六尺二吋為例，他們得設法把我的腿弄短。她沒有細說，但我猜會有人用金屬輪床上的鋼鋸把我變矮。

黛西似乎是目前為止我在這個城市遇過最快樂的人，或許她的工作在某方面比其他人有意義。她還是有和生者接觸，儘管他們充滿悲傷。我在聖佩德羅遇到的其他專業人士，像歐林，他們的工作主要跟殺戮造成的屍體有關；但黛西是對還會呼吸的人打交道，必須表現的專業而且有同情心，在她展示型錄中五花八門的選擇時，更需要幫家屬拿定主意。

之後我見到三位屍體防腐員，也是黛西店裡負責幕後工作的同事，他們是兄弟，年約五十幾歲，有著相同的三角臉和淺棕色的皮膚，其中一位在美國住過多年，好日子使他的噸位膨脹成另外兩人的兩倍；不過三個人有著相同的眼睛，一雙在過去五年間看著情況每下愈況的眼睛。「有一次，我們一口氣埋掉一家子五口人，全都是被槍殺的，」其中一人說。「我們處理過的青少年實在太多了，」他的兄弟說，三人像傳教士般同時點頭，「很多才十四歲呢。」第三位說。

他們的技藝要追溯至九十年前的祖父輩。這是宏都拉斯最老字號的葬儀社，至今依舊生意不墜，平均每週要處理三十具屍體。他們在店面燈光照射不到的後頭工作。

他們在前面帶路。通過一排胡桃木色的乾淨棺材，推開厚重的彈簧門，進入一個正中央擺著金屬推車的房間。這裡有如廉價的手術室，只是沒有監控生命徵象的機器，只有用來模仿活人的東西。

房間的一邊有個托盤，井然有序擺著睫毛膏、腮紅、口紅，這個天主教國家在舉行葬禮時，通常會把棺材打開，讓前來弔唁的人輪流向死者道別。死亡總是如此讓人措手不及，還有許多沒有說的話要說，因此這幾位兄弟的工作，就是確保屍體呈現安詳的樣子。他們抹去烙印在沒有生氣的臉龐上驚恐的表情，用一袋化妝品帶回安詳與平靜復活的假象。

年紀最長的阿諾說話輕聲細語，身穿清爽的白襯衫和橫格紋外套，他對工作駕輕就熟，就算臉上中彈的也難不倒他，「管他中幾槍，只要子彈沒有把臉毀掉，我會把洞縫起來，然後用粉底蓋掉就行了。」

「這一具被口徑較小的槍擊中，沒有對臉造成嚴重破壞，」阿諾說。「如果頭蓋骨全毀，我們就必須用一顆小足球來保住形狀。」

他解釋，他們也會用小的義眼，但這麼一來就必須讓眼皮閉著，再用小針固定。

「最困難的，」他告訴我，「是沒有照片的時候，不知道受害者長什麼樣子，這時就要發揮一點創意了。」

他們還做其他事，這個空洞房間有一張金屬桌，上面有個醜陋的排水口，桌子旁邊擺了一罐罐屍體防腐用品公司（Embalmer's Supply Company）的甲醛，二十四瓶一百八十美元，足夠給十二具屍體用。即使在這中美洲的高溫下，他們說，「就算沒有冷藏，用它也可以保存屍體一個禮拜。」

瓶子旁邊有幾個小塑膠袋，他們把內臟裝在這些袋子後送到別處埋葬，然後把「粉末硬化化合物」塞滿身體。

待了一會兒後，我與他們握手道別，他們要我留下，還要我快點再來，但我只想離開。我再也不想知道更多關於裝滿內臟的塑膠袋或塞滿氣球的頭蓋骨，何況這裡的氣味早已滲入我的衣服裡。

我看夠了死亡的醜陋事業，太了解槍枝可能造成的災害，我只想回到活人的土地上。至少我想在暗無天日的絕望中看見希望的微光，於是我離開那裡，前去拜訪一群在槍枝的傷害下，依舊奮力求生存的人們。

Chapter 03

傷者

南非↓病床邊的訪視↓揭露槍不為人知的影響↓跟創傷外科醫生聊天↓約翰尼斯堡急診室的染血之夜↓了解科學如何減輕槍帶來的不幸↓到BBC拜訪一位半身麻痺的記者

男孩——他還年輕，算不上男人——躺在病床上看著我，胸部隨呼吸上下起伏。我將目光從他英俊的臉龐，移到腹部中槍的地方。

被槍打到的傷口真是慘，子彈穿透腸子，留下一個不規則的大洞，距驚恐的染血之夜已經過了五個禮拜，傷口還是沒能癒合，糞便一再汙染粗糙的撕裂傷口，從發出的惡臭就知道了，醫生輕聲用南非語對他說話。他十八歲，可能必須帶著腸造口的袋子度過餘生。

同一個房間還躺著另外三名南非人，都是槍傷，隔壁房間的六位也是，再過去的房間又有六位，這時你就不會再問醫生是不是槍傷。這裡是開普敦，而這間醫院是這座大城市的主要醫學中心，因而成為全世界最忙碌的槍傷治療機構之一，這正是我來的原因。

病房裡只有床，沒有花、沒有卡片。其中一人突然失心瘋地不斷嗚咽，他的背被汗水濕透，頭部腫脹，低聲喘息。

這個創傷中心有五十一個床位，有時病人多到必須躺在上了蠟、走起來會嘎吱作響的走廊，護士只有四名，絕對是人手不足的。上個月有三人被送進來，他們坐在計程車後座，被人用單發高速霰彈槍射穿車子，一發子彈同時射中三人，導致六條腿被子彈穿透而需要治療，光這個事件就占去三張病床。

躺在這裡的都是年輕人，他們苦著臉，疼痛已經過去。會有更多人被送進來，因為今晚是周末夜，每到周末都有傷患。我看著貼在這年輕人肚子上的腸造口，在筆記本上寫了些字，只是後來辨識不出寫了什麼。

＊　＊　＊

這個場景讓我想到，槍擊受害者大多能夠存活，在世界各地治安敗壞的城鎮和戰區，有成千上百的病房搬演與此相同的劇碼。

痛苦和暴力宛如隱形的傳染病，二〇一一年，美國有高達九萬一千人因為非致命性槍傷送往醫院，遭槍殺死亡者為八千五百八十三人，二〇一二年，英國估計有七百七十七位遭槍擊的倖存者，前一年被槍殺身亡者約有一百五十人。

試著想像：據報二〇〇八至二〇〇九年間，約三萬五千名美國未成年人遭到非致命性槍傷，是被槍殺身亡者的七倍。如果每個班級有二十五名學生，相當於每年有七百個班級的人，此數字高出美軍出兵伊拉克的傷兵數，也是阿富汗戰爭傷兵數量的兩倍。

不可否認，確實的數據或許有待查證，但可以肯定的是，每位受傷的孩子都經歷子彈穿身的驚恐，子彈通過之處撕碎身體組織、骨骼和肌肉，身體內部就像被騾子踢到般嚴重走位，骨骼的碎片脫落割裂，刺穿他們年輕的身軀。

這些孩子的存活率要視幾個因素而定，而關鍵在受傷後多快接受治療，也就是所謂「黃金一小時」。根據美國一項調查，在距離創傷中心五英里甚至更遠的地方遭到槍擊，而且無法在一小時內就醫者，死於槍傷的機率將增加百分之二十五。

國家的財力也同樣重要。在美國，槍殺身亡與倖存者的比例為一比九，開發中國家就低多了，大約為一比三。據世界衛生組織估計，在未到醫院前就死亡的人，在開發中國家約占百分之五十至八十，部份是因為世界上有許多區域幾乎沒有「救護車」的存在。[12]

存活率還要歸因於一些完全無法掌控的因素，像是子彈的重量、子彈擊中身體的速度甚至月球引力等。由於動能以亂無章法的方式移轉，決定子彈最終落著點或槍傷嚴重程度的變數，全都無從測得。

還有其他因素。如果遭槍擊當時有穿衣服，身體受到的傷害與感染的機率也跟著提高[13]，假如當時懷有身孕，有時會出現嚴重的併發症。此外有沒有健康保險也差很多，至少美國是如此，一份研究指出，沒有保險的傷患死亡機率遠高於有保險的傷患。

造成傷害的不僅是創傷，子彈碎屑留在體內可能導致血鉛濃度偏高或影響健康，美國前總統威廉·麥金利（William McKinley）就是第一位因槍傷而罹患胰臟炎的案例。

總而言之，被槍擊中就只能聽天由命，或許你走運，但絕不值得輕易嘗試，因此要感謝上天將醫師賜予我們。

＊　＊　＊

我和一位醫生坐在房間聊天，這裡的門用鋼條拴住，房內乏善可陳，頭頂的燈光發出嗡嗡低鳴，四周盡是鍍鉻和玻璃材質，儀器全都用無菌包裝包得密不透風，到處充滿漂白水的氣味。兩年來，泰勒醫師這位個頭嬌小、活力十足的年輕女性，一直在這裡的創傷部門帶領醫護人員，這間宛如以磚砌成的綠洲，是南非醫療界的新秀「提格伯格醫院」（Tygerberg Hospital）。

「提格伯格」聽起來像許久以前傳遍這一帶貧民窟的疲憊和絕望。每個月有高達兩千名患者從開普敦的平原區直接被送到泰勒醫師的團隊，而她一而再、再而三看到的，是槍擊造成的穿透傷。

「以前是刀傷，現在變成槍傷。全都跟毒品犯罪和幫派滋事有關。」

---

12. 一份南非的研究顯示，百分之四十的創傷患者是乘坐自己的交通工具或其他交通工具來到醫院，世界其他地方則高達百分之九十。

13. 二〇一三年十一月公布的研究顯示，衣服造成更高的間接性骨折風險，且骨折更加嚴重。此外衣服提高感染率，當衣服進入傷口，「就成了感染的溫床」。http：//www.josr-online.com/content/pdf/1749-799X-8-42.pdf

她三十四歲，屬於那種聰明才智會讓你對她充滿信心的優秀醫師。她來自南非的自由省（Free State），從小就立志行醫，是典型理性掛帥的人，然而這些槍傷患者是她以前不曾經歷過的，她的家鄉布隆泉（Bloemfontein）充滿田園風情的舊時風光與悠然自得的鄉村生活，那裡的傷者都是被刀刺傷和車禍，與開普平原區（Cape Flats）不同。

我們在醫院的管控區，只有工作人員、病危者以及急救中的病患，也是槍枝創造的充滿消毒砂布的痛苦世界。我們走過發出鏗鏘聲響的門，通過地面磨損、以灰白色燈光照明的長廊，轉進一間沒有窗戶的房間。我們在金屬書桌前坐下，四周都是血壓器、呼吸器、點滴，還有你不想知道用來幹什麼的機器。藥品擺在伸手可及的櫃子裡，櫃子則掛在凹凸不平的牆面上，腎上腺素、麻醉劑、利尿劑、副交感神經抑制劑，盡是些拗口的字眼。還有些會把人弄痛的東西，剪刀、解剖刀、十六口徑的大型導尿管。這些東西說明一件事：槍造成的痛苦，不會隨著扣板機停止，而是正要開始。

她的病人幾乎一律是黑人和有色人種的年輕男子，而且以低速率、多重槍傷為大宗；沒有AK47突擊步槍的子彈，反倒是被小型手槍連發射傷，有人甚至被擊中四、五發。

「有個人被射中三十次，」她說，「大多穿過肌肉，但他活下來了。」她輕輕敲著桌面。缺乏資源令她無力，她是多麼想幫助傷患，但需求永遠無法被滿足，更遑論其他。「美國有全身掃描，全面診斷法可供使用，而且只花十五分鐘。但是在暴力如此猖獗的本地，卻只有超音波。」

電腦斷層掃描和X光可能要花二十四小時才知道結果，使診斷難上加難。有一天來了一位腹部中彈的傷患，院方輸了四十單位的血[14]和血液製劑，但做完這些後他罹患腎衰竭，於是只好進行血液透析，最後在加護病房躺了四個禮拜，導致有些罹患急性盲腸炎或癌症的兒童，因為病床不夠而進不了加護病房。在這裡，救了一條性命——哪怕是殺人犯的性命——就意謂會失去另一條性命。

這就是創傷外科在資源稀少之地面臨的嚴峻現實，在南非的醫療系統，公立醫院的醫生與病人的比率竟然低到三比十萬人，類似的省立醫院照顧全國約百分之八十五的創傷案例，而這群身著白袍的醫師們，顯然沒有足夠資源來應付這種狀況。

槍使她麻木不仁，她說，她再也不想知道傷患的背景。「我只想知道他們是被槍擊中的。我不必知道我們花了很多時間跟資源救活的那個人，之後會吹噓他強姦過多少女人。聽到那種事真是情何以堪。我不想知道，因為很多被強暴的人最後都被殺了。」

她的聲音變得有些高亢，我注意到一股即將爆發的怒氣，我猜她如此仁慈的心，必定無法理解為何其他人沒有想要改變現狀、幫助他人，但她最難過的是，成天施暴的幫派份子和年輕暴徒們往往能在嚴重的槍傷中存活，反倒是無意間捲入交火的無辜路人，對死神的突然降臨毫無準備而面帶驚恐地死亡，這點令她內心難平。

14. 譯註：一單位血為四百五十毫升。

她看到自己性格的改變，現在的她比較客觀冷靜，「別來跟我哭哭啼啼。」這位勇敢的醫師這麼告訴大家。而她的改變影響她與男友的關係，似乎也令她有些罪惡感，他是工程師，永遠不需要去抱垂死的青少年，或是背部有開放性槍傷傷口的嬰兒。有許多事情也在不經意間溜走，日復一日的血腥手術，使她無暇顧及報稅、付帳單和更新駕照之類的日常瑣事，死亡就像需索無度的孩子，攫獲她的注意力。

「有時一整天都沒事，之後同時會有一大批槍傷患者被送進來，要嘛就沒有，要嘛就一大堆。天下太平的時候，我會在走廊來回踱步，然後漸漸覺得無聊。這時我發現只有在發生事情、腎上腺素高亢時，我才能正常運作，」她說。

光是去年一年，她就多次從頭到腳被血浸濕。我提到南非有一成人口染上HIV，而她的回答依舊只講邏輯事實。她說她沒想過這件事，她會戴上雙層手套等必要的防護措施，但是血液是避免不了的，如果有這方面的疑慮，她會服用抗反轉錄病毒（antiretroviral）藥物，然後就不去管它。

「這種藥不太好，會讓人疲倦，拉肚子，還會嘔吐，所以我會問自己，被感染的機率到底有多高？對待每位病人都要小心，但不能歧視。」

血對她來說不算什麼，但她不敢看恐怖片，而且她怕黑。

我問哪種型態的槍傷最嚴重，她回答的很快。「頭部。如果頭被子彈射穿，預後情況會很差，如果涉及血管系統，像是脖子、胸部、腹部中彈而且靠近血管，結果都不樂觀。」

「事實上，」她說。「傷及腹部大動脈的患者很少被送進醫院，多半是中彈後立即身亡。」

她又說，如果四肢被射中，可能對神經造成嚴重傷害或複雜性骨折，這時年輕人的腿就會保不住，不過最可怕的莫過於脊椎受傷，像是第三節頸椎骨折、四肢癱瘓、四肢麻痺，最後只好進療養院躺著，而且沒有人幫忙翻身、沒有人照顧，直到生命走到盡頭。

她接著談到膿毒症、肛周創傷和外生殖器創傷，但她又回到她最感到無力的一群，她最掛心是被射中門靜脈、下腔靜脈、大動脈而大量出血的人，當這些人死在手術台上時，醫生會問自己：「我盡了最大努力嗎？」由於會在姓名不詳的人失去意識甚至死亡之際將他們抱住，使她必須靠安眠藥才得以入睡，或乾脆關掉電話去跑步，試著過正常人的生活。

「到頭來，」她心平氣和地盡力回答我的問題，「你真的只希望那些人能活下去。」

* * *

男子的臉呈現蠟黃色，眼神呆滯失焦，他才熬過一陣毒打，看樣子是活不過今晚了，他的雙腳怪異地微幅抽搐，在他旁邊的男人正劇烈喘息，被血沾汙的點滴管盤繞在遠離胸口之處，之前那個地方被螺絲起子捅過。

和泰勒醫師交談後的當天晚上，我開車穿過開普敦，經過一小段微光照射的空蕩街道，親眼目睹周末夜晚為這家醫院製造多少傷患，我看到在和死神搏鬥的人，也看到他們是怎麼落得如此下場。

今晚提格伯格醫院創傷中心外的等候區人滿為患，小男孩安靜仰臥在母親的懷抱，他的食指斷掉，護士正在對母親說，他們恐怕救不回來。之後這位母親問我可不可以幫幫她的孩子，因為她看我是白人，誤以為我是醫生。

赭紅色的牆上釘著四個醜陋的掛鉤，四周的漆大塊剝落。這些掛勾是用來吊鹽水袋的，這裡的傷患人數，已經多到創傷中心再也容納不下。

十六歲的男孩走過來坐在我旁邊，他因為不付一百南非幣（rand）而脖子被刺，這筆錢約合十美元。他的母親坐在對面，這是他第一次被刺，我問他接下來怎麼辦，他哈哈一笑。

「付錢啊，」另一名男子說。食指斷掉的男孩則是昏昏沉沉地睡著了。

醫師走過來跟男孩說話，接著轉向我。這位年輕醫師說他已經在這裡十小時，看到不少狀況，例如膝蓋有六處槍傷的人來到醫院，因位醫院沒有看診的床，因此醫生得讓小腿擺在桌子上，才能抬起他的大腿以便看個仔細。他也看到頭頂被電鋸削掉的人。

他帶我到醫師休息室，那是位在醫院深處一扇破門後的安靜房間，遠離哀號呻吟。醫師在裡面擠成一團，有點像是躲避暴風雨的漁夫。其中一位來自瑞士，這位帥哥曾經到過八十多國，女友過去曾是專業滑雪者，也在這裡擔任醫師，他們在這個醜陋的地方，可說是閃到不能再閃的一對，他說話如連珠砲，在創傷中心時間就是一切，沒有慢條斯理的餘地。

他說，如果你是創傷外科醫師，就不會想在沒有傷患的醫院工作，所以他才來這裡看槍械能製造多大的災難，因為全世界幾乎找不到這樣的醫院。跟他一樣的醫師也有來自荷蘭、瑞典、美國、英國，有些人從沒見過這麼恐怖的穿透傷，十八歲的青少年在槍戰中被擊中，母親遭到強姦後被槍殺，兩歲女兒還在身邊玩耍。這些醫師學到很多，例如如何用一根針把心臟的積水排出，或者一連做三場開腹手術，又或是抱住垂死的人，別讓他孤單走進黑暗。

「毫無疑問，」另一位身穿白袍的大個子，用渾厚的聲音說道，「南非是個充滿暴力的國度，就像發生內戰。我在伊拉克時跟當地人聊天，那裡的情形跟這裡的周六夜晚一樣。」

緊急呼叫聲傳來，醫師們嚴肅地魚貫而出，回到被幽暗燈光包圍的走廊。

現在只剩我一人，我想著槍枝如何使這群外科醫師變得更堅強、更有自信也更能幹。槍械的傷害，使他們發展出種種技能和工具，把人們從鬼門關前拉回來，他們不同於中美洲太平間的那群，為這片絕望和死亡的土地帶來希望。

房間裡有一堆雜誌，我拿起一本名叫《創傷》（*Trauma*）的醫學雜誌，每篇文章都深具啟發：

下半臉槍傷的初步外科處理。

腹部槍傷的非手術處理。

歐洲創傷課程：用經驗使創傷醫學的教育更臻完備。

最後一個標題，說明「經驗」是各地創傷中心的共通點，他們親眼目睹恐怖情景，必定從中學到許多，而學習的衝動也轉變為醫學史的進程；若是沒有從那些受到槍傷正在尖叫的男人身上學到教訓，豈不就等於對槍屈服，而槍也就只是取走人的性命，沒有帶給人啟發。

* * *

許多我們習以為常的事物，是在戰爭和暴力之下催生，例如纖維棉（cellucotton）最初是在第一次世界大戰中被用來包紮槍傷，這種材質的吸收力甚佳而引起護士們注意，因而發明了衛生棉。這場大戰也創造出茶包、腕表、拉鍊和不鏽鋼，至少是讓這些東西變得風行。但最重要的是，戰爭永遠是醫學進步的動力。

槍歷經數百年演進，槍傷的醫學處置也是，而且槍傷都很棘手。十四世紀，槍枝進入戰場，從此創傷的處置就變得更複雜，不再是刀劍傷或是箭的刺傷。崁入的子彈、彈藥燒傷和肌肉的開放性傷口，永遠改變了外傷的性質。

早期的醫師窮於應付這類複雜性創傷，有一段時期彈藥的致死率之高，醫生們甚至以為彈藥有毒，子彈是汙染物，因而採取燒灼傷口以去除身體毒素這種落後的處理方式，結果害死的人命當然比救回來的多；直到十六世紀，當法國軍醫培爾（Ambroise Pare）在戰事正酣之際因為缺少熱油燒灼傷口，才發現有人質疑這種做法並訴諸文字，於是培爾臨時弄來蛋黃、玫瑰油和松節油充數，結果效果非常顯著，更多人在他的處置下保住性命。[15]不過，創新需要一段時間才獲得普遍接受，因此用傷口澆熱油的技術又持續了兩百年。

接連有士兵傷重不治，可不能等閒視之，醫師們依舊有股學習和理解的衝動，只是顯然嘗試錯誤。一七七五年的美國獨立戰爭時期，外科醫師杭特（John Hunter）提議在縫合槍傷時最好放入一片洋蔥，兩天後再將傷口打開取出；一八五〇年代的克里米亞戰爭，確立了死亡率和衛生程度之間的關聯性，南丁格爾（Florence Nightingale）「將醫院徹底刷洗乾淨，換上乾淨的床單，改善通風和汙水排放」，因而大幅提高病患的存活，死亡率幾乎立即從百分之五十二下降到百分之二十，這場邪惡的戰爭也使人們普遍使用三氯甲烷來緩解疼痛，並且用巴黎的石膏來治療葡萄彈造成的骨碎傷。

然而，正當人們以為醫學終於趕上武器技術之際，這時卻出現米尼式子彈（Minie ball），過去使用的圓形子彈往往會卡在肉裡，而米尼式子彈卻是直接穿透而造成大量出血的開放性傷口，極少卡在身體裡。骨頭被這種子彈擊中經常會碎裂，造成的傷害嚴重到需要截肢，也讓戰場上的大規模步兵突襲無異於大規模屠殺，致死率竄升。而腹部穿透性槍傷的死亡率高達百分之八十七，美國南北戰爭時有五萬多人被截肢且併發感染，死神如影隨形。破傷風的死亡率高達百分之八十九。敗血症之一的膿血症，更是奪走百分之九十七患者的性命。

高殺傷性造成高破壞力，因此到了一八九八年的西班牙戰爭，醫學界認識到消毒的急迫性

15. 培爾也發展出幾種包紮靜脈和動脈的方法以便於大腿截肢，他亦是最早注意到蛆可以用來清創的人之一。

與必要性。李斯特（Joseph Lister）讀到巴斯特（Louis Pasteur）的發現後，用石炭酸進行一連串實驗，他發現在截肢後使用消毒能大幅降低病患死亡率，並開始在戰場穿消毒衣，以生理食鹽水提供患者水分，這些都是血腥粗暴的戰爭所孕育出來的創新。

倫琴（Roentgen）在一八九五年發現的X射線，為創傷醫學帶來進一步的革命，過去戰爭時期會用沒有清洗的雙手和金屬探針塞進傷患身體，找出子彈和金屬碎片的位置，此外留在傷患體內的布料碎片可能具致命危險，使患者身體化膿生蛆；但在戰場上使用X光可以幫忙找出布料、子彈和骨頭碎片，大幅降低截肢的必要與後續感染的風險，使西班牙戰爭的美國傷患死亡率創新低，有百分之九十五的傷者康復，這與南北戰爭和克里米亞戰爭的死傷慘烈可謂天壤之別。

接著一次世界大戰發生。一次次的大規模殺戮，也意味著沒有死在刺網上的人，必須非常努力才得以存活。快速撤離前線傷兵能大幅提高存活率，一小時內送醫的傷者死亡率為百分之十，如果在無人的地方八小時，死亡率便竄升到百分之七十五。這場大戰也普遍使用破傷風，因而使死亡率從千分之九降到千分之一點四。但最顯著的醫學創新，或許要屬羅伯森（Oswald Robertson）上校於一九一七年成立的第一座血庫。

二次大戰期間的一九四〇年代初，血庫繼續增設，加上傷者快速就醫，與盤尼西林以工業規模生產。

到了韓戰爆發，情況已經進步到不可同日而語，傷亡人員被用直升機送往醫院，並將血液裝在塑膠袋以取代玻璃瓶，運送到需要輸血的地方。這場戰爭也促成行動陸軍外科醫院（MASH），將外科醫生送往前線，MASH的成立改變許多人的命運，來到這裡的傷兵有高達百分之九十七的存活率。

醫藥和外科技術繼續與現代戰爭並肩而行，帶來的好處也嘉惠一般百姓。二〇一三年倫敦聖瑪麗醫院的創傷中心，就是根據英國陸軍在阿富汗稜堡營區（Camp Bastion）的原型推出新的醫療程序，這套分類系統將傷者直接送往手術室止血，以期在最短時間內施予治療。

槍傷的其他近期醫療創新，還包括止血用藥傳明酸（Tranexamic acid），二〇一〇年一份關於該藥物的研究顯示，最初用來緩解經血大量流失的傳明酸（Tranexamic acid），能拯救大失血患者的生命，因此英美陸軍很快就採用這種止血藥，如今在美國許多急救部門都看得到，甚至開發內含小塊海綿的注射器，能在幾秒內密合槍傷傷口。過去只針對槍傷患者採取的「生命暫停」（suspended animation），又稱「不工休眠」或「緊急保護復甦術」（emergency preservation and resuscitation），也用在一般人身上，這是將病人的所有血液用冷的生理食鹽水代替，快速將身體降溫，使大多數的細胞活動停止，讓醫師有時間照正常程序治療傷口，不再讓垂死的病患與時間拔河。

儘管如此，所有的醫學進步都代表我們不能單從槍奪走的性命來看它造成的影響，基於有這麼多人被醫師的妙手從死亡邊緣拉回來，如果真的想了解槍的影響，也應該把受槍傷的人一併考慮。

＊　＊　＊

BBC的大廳擠滿前來一日遊的人潮，整車子興奮的大隻佬們從北方來，嘻嘻哈哈彼此開著小玩笑。有些人在「互動新聞編輯部」的角落嘗試擔任新聞播報員，安妮．蘭尼克斯（Annie Lennox）像天使般向下俯視的大型海報從上垂掛而下，我坐在腎臟形的紫褐色沙發上，想著待會要見的外交線記者，法蘭克．嘉德納（Frank Gardner）。

十年前，法蘭克在沙烏地阿拉伯被六名蓋達組織的份子槍擊，他的肩膀、大腿等處挨了好幾發子彈，下背部則是遭近距離平射四次，他的同事，愛爾蘭籍的攝影師康伯斯（Simon Cumbers）在他身邊被槍殺，法蘭克倒在血泊半個多小時才被送醫，在極度痛苦中度過分分秒秒，之後獲得一位能幹的外科醫師照顧，這位醫師曾在有大量創傷受害者的南非醫院工作過，那裡的訓練顯然派上了用場，法蘭克逃過一劫，子彈沒有打到他的主要臟器，但其中一發卡在脊椎，導致他雙腿麻痺，必須以輪椅代步度過餘生。我也是為了他曾經受過的罪而來到這裡。

從創傷中獲得啟發的人令人嚮往，戰士不畏傷痛，然而英雄卻是突破重重困難克服極度痛苦後戰勝死亡，在光明中重新站起，並從中獲得啟示。我想像中的法蘭克就像這樣，他在遭槍擊後獲得女王頒發獎章，也寫過兩本暢銷書。住院半年多，歷經十四次手術再加上好幾個月的復健，他還是回來為BBC報導新聞。他大概是受過嚴重槍傷而生還的人當中最具知名度的，如果要找受傷的詩人，法蘭克就是人選。

擠得水洩不通的興奮遊客，意謂他必須突破人龍才到得了這裡，但他推著輪椅穿過人群，一面堅定地和我握手，一面為遲到致歉。法蘭克是那種如果生在別的時代就會被送去印度管理殖民地的英國人，他帶有貴族的親切，面容清瘦，心智敏銳。他用自然低調的方式，對我們的會面取得主導權，給我在領導統御和外交方面上了一課，簡單來說，他是個魅力十足的人。

我原以為他會更陰鬱。基於記者的習性，我將他描繪成一幅高傲、尖酸或展現人性醜惡面的畫，但法蘭克完全不是。

我們進入大樓，一面喝著咖啡，他一面澄清。「BBC一直都很慷慨寬容，」他說。「『國民保健署』（national health service，NHS）非常優秀，我很快就了解到當一個人遭到槍擊重傷，身上有多處傷的時候，會需要國衛院轄下的大醫院給予醫療照顧。我在那裡接受的某些醫療措施非常昂貴，例如他們必須把營養劑灌進我胸部的管子，以維持我的生命。」

復健治療也是大工程。這件事必須提出來是因為在已開發國家，治療創傷並不便宜。一份美國的檢討報告估計，照顧一般槍傷患者的成本為一萬八千美元，這還不包括複雜的整形手術和神經重建手術。而其他的手術價碼更高：治療手部中彈要花四萬八千美元，臉部中彈更超過十萬美元。法蘭克中彈的時候，估計美國醫院每天要花費兩千美元，來照顧脊椎神經遭槍傷的患者。

這一切彎合理的。根據「太平洋研究評價學院」（Pacific Institute for Research and Evaluation）的計算，二〇一〇年槍傷為美國帶來的財政負擔高達一千七百四十億美元，包括無法工作、醫療照顧、心理健康的費用，還有緊急運輸的交通工具、警察的時間和保險理賠等，估計每年要花掉每位美國人五百六十四美元。槍傷造成的長期痛苦被隱藏，對財政的衝擊也是。

某些方面，法蘭克幸運地在一片黑暗中看見光明。全世界有六十二個國家不具備任何槍傷復健服務，因此脊椎中彈對多數人來說是等於是末日。據估計，一九九四年開發中國家只有百分之三的槍傷患者接受槍傷復健，如今這些國家約只有百分之十五的殘障人士能取得輪椅之類的設備且所費不貲。還有一份報告估計，在肯亞治療槍傷的成本，是人民平均月所得的二十七倍。

不過，以上比較性的統計數據，並不能讓法蘭克這樣的西方人感到寬慰，因為他們還是得坐在輪椅上忍痛度日；對法蘭克而言，劇烈的神經痛無時不刻，有時候他談話的聲音愈來愈微弱，你會知道他一直被迫想起過去發生的不是夢，在他脊椎上的那個傷疤，一再將他帶回那條被血染紅的路，以及腦中響起咆嘯聲。

「不，」他說，「痛一直都在，就像有人用力踹我的小腿，或用螺絲起子戳我的背。」

我也改變我對這位受傷英雄的幻想，因為這個兼具智慧和謙遜的人，儘管沒有表現對伊斯蘭或沙烏地的恨意，卻永遠無法忘記這些子彈從他身上取走了什麼：例如在沙灘跟孩子嬉戲，或是想都不用想就去滑雪，或者就只是走路。我想問他是不是還能做愛，但我沒有，因為他是紳士，我對於自己想知道這些事感到羞恥。但他確實談到內心世界，他熬過一些殘忍的時刻，特別是在醫院。

「我不能說這個經歷帶來了什麼好事，這麼說就太矯情了。」

他的臉上掠過陰影。

我想，人很容易忘記槍枝暴力造成的心理傷害，而且往往只是把槍和肉體傷害連在一起，但這顯然不是事實。一份研究訪問了六十位進入創傷中心的槍傷患者，出院八個月後再度訪談，其中超過八成有創傷後壓力失調症候群（post-traumatic stress disorder，簡稱PTSD），其他研究也支持這樣的發現。顯示槍傷患者罹患PTSD的可能性，為機汽車車禍倖存者的兩倍。

法蘭克努力找回些許平衡的假象。他擁有像BBC這個大機構的支持、有愛他的家人、人人稱羨的工作和敏銳的心智，但他也有痛苦、有一雙不能走動的腿，和這一切帶來不足為外人道的羞辱。他的眼睛訴說了一切。

跟法蘭克見面，讓我感受到帶來痛苦的不是槍傷，而是人們太容易這樣理解。一個人性格的堅強與否，不是看他能否把槍傷的悲劇轉為勝利，因為法蘭克無法從發生過的事情中找到慰藉。相反地，槍不具道德的功能，它不質疑你的價值或你是否仁慈和有智慧，槍只做它該做的，那就是傷害人，並且留下我們永遠無法真正知道的傷疤，除非某人對我們開槍，或是我們對自己開槍。

Chapter 04

自殺者

槍在自殺行為中扮演的角色→影片中絕望的一刻→美國紐約悲劇現場的黑暗之旅→跟一位美國心理醫師交談，從普拉絲的事獲得啟示→瑞士→在日內瓦湖畔與自殺防治慈善機構的人見面→意外的發現

世界衛生組織的資料顯示，每年有超過八十萬人以各種決絕的方式自殺死亡，相當於每四十秒就有一人取走自己的性命；換言之，每年自殺的人數，多於遭他殺和戰爭陣亡的人數總和，也是青少年和三十五歲以下成年人的幾大死因之一。

在這麼多自殺身亡的人當中，舉槍自盡者相當多，雖然精確數據難以取得，但一般觀察發現，當槍枝很普遍時，以這種方式自殺的人也隨之增加，例如美國舉槍自盡的人數居全世界之冠，占所有自殺者六成，每天平均約五十人。[16]

當然，以上統計數字並不適用於整個美國，地區間的差異頗大，比如阿拉斯加以槍自盡者的比率，比紐澤西州多七倍[17]；但可以確知愈來愈多美國人對自己開槍，自殺者在一九二〇年占百分之三十五的比率，在今日已超過了五成，然而這些冷冰冰的數據暗藏更驚人的事實：二〇一一年，有九十二名十四歲以下的兒童舉槍自盡。

將類似數據跟其他已開發國家相比，凸顯了槍枝自殺在美國是個不被重視的問題，在英格蘭和威爾斯，槍枝自殺占所有自殺者的比率不到百分之二。[18]二〇一二年，拉丁美洲和加勒比海一帶的二萬六千二百一十三個自殺案例中，槍枝自殺的比率僅占百分之十三。

美國的擁槍人數眾多，因而舉槍自盡的人數也異常多，符合大家認知的槍械擁有率與自殺率成正比。事實上，兩者的關聯性之強，讓「小型武器調查」甚至以「槍械自殺的比率」來證明一個國家擁有槍枝的程度，也難怪美國比多數已開發國家幾乎高了六倍。

因此，我在前往南非的幾個月前和從宏都拉斯回國的途中，都在紐約短暫停留，我深入這座城市的心臟地帶，拜訪一個自從我研究槍枝在自殺行為扮演的角色以來，腦中就一再浮現的地方：華盛頓大道一三五八號。

* * *

東岸的風吹向這條寬闊街道，將成堆的落葉吹成一個個小圈圈飛舞，遠處的警車在城市各處斷續發出粗嘎的汽笛聲響，冬日的陽光將低空的雲朵染白，我把租來的廉價車停在一輛棕色

16. 二〇一〇年，全美國的槍枝自殺率為每十萬人中有六點三人，用槍殺人的比率則是每十萬人中有三點六人。
17. 根據「外傷查詢與報導網路系統」的《外傷死亡報告》（WISQARS Injury Mortality Report），阿拉斯加每十萬人中就有十五點三人舉槍自盡。紐澤西州則是每十萬人中有一點九四人。
18. 二〇一一年，英國有九十三人舉槍自盡（總自殺人數為六千零四十五人）。同一年，美國有一萬九千七百六十六人舉槍自盡（總自殺人數三萬八千二百八十五人）。

的福特破車後面，這輛車子髒兮兮的後車窗有面多明尼加共和國的國旗，有氣無力地搖晃。我打開車門。

在我面前是一棟二十層樓高的棕色磚造大樓，這棟大樓平凡無奇，但從建築的角度來說，該發揮的功能都發揮了，它屬於「住宅計畫」（the Projects）的一部份。它建造於一九六〇年代中期，用來收容地表上最偉大國家的窮人和非法移民，這棟樓是以美國的開國元老摩里斯州長命名，憲法就是在他的手上完成的。類似建築物在布朗克斯（Bronx）有十來棟，共收容三千多人，算不上是紐約的好地段。

幾個禮拜前，秋天來到這幾條街，大樓外蔓生的雜草上覆蓋著蜷曲的落葉，一件運動衫和緊身褲垂掛在枯樹的枝幹上迎風啪啪作響，活像是代表貧窮的旗幟。強風吹得咖啡杯在地上不停滾動，松鼠貼著樹爬上爬下。

十年前，不安的二十歲年輕人巴利斯・蘭恩（Paris Lane）在這棟建築物的大廳自殺身亡，畫面中的巴利斯是單獨一人，但從紐約警察局的二十四小時監視攝影中，看見他跟十六歲的女友克莉絲汀・西蒙斯說話，後來聽說他當時失戀了。從攝影機拍到的畫面顯示女孩在拭淚，還擁抱這個將直髮紮成辮子，身穿不起眼黑色羽絨外套的年輕人。

而且，監視錄影機拍到接下來發生的事。

克莉絲汀走進電梯，金屬門跟著關上。巴利斯裝出漫不經心的樣子來掩飾即將要做的事，他把拳頭伸進外套口袋，掏出一把手槍塞進嘴裡。

生命就這麼消失，閉路監視器攝影機繼續錄影。

原本故事就此結束，但這段模糊不清的影片竟然被收進了一個名叫Liveleak.com的網站，這裡專門播送人死前的畫面，而且多半是自殺，包括跳樓或是跳軌自殺，甚至有幾段是男人（全都是男人）扣扳機的畫面。該網站替這段影片下的標題是「老東西卻是好東西」（An Oldie but a Goodie），超過五十萬人次觀賞巴利斯結束自己生命的經過，我是其中之一。

觀賞自殺影片是件恐怖的事，但是人就是會不由自主想去看。你會看到人的生命被子彈奪走之際的死前顫動，然後你快轉回到最後一次呼吸的時間點，接著將影片暫停在生命消逝的那一刻。

這些畫面如鬼魅般留在觀眾心中，這些最震撼、最恐怖的姿態。巴利斯的死一直糾纏著我。

我認為他取走自己性命時看似冷靜的態度才是問題所在，從擁抱女友到漫不經心抽出槍的那些過程。於是我來到這個破敗的區域，看是否能為他突然結束生命的舉動賦予些許意義。

我走過小徑，進入大廳，某方面來說我已經來過這裡，這裡經過十年還是老樣子，磨損的地板，灰色的金屬燈，電梯的門。一位身穿破舊連帽上衣的男子走進來，我問他是否認識巴利斯，他沒回答我，接著來了位年輕的非裔美女，她也不肯說。這一帶的暴力事件多到使人不願意跟拿著筆記本的白人說話，於是我走回建築物外面。

學校正在放假，我循原路回到雜草叢生的小徑，有人正在鬥毆，孩子們咆嘯推擠，一位白人教師（所有學童都是黑人）快步走來大聲斥責，孩子們一哄而散，笑聲和嘰嘰喳喳的聲音嚇得鳥兒紛紛飛走。

一位神情嚴肅、充滿自信的年長男子牽著捲毛狗從我面前走過，他頭戴鴨舌帽，身上有刺青，我問他是否記得那個槍擊案。

「哦，那男孩啊，沒錯，真的很嚇人，」他說。「我有個朋友，事發當時正好在樓下，地上到處都是血，跟假的一樣。但那女孩，女孩正在上樓，不曉得發生什麼事。這事現在還有人在談。」

他叫韋恩．牛頓，八歲起就住在這裡，距今有四十年了，在街的另一頭開理髮店。以前這裡很亂，當時像我這樣的人如果在街上閒晃，他用手指指著我，做出扣板機的樣子。我進一步詢問關於巴利斯的事。

「到現在都還會聽到他的事，『你有沒有在網上看到？有個傢伙在住宅計畫那一帶自殺。』他們沒發現這已經是十年前的事了。」

巴利斯的生活相當辛苦，父母在他十二歲時雙雙死於愛滋病，他熱中唱饒舌歌，還曾經取了「天堂」做為藝名，但韋恩知道的也就這些，於是他跟我握手，又告訴我他有一把九釐米手槍，因為在這裡總派得上用場，接著他的狗看見松鼠而興奮地拉繩子，韋恩就離開了。

我以這間公寓所在的街區為中心繞了又繞，問路人是否記得這件孤獨的死亡事件，但聽過這名年輕人的僅有韋恩一人。一群孩子放了學玩在一塊，每面牆上都畫了彩虹，媽媽們咋了咋舌說她們什麼都不知道。警察站在校門外，腰際插著槍，交叉手臂採取高度警戒的姿態，他們問我幹嘛問這些，於是我一副做了虧心事的樣子離開他們。

住居互助會的女士在破紙上寫了一位新聞發言人的電話號碼，我將這張紙揉成一個小球，扔進垃圾桶裡。新聞發言人才不會談論這種事呢，我回到逐漸低垂的夜幕中，看著孤單的鳥兒獨自在空中飛翔，這時我才明白，「巴利斯」早就在這些街道上消失，他的死在他倒下的地方造成轟動，但也輕易就被人遺忘。

* * *

關於自殺，即使是須臾片刻都可能救回一條人命，美國有一份針對舉槍自盡的倖存者所做的研究，發現百分之四十的人在自殺前思考不到五分鐘。

情緒的快速轉變說明一件事：選擇用什麼方式自殺非常重要，當某人舉起一把槍，通常沒有第二次機會，如果拿出的是藥丸往往還有救，對腦袋開槍的人百分之九十九會死，割腕或服藥自殺只有百分之六成功。此外研究也一再顯示，自殺未遂者後來大多不是死於自殺。

美國裔詩人希薇亞．普拉絲（Sylvia Plath）在英國結束自己生命的方式，清楚說明可採取的自殺手段和自殺成功率之間的關聯性。三十年來受抑鬱所苦的希薇亞，形容自己像是被「貓頭鷹的爪子揪住心」，一九六三年自殺身亡。她在寧靜的早晨，拿了幾張錫箔紙和一把濕紙巾塞在廚房的門縫和窗邊，以保護正在隔壁睡覺的孩子，接著把頭放進烤箱，轉開瓦斯。清晨四點四十分，希薇亞・普拉絲逃離沉重的幽暗心靈。

當時英格蘭使用燒煤的瓦斯烤箱，一氧化碳的含量足以致人於死，一九五〇年代末，英國動輒就有人把頭伸進烤箱，近半數自殺都是吸入瓦斯而亡，一年約奪走兩千五百條人命。政府看到問題後採取了行動，不久瓦斯公司停止使用有毒的煤炭瓦斯，也移走了每戶人家廚房裡的「行刑室」[19]。

自殺的人改採什麼方式結束生命呢？大部份的人似乎繼續活下去。英格蘭的自殺率陡降三分之一，之後就停留在那個水準。換言之，許多用瓦斯自殺的人顯然是出於衝動。史考特・安德森（Scott Anderson）在《紐約時報》（*New York Times*）中撰文寫到：「人在萬念俱灰、怒急攻心或傷心欲絕的那一刻，會選擇容易、快速且致命的方式。」把烤箱移走，放慢這程序的速度，使得原本輕易就能脫離絕望、解脫痛苦的方法，突然變得沒那麼方便。[20]

如果瓦斯烤箱可以這麼處理，那槍為何不能？研究顯示，光是讓槍保持在未上膛的狀態並且將子彈儲存在別的處所，就可以大幅降低被用來自殺的可能性，可見槍枝的取得便利性和自殺行動間似乎存在關聯。於是我跟美國頂尖的自殺研究學者保羅・艾波鮑姆（Paul Applebaum）聯繫了解詳情，電話通訊斷斷續續，但他要表達的觀點很清楚。

「每位心理醫師都會告訴你，有病人曾經想過結束自己的生命，」電話裡傳來聲音。「但這些病人接受憂鬱症或酗酒等治療後又活了三、四十年，而不再有自殺的念頭。自殺念頭往往是因為觸景生情，而且很短暫。」

他談到從舊金山金門大橋一躍而下的人們，那裡也是全世界最受歡迎的前幾大自殺地點，這座橋的橋面距舊金山灣七十五公尺，跳下去四秒後，會以七十五英里的時速接觸到大浪的表面，這樣的速度通常會把背脊折斷。超過百分之九十五的人死於單純落水，其餘是淹死或死於失溫。跳金門大橋的死亡率和舉槍自盡大致相同，因此這條大橋吸引一些認為縱身一躍好過濺血死亡的人，光是一個月內最高就曾發生過十起自殺事件。

「一九七〇年代末，有位柏克萊的教授研究了五百多名企圖從舊金山大橋往下跳，但最後並沒有這麼做的人，」保羅繼續說，「他發現近九成的人在二十五年後依然活著，只有百分之五後來自殺身亡、百分之五死於自然原因。的確，他們的自殺率高於一般大眾，但百分之九十的人經過四分之一世紀依然活著。」

他的話令我想到巴利斯。他真的有必要結束自己的生命嗎？如果他拿不到槍，會轉而跳哈德遜河嗎？還是會等待電梯登上頂樓後，將自己投入柔順的空氣，感受像在飛行般，哪怕過程只有短短一秒？

---

19. 本書出版後，約翰・奧提（John Oates）寫信提醒我，「這頁的陳述我相信是有誤的，您寫到瓦斯公司因為停止使用煤炭瓦斯是因為政府的行動，但真正的原因是一九六六年，北海的天然氣供應量充足到可以支應全英國的每個地方。以天然氣取代煤氣廠的理由很簡單，那就是前者比較有利可圖。或許政府曾經針對烹飪器具、火爐和鍋爐等設備的轉換成本提供補貼，但全面的改變需要煤氣委員會的大力促成才辦得到。這些更換花了一些時間，而我相信東中央區瓦斯公司（East Midlands Gas Board）是最早更換者。」這是個極具價值的指正，謝謝你。

20. 在華盛頓特區某橋上加裝防止自殺的障礙物，不僅降低在那座橋上的自殺數，也降低整體自殺率（換言之，這些人並不會掉頭另覓一座橋來跳）。

我想找到這些問題的答案，但不是在美國，而是在我去瑞士拜訪的「小型武器調查」，因為我在那裡發現一些值得探究的資料，不是關於槍枝，而是關於用槍自殺的案件數。

* * *

離開「小型武器調查」後，我又回到日內瓦的街道上，循著電車軌道往南走，經過了有著恬靜古典式建築的街道，跨越底下緩緩流經的隆河（Rhone），進入喬治法風大道（Boulevard Georges-Favon）。天空呈現胡椒灰般的顏色，路的兩旁是貌似高雅的公寓，我繼續走，直到空中充滿交錯混雜的纜車電纜，路上盡是書報攤和販賣中國茶的商店。

被日曬摧殘的櫥窗攫住我的視線，這間商店是「龍與地下城（Dungeons and Dragons）」，奇幻文學和漫畫在瑞士頗受歡迎，因為這裡的人除了巧克力和炫目的鐘錶外，對類似玩意似乎也樂此不疲。櫥窗中有個黃色盒子，寫著「陷落：黑暗的旅程」（Descente : Voyage dans les tenebres），這是帶領你進入種種幻想國度的遊戲，這間店很有這樣的感覺。

街角一間咖啡店的對面，就是我此行的目的地，一個名叫「停止自殺」（Stop Suicide）的慈善機構，專門幫助徘徊在危險邊緣的年輕人。在門口等我的，是年約二十五歲的蘇菲・拉凱特（Sophie Locket），身穿白襯衫、牛仔褲，眼鏡背後的面容親切，給人誠懇認真的感覺。她示意要我進入一間房間，裡面充滿報告和海報、大型活動的傳單，以及硬派的書籍，我找到一處坐下，享用端來的咖啡和巧克力。

「在瑞士，每天約有四人取走自己的性命，」她說。每年超過一千人，「比死於車禍的人數多三倍。」她接著解釋槍在自殺行為中扮演的角色。

瑞士的每戶槍枝數在全世界居冠，這個小小的內陸國，地處歐洲中西部平原的高地，僅僅八百萬人口，卻有近三百五十萬支槍，換言之，家中有槍的瑞士人占了近四成之多。[21]她說，這現象導致十五至二十九歲心緒尚未穩定的年輕人，以「槍」作為自殺的主要工具之一。[22]

蘇菲解釋，理由之一在於直到最近為止，瑞士的徵兵在服完兵役後可以把步槍留在身邊，大約四成的槍枝自殺是使用軍隊發放的武器。二〇〇三年，大規模軍隊改革導致瑞士的士兵人數減半，軍力的驟降也代表全國各地可以取得的槍枝數同步減少。

這就是我來拜訪蘇菲的原因。我想了解槍枝減少是否使自殺下降，我也想知道堅稱「槍枝管制的法律和他殺或自殺率之間無關」的人究竟正不正確，我想挑戰贊成槍枝的說客們主張的：「對有意自殺的人來說，拿走一種自殺的工具，只是迫使他們去尋求其他方法。」

蘇菲有答案。「確實有研究比較過軍隊改革前後的槍枝自殺案例，學術界發現無論是整體自殺率和槍械自殺率，都有顯著的下降。」證據極具信服力。她也呼應了保羅．艾波鮑姆的說

21. 「小型武器調查」於二〇〇七年公布的一份研究估計，全國有三百四十萬支槍為一般民眾擁有，同年國防與運動部公布的數字則是兩百二十萬支，其中五十三萬五千支為軍用武器，可能是現役或退役軍人所有，或出租給槍枝俱樂部。

22. 所有自殺的瑞士男性當中，約三分之一為舉槍自盡。女性通常會選較不決絕的方式，例如服毒或使用利器，男性則採取比較致命的死法。

法，減少的槍枝自殺案例中，只有百分之二十二被以其他自殺手段取代，瑞士的情況就像英國的燒炭瓦斯烤爐，可取得的槍枝數下降後，並沒有使其他自殺方式的案例增加，如今瑞士每年有大約兩百個槍枝自殺案例，二十年前大約四百件。

不光瑞士出現這種因果關係，後來我也讀到，二○○六年以色列國防軍（Israeli Defence Force）的官兵自殺率高到令人不安；為了降低自殺率，於是ＩＤＦ禁止士兵周末攜帶步槍回家，結果自殺率下降百分之四十。一份軍隊的審查報告於是作出結論，「減少可取得的槍械數量，顯著降低成年人的自殺率。」

澳洲也是如此，一九九○年代中施行一連串嚴格的槍枝管制法律，導致舉槍自盡的案例下降，但其他自殺型態並未明顯增加。這些發現和許多研究的發現一致，那就是較嚴格的槍枝管制與較低的舉槍自盡比率有關。

然而，在每年約有兩萬人以槍枝自殺的美國，政治菁英們似乎已經對這樣的觀察見怪不怪，此外擁護槍枝者否認取得槍枝的方便性和自殺的關聯，以國家步槍協會（National Rifle Association）為首的遊說團體更是做出聽天由命的結論，說槍枝擁有者「在相信符合自身利益的情況下，會斷然採取行動，包括在適當時機結束自己的生命。」他們沒有將心理疾病對舉槍自盡的影響考慮在內。

不過蘇菲深信是槍枝造成自殺的。當然，憂鬱、孤單和傷心等不幸的事也是自殺的原因，但槍枝讓危機的時刻變成人生最後一幕。

然而槍械自殺依舊被視為無可避免且無可阻止的，有些還被稱為意外或槍枝走火，我曾讀到某些國家的槍枝自殺案例被短報達百分之百，長期被憂鬱困擾的海明威（Ernest Hemingway）就是一例，他的太太說他「今天早上在擦槍時不小心殺死自己」，但即使不是《紐約時報》指出海明威是槍械專家，以及他父親就是用一把南北戰爭時的手槍結束自己的生命，我們也知道真相是什麼。

我認為，不願意承認自殺或不願探討哪些因素使人舉槍自殺（例如槍枝取得的方便性），似乎是因為人們認為自殺是違背自然與上帝意旨的行為，尤其是在昂格魯薩克遜人的社會中。

十三世紀中，「謀殺自己」在英國是犯罪行為，而「犯下自殺」（commit suicide）這個用語反映了天主教會將這種行為視為罪行。以往的自殺身亡者不得採取基督教葬禮，他們在暗夜被拖到十字路口然後被丟進坑裡，心臟被敲進一根木棒，沒有牧師、合唱團，更沒有祈禱文，家屬甚至不得擁有自殺身亡者的遺物，這些東西都要交給君王，因此過去成年男性自殺可能使家屬陷入貧困。

即使到今天，自殺在世界上的某些地方依然是非法的，直到二〇一四年，在印度企圖舉槍自盡可能得面臨最多一年的監禁，在迦納、新加坡和烏干達，企圖自殺仍可能被關進監獄，世界各國的社會依舊厭惡自殺，且慣於拒絕對他人的自殺表示意見，難怪在探討槍枝控管時，幾乎很少人談及自殺。

我再次觀看巴利斯．蘭恩的死亡影片時想到這些，或許有五十萬人次看過他死亡的影片，但一切都還是老樣子，既沒有人發起運動，也沒有人表達對他的同情，這就是槍枝的力量和絕望者沉默的無力感。槍不僅改變人用什麼方式結束自己性命，也改變我們對於他們的死所做的反應。

巴利斯的影片下有一段留言，寫著：「這是個軟弱的男人，他讓自己對女人的迷戀主宰理智。」

「地獄正在等著你這個白癡，」另一人寫著。

有些人口出惡言，「如果黑人全都這麼做，美國就會是個安全的地方了。」

接著我看到一段令我驚訝的留言。

有人寫著，「他們沒有毀了你們這些白癡……他跟一些壞人起了衝突，結果他們找上了他，他回家跟他媽和女友道別後自殺，這樣他們就不會殺了他的家人跟朋友……」

讀到這裡，我對巴利斯．蘭恩自殺的看法改變了。我想，或許他的死是對某種勢力而非痛苦做出的回應。照這麼看的話，槍枝將帶領我遠離受它們影響的人，朝著要弄它們的人前進。

第三部　權力的擁有者

無數多的擁槍者，槍殺他人以聲張個人權力，
他們陷入一時的狂熱、絕望、憤怒或自我防衛，
於是用手上的槍來奪人性命，
殺人多半未經預謀，而是對威脅、狂熱或恐懼的反應。

Chapter 05

兇手

大規模槍擊事件的兇手和殺手↓回憶芬蘭↓師範學院的血腥之日↓檢視美國的大規模槍擊兇手↓挪威↓到荒山野地之旅↓史上最嚴重的大規模槍擊事件現場↓在奧斯陸跟一位殺手專家共飲↓和朱利安在倫敦碰面↓暗網的光怪陸離

有幾種人會用槍殺人。

一種是為了彰顯掌控力，多半是罪犯、幫派份子、恐怖份子、警察或軍人，他們一扣扳機就結束一條生命，目的是為了遵守特定的意識形態或教條，可能是想稱霸街頭、搶劫、維持秩序、想保護國家甚至行使懲罰。奪走他人性命時當然就成了殺手，但他們通常不是為殺人而殺人，死亡只是權力和控制的副產品。

無數多的擁槍者，槍殺他人以聲張個人權力，他們陷入一時的狂熱、絕望、憤怒或自我防衛，於是用手上的槍來奪人性命，有時他們的行為具正當性，但大多不是，殺人多半未經預謀，而是對威脅、狂熱或恐懼的反應，背後動機非常多樣，想了解到底是什麼原因使這些人殺人，就跟了解人生一樣複雜。

有兩種人因為向黑暗面靠攏而想置他人於死地。殺人不是報復、防衛或欲望的副產品，而是讓自己強大的手段，大規模槍擊事件的兇手就屬這類，他們往往是年輕人，暴怒之下在單一的公開場合殺人，他們不屑一般人為了搶劫、忌妒、不滿而施暴，也無視於正義的基本概念。

或是殺手。這群殘酷的稀有品種為錢殺人，但「錢」不是唯一理由，因為他們永遠都找得到其他謀生方式。

當我把關注焦點從生者與者人轉移到手中握槍的人時，首先想寫的兩種人，是大規模槍擊事件的兇手，以及暗殺者。

* * *

二〇〇八年九月的某一天，我徒步經過芬蘭西部某小鎮外圍的濃密森林時，雪開始飄落。我來到考哈約基（Kauhajoki）令人毛骨悚然的外圍地帶，之後被困在無邊無際的樹林，試圖尋找步槍的靶場。幾天前，有個現在已經死亡的人在那裡射靶並被拍成影片，當時他口出惡意話語，預告一個恐怖事件即將到來。

我在十分鐘前就從道路轉進這座令人幽閉恐懼的林子裡，現在已經迷失方向，踩在結冰地上發出的聲響劃破寧靜，一想到樹林深處的狼和熊就令我無法專心，然後就在前方的松樹間，我看見一個木製標靶的輪廓。

男子被踩過樹葉的窸窣聲嚇了一跳，我在他正要轉身之際先注意到他，他的外套與周遭的綠意相當協調，接著我看見他的手臂輕輕拖著一把步槍。撞見一位帶槍的陌生人，還真是天不時、地不利。

幾天前，二十二歲的芬蘭人撒利（Matti Juhani Saari）做了一件讓人匪夷所思的事，他走進就讀的大學殺死十人，在距離這裡五英里處的考哈約基塞納理工大學（Kauhajoki School of Hospitality）大開殺戒，他手持華瑟P22（Walther P22）半自動手槍，頭戴黑色頭套，身穿軍人的黑色工作服，從地下室潛入校園大樓後爬上樓梯，一副在出戰鬥任務的樣子，殊不知他才是芬蘭這座安靜小鎮上唯一的敵人。

當天早上十點半，撒利先走進一間教室開槍，一群同學正在這裡考商業研究，他逐一趨近受害者近距離射擊，接著來到走廊裝填新的子彈後回頭去殺老師。他在教室緩緩繞行，對發出聲音的人送上慈悲的一擊（coup de grace）[23]。

撒利殺了人後，打電話給一位友人吹噓自己幹的事，接著把汽油潑灑在血跡斑斑的地上，扔了一根火柴便走出去，熊熊烈火在他身後燃起，九位同學和一位老師已經沒有氣息，另外十一位在烈焰中受傷，撒利眼看學生們尖叫跑進芬蘭秋天的微光中，之後便對自己的頭部開了一槍。

這是芬蘭史上承平時期最慘重的攻擊事件，共死了十一人，撒利開了一百五十七槍，其中六十二槍在受害者的體內被發現，光是一個人就挨了二十發子彈。

有一發最不令人惋惜的子彈，用在他自己的身上。

他發出的最後一聲槍響，為一場另類的競賽鳴槍起跑，記者競相趕往現場報導當下最熱門的話題：大規模槍擊事件。[24]

當時我正好在奧斯陸，倫敦的新聞採訪部認為挪威跟芬蘭很近，於是打電話給我，要我收拾行李到那裡去，殊不知奧斯陸距離案發現場有七百英里遠，車程十七小時。

事情就是這樣。當時一起工作的還有前途看好的珍妮・克里曼（Jenny Kleeman），共同為獨立電視新聞（ITN）報導石油為挪威帶來的龐大財富。當我們正在分析奧斯陸的主權投資基金時接獲這通電話，而「死亡」根本不在當時的料想之中。但是一天後的我們飛（不是開車）到考哈約基，那件事不僅永遠在當地留下印記，也在我的心裡留下印記，因為這是我第一次遇到大規模槍擊事件的真實狀況。

飛機一著陸，我們就開始馬不停蹄，因為人在倫敦的編輯急於知道撒利的行兇動機，於是我們很快就獲悉這個有情緒困擾的兇手在事發前幾個禮拜，曾經以Wumpscut86的署名在網路上刊登幾段影片，還附上恐怖的訊息：「下一個死的就是你。」影片顯示他在當地靶場用華瑟P22射擊。

23. 譯註：是對痛苦中的動物或人一擊，加速終結其性命，以免再受瀕死之苦。

24. 大規模槍擊事件並沒有國際間的標準定義，在美國，聯邦調查局對大規模槍擊事件的定義往往被當作參考：「同一次事件中殺死多人（四人或更多），在一人和另一人死亡之間沒有明顯的時間間隔。」這個定義不同於連續殺人的「在不同的殺人事件間有短暫的時間間隔」。美國國會研究服務增加其他判準：「槍手並不追求犯罪的利益，也不是以恐怖主義的意識形態為名進行殺戮」，基於這個理由，將宗教動機的攻擊排除在外。

所以我才會在那座森林中迷路。當時我來到那座靶場，也就是撒利被拍到的最後所在位置時，這個年輕殺手死了。但沒有人知道當時誰在攝影機後面，難不成有共謀者？我低頭看男子的步槍，心裡想著各種可能性。

男子回過頭，狠狠瞪我一眼後「嘖」了一聲，我才明白一開始我以為他在生氣，原來是不高興被打擾。撒利的影片是自己拍的，這名男子也沒打算殺我，只是對我背著錄影機在林子裡亂闖感到不爽罷了。對他來說，我出現在這偏僻省分的窮鄉僻壤清楚說明一件事，那就是嗜血的媒體鏡頭即將到來。

現代的大規模槍擊事件的兇手和媒體彷彿連體嬰，新聞記者在科倫拜校園事件（Columbine）、鄧布蘭校園屠殺（Dunblane）和桑迪胡克小學槍擊案（Sandy Hook）中大肆報導，讓這些地名永遠留存在大眾心中。在新聞界「有血就有收視率」的情況下，當晚全世界的頭條都是撒利血洗校園以及考哈約基，新聞快報出現校園外一排排光影搖曳的蠟燭和泰迪熊，而芬蘭的救難隊不知所措圍成一圈的畫面在全世界放送，槍手邪惡的影片和他醜陋的誓詞，重播了一遍又一遍。

這當然是個大事件，不僅因為這是芬蘭在兩年內發生的第二起大規模槍擊，也因為死的都是些前途大好的年輕白種學生。類似事件在西方新聞界非同小可，因為一則新聞事件要花多少時間報導，取決於偏見和優先順位，也就是「死亡新聞的階級架構」[25]。白種槍手在美國殺死二十名學童，將占據全球新聞的主要版面，二十名成年黑人在奈及利亞的槍林彈雨中喪生，卻幾乎無人一提。若是學校遭到大規模槍擊事件，報導篇幅一律多於其他地方，即使美國企業遭大規模槍擊事件血洗的可能性是其他地方的近兩倍。

換言之，儘管大規模槍擊事件僅占美國所有槍殺事件的百分之一左右，但是就新聞頭條和報導版面來說，衝擊卻相當深遠。

有人說媒體做得太過火，極盡能事報導大規模槍擊事件，反而鼓勵其他人有樣學樣，讓扭曲的靈魂豁出去幹一場驚天動地的壞事[26]，這種看法有其邏輯。西元前三五六年，希臘人黑若斯達特斯（Herostratus）縱火燒毀以佛索（Ephesus）的亞底米神廟（Temple of Artemis），當時的人寫到他此舉是企圖留名後世，結果還真如其所願，他也是摧毀古代世界七大奇蹟的人，說明犯下重罪也能留名千古；同樣我們也知道蘭薩（Adam Lanza）、趙承熙（Seung-Hui Cho）、安德斯・貝林・布雷維克（Anders Behring Breivik），以及可能有一小部份是因為我的報導而認識他們的撒利。

---

25. 這在英國媒體對北愛爾蘭衝突的反應可以看到。報導篇幅最大的第一級，是英國人在英國被殺，第二級是軍隊或北愛爾蘭皇家警察部隊（RUC）等防衛機構，第三級為共和國的平民受害者，第四級的媒體篇幅最小，為反對獨立份子的受害者。以上為《衛報》羅伊・葛林斯雷德（Roy Greenslade）的觀察。

26. 撒利跟奧文南（Pekka-Eric Auvinen）是朋友，後者是個無法適應社會環境的十八歲青少年，一年前在芬蘭的小鎮裘可拉（Jokela）的一所學校犯下類似槍擊案，他們倆人一起玩名叫「戰地風雲 2」的線上遊戲，在遊戲中引爆炸彈，用槍射人，並且用耳機溝通。他們也會互傳訊息，討論他們的槍擊計畫，其中一個訊息寫著：「一起做吧！」他們甚至在同一間武器商店買槍，這家店距離奧文南殺了八人而後自殺的學校僅有幾百碼。

一九八〇年代維也納地鐵系統突然爆發自殺潮，之後各大報同意配合執政當局改變報導內容，避免對於跳火車的解釋過度簡化，並將類似悲劇事件移除頭版，標題上也不出現「自殺」兩字，結果當地的跳軌自殺率下降百分之八十，清楚說明了媒體極端行為可能的影響。[27]

於是就有人要問了，「如果媒體完全不報導大規模槍擊事件，同樣的事還會發生嗎？」許多人直言抨擊媒體對某些大規模槍擊事件的大肆報導，一位法庭心理醫師對ＡＢＣ新聞表示，播放維吉尼亞理工學院的殺手影片是社會的大災難，「簡直就是他的公關影片，要將他本人變成昆丁塔倫提諾片中的人物……影片沒有任何教育意義，只是在認可他的行為。」還有人說，報導槍殺事件令人髮指的細節，幫助「情緒困擾者將抽象的沮喪變成具體的幻想實踐」。

或許這些意見都沒有錯。但媒體的聚焦也凸顯出國家對現行槍枝法律的立法不周全，密集報導考哈約基，促使了芬蘭政府減少核發手槍執照，同時提高擁有槍枝的年齡門檻，這些都是媒體促成的。

因此，當新聞記者蜂擁到這處遭槍火蹂躪的安靜小鎮時，他們應該告訴自己，到那裡報導恐怖事件只為了一個理由，就是努力讓類似事件不再發生，不是為了挑起人民情緒，而是告誡世人。

那天晚上，我們在校門外排隊時想到類似事件引起的不同反應，一長串白色轉播車停在滿滿的蠟燭和驚魂未定的當地人面前，接著倫敦方面連線進來，我們上線。

* * *

一九六六年，二十五歲的前海軍陸戰隊查爾斯·惠特曼（Charles Whitman），攜帶三把步槍、三支手槍和一把槍管鋸短的霰彈槍，爬上德州大學的校塔頂端，距幾小時後他被射殺時共開槍射擊四十八人，其中十六人死亡，也將「大規模槍擊事件的兇手」這個獨特的現代怪物介紹給世人。

當然，校園和辦公室屠殺的恐怖災難不是美國特有的悲劇，死傷最慘重的大規模槍擊事件，要屬二〇一一年安德斯·貝林·布雷維克在挪威犯下的案子，六十九人在瘋狂掃射中喪命，另外八人在炸彈爆炸中死亡。在此之前，全世界最慘重的攻擊發生在一九八二年南韓農村，性格孤僻的警察禹範坤（Woo Bum-kon），因為同居女友在他午睡時拍打停在他胸口的蒼蠅而將他吵醒，一怒之下殺死五十六人。

撇開全球各地的殺戮不談，美國發生的事件依舊是媒體最關注的焦點，美聯社列出全世界前二十大「死亡最慘重的大規模槍擊事件」，其中十一起發生在美國，據統計從二〇〇六年以來，美國發生過兩百多起類似案件。[28]

---

27. http：//link.springer.com/article/10.1023%2FA%3A1009869190326 1。二〇〇三年哥倫比亞大學主導的研究也發現大量證據，說明媒體對自殺的大肆報導助長自殺案件增加，二〇一一年 BMC 公共衛生（BMC Public Health）的研究發現一如預期，怪異的自殺方式獲得大篇幅媒體關注，其所引發的類似效應特別強烈。

如果把大規模槍擊事件定義為至少四人受傷而非死亡，那麼二〇一三年美國就有三百六十五起類似事件，等於是每天發生一起大規模的非致死槍擊案，而且情況似乎愈來愈嚴重，聯邦調查局（FBI）表示，致死的大規模槍擊事件，從二〇〇〇至二〇〇八年間，每隔一個月一件（大約一年五件），增加到二〇〇九至二〇一二年的每個月超過一件（一年近十六件）[29]，十幾件美國最慘重的槍擊事件中，半數是從二〇〇七年起發生的。

媒體除了把焦點放在死亡人數和殺戮的頻率，也在那些揮舞槍枝的人身上，人們問：「是什麼樣的人會做出這種事？」

很難給出絕對的答案。美國情報機構觀察大規模槍擊事件的兇手後表示，校園槍手並沒有單一的「性格檔案」，槍手間有諸多差異。儘管如此，一般認為他們皆存在某種傾向，二〇〇一年的研究觀察了美國四十一位大規模槍擊事件的青少年殺手，發現百分之三十四是他人眼中的獨行俠，百分之四十四對武器很感興趣，百分之七十一曾遭到霸凌。

此外，兇手幾乎一律為男性，女性只有少數幾位，其中一位是前郵局員工珍妮佛・聖馬可（Jennifer San Marco），她在加州一處郵件處理場殺死五人，又殺死一位以前的鄰居後才舉槍自盡。至於為何大規模槍擊事件的地方幾乎清一色為男性的原因不明，有些人認為男性在遭遇人生不如意事時會採取較為極端的做法，有些人則認為他們的暴行，凸顯男女體內睪固酮含量與心智發展的差異，可惜這些理由都似是而非，除了禁止所有男性取得槍枝外，幾乎無助於我們想出如何讓類似殺人事件不再發生。

大規模槍擊案的殺手性格孤僻，他們鮮少兩人一起行動，除了瓊斯伯勒（Jonesboro）大屠殺事件外。在這起事件中，十三歲的強森（Mitchell Johnson）和年僅十一歲的戈登（Andrew Golden）槍殺四名學生跟一位老師，接著又傷害另外十人。但一般而言，大規模槍擊事件的殺手通常單獨行動，且不隸屬任何團體或教派，使當局難以辨識這樣的人並防範於未然。

他們相對年輕，「國會研究服務」（Congressional Research Service）認為美國的大規模槍擊事件槍手的平均年齡為三十三歲，十一歲和十三歲的極年輕者屬非典型。青少年不會失控抓狂有各種理由，包括孩童較不易取得槍枝、老師和家長往往能在青少年出現令人擔憂的行為時介入，以及年輕的生命往往還沒有那麼多令他們失望的事情等。

我們知道，大規模槍擊事件的兇手通常不善與人交際，他們很少有親近的友人，幾乎從沒有過親密關係，儘管他們有時候會一時「性」起卻不成功，此外他們沒有酗酒和毒癮的傾向，不但不會衝動行事，而且性格恰恰相反。

這些觀察可能讓許多人以為大規模槍擊事件的兇手都有長年的心理疾病史，其實並非如

---

28. 美國未能有效進行槍枝管制，人們也不斷爭辯發生過多少起大規模槍擊事件。國會研究服務表示，美國從一九八三年以來只發生過七十八起公開的大規模槍擊事件，他們估計在過去三十年間，大規模槍擊事件奪走五百四十七條人命，使四百七十六人受傷。

29. 有些人主張雖然一九六〇年代至九〇年代間的大規模槍擊事件增加，但在千禧年間卻是減少的，而大規模槍擊事件在一九二九年達到高峰，因此，一九八〇年代有三十二起大規模槍擊事件，一九九〇年代有四十二起，本世紀的第一個十年間有二十六起。不過，問題在於大規模槍擊事件的判定標準。

此。雖然他們對這世界都抱持扭曲破碎的觀點，因而鑄下大錯，但心理健康診斷卻完全不足以用來分析某人日後可能成為大規模槍擊事件的兇手。二〇〇一年針對三十四位美國大規模槍擊事件兇手進行分析，結果發現只有百分之二十三有心理疾病史的記錄。

撇開這些不談，人們依舊專注在這些情緒困擾者的異常心理，評論寫澳洲亞瑟港（Port Arthur）屠殺的布萊恩特（Martin Bryant）非常喜愛《獅子王》原聲帶；也寫桑迪胡克屠殺多名孩童的蘭薩平日隨身攜帶黑色公事包，其他學生則都是背後背包；我們回想在維吉尼亞理工學院殺死三十二人的變態殺手趙承熙，平日喜歡將手機放在書桌底下拍攝同學的裙底風光。儘管怪異，但這些特質完全無法證明日後將成為大規模槍擊事件的兇手，有位心理醫師說，「雖然屠殺的兇手往往展現異於常人的行為，但多數行為異常的人並不會屠殺。」

儘管如此，我們大可以說，這些槍手往往非常偏執且不合群，著了魔似地計畫自己的行動，許多殺人魔花幾個月甚至幾年來計畫，例如科倫拜槍殺事件的計畫時間長達十三個月，挪威的安德斯．貝林．布雷維克宣稱他策畫行動達五年之久。

這種事前的計畫，反映了他們對世界的仇恨與執念，大規模槍擊事件的兇手希望他們的想法在歷史上留名，而且是透過槍械為自己做出某種辯解。恐怖份子使用槍和媒體來宣揚政治和宗教理念，槍手則是利用槍和媒體來凸顯個人不滿，例如維吉尼亞理工學院的槍手趙承熙，曾經寄給NBC新聞一千八百字的聲明，和二十七段他對著鏡頭怒罵的影片。

另外還有其他傾向。許多大規模槍擊事件的兇手會自殺，許多人身穿軍服，他們往往使用火力強大、射擊快速的武器，「瓊斯媽媽」（Mother Jones）網站檢視過去三十年來用在六十二起大規模槍擊事件的武器，發現超過一半為「半自動步槍，具備作戰性能的槍枝，且彈匣可裝載超過十發子彈」。詹姆斯．荷姆斯（James Eagan Holmes）在奧羅拉（Aurora）射擊七十一人並殺死十二人的槍枝之一是攻擊步槍，具備能裝載一百枚子彈的滾筒彈匣。

使用這類致命武器確實令人憂心。FBI的資料顯示，二〇〇九至二〇一二年間，使用攻擊步槍或高容量彈匣犯下的大規模槍擊事件，平均射中十六人，比用其他武器多了百分之一百二十三。

以上發現和統計數據顯示情況不妙且令人不安，但在我分析單獨犯下大規模槍擊事件的兇手時，這些只有些許用處。於是我再度檢視這一長串罪犯，從中尋找最能代表這些傾向的人物。

我要找的是兇手的原型——相對年輕、獨來獨往且不善與人交際、身穿制服、攜帶高容量彈匣的半自動步槍，這個槍手並未被診斷精神失常，是個寫過憤怒宣言的幻想家。結果這群恐怖人物的文氏圖（Venn diagram）出現一個醜惡且熟悉的名字，也是所有大規模槍擊事件兇手中最兇殘者——安德斯．貝林．布雷維克，挪威的右翼殺手。

＊　＊　＊

當我來到挪威，想了解更多關於布雷維克的事情時，奧斯陸租車公司唯一能租給我的是輛電動車。我從沒開過電動車，而當我從首都穿過重重山嶺，看見電力表上的數字急速下降時，心裡真是七上八下。我把車子開離停車場時還有一百二十三公里，現在又去了五十公里，剩餘電力可駕駛的里程數顯示為十三，而我還有十八公里要走，一股微微的焦慮從我的脊梁往上竄，此地寒氣刺骨，而汽車充電站少之又少。我腦中浮現的，盡是某個對地球暖化盡一份環保力量的受害者，在挪威電動車裡因為失溫而凍死的畫面。

電力往下掉的同時，太陽也逐漸西沉，將最後一道微弱的光投射在深邃的蒂里湖（Tyrifjorden）的寬廣湖面上。正當車子以省電的龜速沿著湖邊前進之際，湖水被風吹拂，氾起漣漪，湖再過去是位在最外圍的烏托亞島（Utoya），有些人依舊不願說出這座島的名稱，因為布雷維克就是在那裡殺了幾十人。

就在電力表顯示只能再行駛兩公里時，挪威最古老的客棧之一桑德霍爾敦飯店（Sundvolden Hotel）進入我的視線範圍，這座旅館建在「國王的視野」（King's View）以松樹圍繞的頂端和綿長蔚藍的湖下方，有一種斯堪地那維亞獨有的美。

公會之家擁有十世紀遺留下來的一公尺厚外牆，和門廳外一排嵌著玻璃眼珠的小矮人像，極具田園風光。然而人們不會因為挪威的童話故事或北歐風味的外牆而記得這裡，二〇一一年發生的事將永遠留下印記，因為最嚴重的槍擊事件兇手在這裡讓倖存者飽受驚嚇，這些房間裡擠滿哀戚的親友，等待接獲壞到不能更壞的消息，告訴他們子女是如何死亡的。

槍擊案發生的幾天前，以十四至二十五歲為主的六百人，聚集在湖對岸的烏托亞島，舉行一年一度的夏令營，這一群多元且屬於自由派的年輕人，是挪威勞工黨的年輕人當中最被看好的一群，然而來自奧斯陸，三十二歲的安德斯．貝林．布雷維克認為他們的包容是背叛，理念是軟弱，於是七月二十二日他乘船來到島上，口袋裝著中空彈，心裡滿是殺意。

晚上五點二十分一過，布雷維克開槍射殺第一名被害者，七十五分鐘後向警方屈服時，已經有六十九人喪命。他總共開了兩百九十七槍，其中一百七十六槍是用儒格槍（Ruger），一百二十一槍用格洛克（Glock），此外布雷維克在小島大開殺戒的一個半小時前，先在奧斯陸政府辦公區引爆肥料彈而造成另外八人死亡，兩百多人被炸傷。

他穿警察制服做出這些恐怖的事，將挪威人心中對政府的信賴玩弄於股掌間，他也戴上耳塞以阻隔槍響。兩個醜惡的事實，讓你對這個人了解許多。

他的殺戮是無差別而且殘暴的，他通常只在有把握射中目標時才開火，他殺人不求快而講求方法，會在很近的射程內對著頭開槍，他對那些躲在樹叢後的人說，「別害羞，」之後便射殺他們。還有些人彼此抱在一起被殺，有些被困在島上的學生勇敢忍受冰冷的湖水想游泳到安全的地方，但他們就像白色的海鷗般被從岸邊的硬礁拉回來，將湛藍的湖水染紅。

在六十九名死者中，六十七位被射殺、一位溺死、一位跳崖死亡，其中三十三位不到十八歲，最年輕的受害者是來自德拉門（Drammen）的雪若丁．思維巴克邦恩（Sharidyn Svebakk-Bohn），年僅十四歲。

想著想著，我在這間古老的臥室中睡著了。

＊　＊　＊

第二天，車子充好電，我又開回三月的天光下，國王的視野在我背後，松樹林和靄靄白雪在前方。離岸邊的安靜道路有三十公尺，烏托亞島在海岸彼端，遙遠而不可及，兩個路牌指向前往島嶼的路，但沒有橋，真不明白布雷維克到底為什麼選擇在這裡大開殺戒。

有人在通往防波堤的小路上擺了三張塑膠椅，又立了一個「私人土地」的牌子，牌子旁有一排乾淨的木信箱，每個都是手工漆的，信箱上的名字說明他們來自頗有年代的家族世系；約翰斯朗德（Johnsrund）、阿瑪斯（Aamaas）、西佛森（Syverson），信箱後方的石頭上有五根悼念的蠟燭，這幾根沒有點燃的骯髒蠟燭，圍著一隻又髒又濕的泰迪熊。挪威國旗在一邊有氣無力地飄搖，破碎的裝飾物將滴著水的松樹葉覆滿，這是個沒有過節氣氛的耶誕節。

我沿路繼續開，來到一處露營地，在營地管理中心附近停車，刺骨的寒意迫使我把能穿的衣服全都穿上。我鑽出車外，搖搖晃晃走去按門鈴但沒人應門，正當我打算掉頭時，一位身穿藍色厚羽絨衣、頭戴黑帽、腳踩厚底靴的男子，冒著當天早上冰凍的毛毛雨朝我走來，他叫布雷德．強柏拉登（Brede Johbraaten），是營地主人，我表示想租一條船划到小島，但他說現在還是冬天，一般人不會在冬天租船。

不過他倒是願意回答問題，於是我們來到一處用木頭搭建的小型工廠，躲避愈來愈大的雨勢。這位先生年約六十五歲，有三名孫子女，一開始蠻沉默的，後來他開始講起如何在那可怕的日子幫一群全身濕透且飽受驚嚇的年輕人從湖裡爬上岸，我們的對話也變得陰鬱起來。他從一九九〇年代起經營這處營地，有來自挪威、德國和荷蘭的常客，這場槍擊事件嚴重影響他的生意。

「我真是受夠了，」他用挪威人一貫含蓄的說法說道。

他的語氣也變得尖銳，首先他責怪警察，如同一般人在發生壞事時會找的出氣對象，他說他們反應太慢而且亂無章法，但是挪威太少發生大規模槍擊事件，也難怪當時會亂成一團了。

他又說，記者來這裡只想談論那天發生的事，而不是發生在這一帶住民的事，於是我開始問到他的生活，但我有點掙扎，這裡發生過的事讓我幾乎想避而不談，我對談論曾發生的恐怖事件有些遲疑，便問他房價是否受影響，但這話題只談了一會兒，因為這是我們都了解的事。

接著，他彷彿覺得有義務似的，開始談起布雷維克。

「他是個愚蠢的傢伙，他們不該用名字稱他，應該叫他殺人魔。」最簡單的解決方法，就是有人在殺人魔的腦袋送上一槍。

現在的雨勢開始變大，雨滴在湖面閃爍，能說的也就這些，或者有些話不該說出。於是我們握手道別，我離開他，也離開他所在的島嶼永遠留在世人心中的景象，我不知道每天一早醒來就想起這裡發生的事，會是什麼感覺。

我沿湖岸繼續開了一陣子，將車子停在一塊朝島嶼方向突出的細長岩石邊，政府在這裡樹立永久的紀念，這是切成銳角的玄武岩，象徵曾經吞噬此處的人禍，我坐在車子裡，透過蒙上一層薄霧的擋風玻璃觀看白色雲朵從四周的山飄下，籠罩住烏托亞島。

我到過全世界幾個發生過類似重大槍擊事件的地方：英國和美國的校園屠殺，索馬利亞和菲律賓的萬人塚，還有亞美尼亞和德國的種族滅絕屠殺現場。那些地方也有種讓人不知所措的寧靜，感覺你問任何問題都是隔靴搔癢且裝腔作勢，對發生過的事沒有簡單的解釋，這些地方永遠具備這樣的特點。這裡也是如此，一朵朵雲飄過來，逐漸縮小天地之間的距離，之後雨勢漸歇，剩下的只有沉默。

* * *

夜晚回到燈光閃爍的奧斯陸街道，我徒步經過多間販售廚房和家用品的商店，有白蠟燭、木製地板和北歐的時髦玩意。挪威人不喜歡炫富，這裡的東西既不標新立異，也不會過度裝飾，但是好品味是需要妥協的，萬一你跨越界線，必定得接受社會秩序和輿論的批判，如果你掛上狗打撞球的圖片來裝飾屋子，如果你洗三溫暖卻不遵守正確的程序，會有人對你咋舌並且當面告訴你。

以上是奧斯陸的巴基斯坦籍計程車司機告訴我的，他曾在伊斯蘭馬巴德取得博士學位，自從主管機關替他拍了駕照的相片以來，他就一直留鬍子，因為他在挪威峽灣重新發現了伊斯蘭信仰。他說出潛規則：如果你不喜歡挪威的規矩，最好回到你原來的地方。但是，在全世界生活品質最高的國家之一生活，讓人很難抗拒。

我踏上乾淨的街道時，想起司機的話。我在想，他眼中的忍耐在別人看來是否只是堅強的信念，品味良好和功能健全的社會需要具備並展現自信，但就像光明總有黑暗伴隨而來，或許布雷維克的內心和行為是以最激進、最自我欺騙的形式，來呈現這種集體信念。

我一直在反思這些事，因為我正要前往會見挪威作家奧格・波克格拉文克（Aage Borchgrevink），奧格花了好幾個月調查布雷維克及其殺人動機，我想知道像布雷維克這麼殺人不眨眼的兇手，在他想殲滅的文化之外的地方，是否會搞出這麼大的亂子來。

奧格英俊但不浮誇，他身穿高領灰色毛衣和藍色T恤，很像北歐警匪片中的好人，他的英文無可挑剔，但某方面他也不是典型的挪威人，二十年來他一直在調查巴爾幹半島上車臣、白俄羅斯、高加索等三個地區的人權問題，他律己甚嚴，在挪威以外生活的時間久到足以看清這個國家的缺陷與美麗。

我們在名叫「老少校」的酒吧見面，是布雷維克會中意的地方，我走上櫃台，買了一杯紅酒給奧格，一杯啤酒給自己，總共花了三十美元。我問了兩次才確定沒聽錯，因為挪威的酒稅為全世界第二高，也是維持社會秩序所需付的代價。

奧格端兩杯酒回到桌子，很快進入正題。我們循常規從頭開始，先談論兇手與母親的關係。

奧格解釋，布雷維克的家庭問題被心理衛生工作者完整記錄，當他年僅四歲時，母親便極度恐懼親身兒子會對他人暴力攻擊，於是經常對他說，她希望他死。一九八〇年代，心理醫師研判這個害羞的男孩「是母親偏執激進以及對男性性徵恐懼投射下的受害者」。

儘管有這些不利的報告，但奧格說國家根據挪威人對是非對錯的強烈自信而採取不介入，他說當時以生物決定論的信念處理這個案例，認為孩子最理想的狀態是和母親在一起，法院和兒童福利機構都無視專家的警告，於是布雷維克就跟著母親繼續生活。

「是制度把他變成這樣。」奧格說。

奧格認為，未能介入代表錯過機會阻止一個小男孩長大變成問題重重的青年，經過交叉檢驗，連布雷維克都說母親是他的「阿奇里斯腱」，是「唯一能讓我情緒不穩的人」。兇手向法庭表示，他曾經力勸性格孤僻的母親去尋找嗜好，結果她說，「但你就是我的嗜好啊。」

接著是母子關係中有「性」的成分在內。奧格說，社工人員在報告中寫到，「母親和安德斯晚上睡同一張床鋪，有非常親密的肉體接觸，」但是相關單位對此無所作為。布雷維克年紀稍長後，還會坐在母親腿上試圖親吻她，甚至曾經買給母親一根假陽具。

這些童年過往明顯扭曲了布雷維克對世界以及對自己的觀點，「他幾乎就像行屍走肉，」奧格說。「他展現在外的行為非常消費導向，但那是沒有人味的。他用身上的品牌來界定自己，會花一百歐元吃一頓壽司大餐或一千歐元買一件外衣，非常消費無度。」

值得玩味的是，布雷維克接受審判期間，挪威的法庭攻防顯然把焦點放在他過去的心理狀態，有兩份關於他的法庭心理鑑定報告，第一份診斷他罹患妄想型精神分裂症導致心神喪失；另一份報告診斷他屬多重人格失調，且特別強調自戀和妄想的特質，換言之他是在正常的精神狀態下犯罪，結果法庭採取第二種觀點。

另一方面，媒體緊咬歐洲右翼極端主義、網路助長年輕人走向偏激，以及警方在那黑暗的一天沒能先發制人等議題，唯獨漏掉一個重點。

「關於槍枝管制法的辯論並不多，」奧格說。這令我訝異，在美國，大部份的殺人魔都會引發槍枝管制法的辯論，但挪威絕大多數的焦點卻擺在社會以及布雷維克的成長背景。

就連布雷維克都親口表示，槍和軍事器材是整個殺人計畫的核心。當時他必須克服一個問題，因為在挪威取得槍枝不太容易[30]，於是二〇一〇年初秋他到布拉格待了六天，因為他以為捷克共和國的槍枝法在歐洲各國中較寬鬆，在那裡能買到他要的格洛克手槍、手榴彈和火箭推進榴彈。

布雷維克離開挪威前，甚至把他的現代汽車後座移開，騰出空間來擺想買的槍，但他什麼都沒買到，後來在文章中寫到布拉格「根本不是買槍的理想城市。」他唯一「成功」的，是在那裡跟人上床兩次。

回到奧斯陸後，布雷維克總算透過合法管道買到武器，他在自白書中表示，他之所以買得到，是因為他「無犯罪記錄，有打獵執照，並且已經擁有兩把槍達七年」，二〇一〇年他又取得一把槍的許可，那是一把要價兩千美元的點二二三口徑儒格迷你十四型半自動卡賓槍，他說

30. 擁有槍枝需要許可證照，槍的所有者必須陳述擁有槍的理由，自動手槍和某些手槍在內的許多型槍枝完全禁止販賣。

他買來是要射鹿的。

接下來他想要一把手槍，但取得手槍許可就困難許多，必須證明有定期參加射擊運動俱樂部才行，於是從二〇一〇年十一月至二〇一一年一月，布雷維克在奧斯陸手槍俱樂部上完十五堂訓練課，每上完一堂，他醜惡的計畫就愈來愈接近終點，宛如蜘蛛好整以暇等待大開殺戒。

一月中，他獲得許可購買格洛克手槍，便向一位美國供應商買了十個可以裝三十發子彈的步槍彈匣，又在挪威買了六個手槍彈匣。

接下來發生的事，大家都知道。

或許是因為布雷維克花這麼多時間來武裝自己，或者因為廣大群眾不願意相信槍械在這場屠殺中扮演的關鍵角色，因此在殺人事件後的辯論中，槍並沒有成為焦點，挪威雖然曾短暫禁止購買半自動步槍，但狩獵業者的遊說顯然能左右政策制定者，於是這方面的法律就悄悄地被取消[31]，如今挪威依然准許人民購買半自動步槍。

在一個看似讚揚理性辯論的國度，這些突然令我覺得怪異，被布雷維克殺死的人數之多，部份歸因於他將學生困在島上，但他能連番開火而無須停下來扳動步槍的扳機，必然使他射擊的孩子們更沒有時間跑去樹林避難。

像挪威如此自信滿滿的社會，為了理解布雷維克的所作所為，必須把更多心力放在個人的失敗、他的母親和警方的反應上，而不是國家的槍枝法律或他們身為一個國家的失敗。或許這才是正確的反應，畢竟不能讓一個擁槍的白癡來改變人民的生活方式，否則壞人就贏了。

我在這些想法中向奧格道別，槍擊屠殺事件的兇手帶來的黑暗，正逐漸占據我的關注，愈是往深淵裡瞧，就愈無暇顧及其他，於是我把焦點轉到另一個同樣邪惡的地方——暗殺。

* * *

第一個帶我闖進暗殺這個黑暗世界的人，因為恐懼刺客的子彈而身穿防彈背心，這點或許不令人意外。

時間是倫敦的晚春，我接到一位陌生人的電話，問我想不想見個素未謀面的人，對方說我可能會很感興趣，而當我一聽到那個人的名字時，我果真很想見他——專門從事情報工作的澳洲人朱利安·阿桑奇（Julian Assange）。數位時代的紅花俠（Scarlet Pimpernel）有話要說。

朱利安當時正在派丁頓（Paddington）的前線俱樂部（Frontline Club），那是倫敦老一輩文人和戰地記者最喜歡聚會的場所。一到那裡，我看見他窩在其中一個房間接受ＣＮＮ專訪，緊張且有點不善交際的他，不習慣媒體的鎂光燈，他被問到一份文件，是關於他的組織「維基解密」（Wikileaks）公布的軍事機密報告，內容暴露了美國在阿富汗戰爭的真相。

朱利安讓其中幾份最具爭議性的祕密文件曝光，裡面有上百萬份美國在海外進行外交與軍事事務的檔案，是由一位名叫布萊德利·曼寧（Bradley Manning）的軍人洩漏給「維基解密」

31. 二〇一一年九月實施禁止半自動步槍，但二〇一二年三月底取消此項禁令。

的，當時我以「調查報導局」（Bureau of Investigative Journalism）倫敦總部編輯的身份到那裡，看能不能挖到什麼消息，朱利安對「調查報導局」製作記錄片的能力很感興趣，他想知道伊拉克戰爭的軍事報告內容是否能放送到全世界的電視頻道。

那些寶貴的文件，證明美軍在伊拉克曾犯下戰爭罪並侵犯人權，失職且耍陰謀。朱利安將無數多軍事機密檔案存在隨身碟，在派丁頓車站附近的某間黎巴嫩餐廳交了出來。

當我有機會認識朱利安時，他的容貌改變許多，而全世界也愈來愈把焦點放在他洩漏的資料上。他減了重，把頭髮漂成金黃，顯出臉上的皺紋和疲態，但不變的是他的防彈背心，他怕遭到中央情報局攻擊，擔心成為刺客的目標，讓我不由得看著那厚重的藍色背心，心想：腦部中彈。

就在把伊拉克戰爭檔案交給局裡後幾天，朱利安要我下載一份名叫Jabber的訊息系統，這個加密服務讓使用者可以相對安全地在網上交談，於是當天晚上當倫敦郊區的狐狸在窗戶外嚎叫，人們進入夢鄉之際，我登入系統，開始跟全世界最具爭議性的人物交談。

閃著藍綠色光的螢幕，顯示應用程式的下載指示，他以簡短的訊息指引我通過一扇我從不知道的門戶，令我為自己在科技上的無知感到羞恥，他告訴我有個名叫TOR的系統，能讓使用者在網路上搜尋而不暴露自己電腦的所在位置，換言之，就是進入網站瀏覽而不留下痕跡，因為TOR會把你的伺服器資訊跟其他伺服器的資訊包裹在一塊，像洋蔥一樣把你藏在層層匿名的位置後。

顯然維基解密的頭兒和調查記者一樣，都需要TOR提供的匿名性，但有些人使用TOR並非基於需要而是想要，因為人的內心深處潛藏許多東西，只要提供隱藏身份的工具，他們就會去用。

不到幾分鐘，我就進入一堆無奇不有的網站，有網站專門販售裝滿HIV陽性血液的注射器，只要花二十美元就可買來戳你想報復的人，還有網站販賣五千美元一副的士兵骸骨，也可以花費遠低於面額的錢就買到假歐元，甚至有連結到各種各樣令人不敢苟同的入口網站，例如「戀童癖」或「戀男童者論壇」，此外有對街友進行藥物實驗的網站、販賣量身訂做的死亡或謀殺電影，以及「專門收賄的港口和海關人員」或「行事謹慎的律師和醫師」的詳細聯絡方式，甚至有承諾替人暗殺的網站。

「不友善的解決」就屬其中之一，如果上面寫的屬實，確實讓人不寒而慄。

「我會『做掉』你痛恨的舊情人或配偶、欺負你的人、找你麻煩的警察、律師、政客……我不在乎你為什麼痛恨他們，我會幫你解決問題，跨越國界，收費低廉，而且百分之百匿名。」

網站上接著寫，「鎖定的對象會死。沒人知道原因跟兇手。此外，我一定會盡全力讓它看起來像意外或自殺……我對人已經沒有任何同理心，這使我成為解決問題的最佳人選……我會對鎖定的對象做出任何事。」價錢不等，解決平民百姓的價位在七千至一萬五千歐元。

另一個網站「職業殺手網」，則為美國和歐盟國家提供三人一組的簽約殺手，在美國每殺死一人的收費為一萬美元，歐盟一萬兩千美元，但有兩條規矩，「不殺十六歲以下的兒童，以及不殺前十大政治人物」。

在這種暗網（dark web）當然無從知曉真假，有可能只是某個叫做巴柏的肥男穿著內褲坐在老媽位於伊利諾州的閣樓裡，或者根本就是警察。美國菸酒槍砲及爆裂物管理局（Bureau of Alcohol, Tobaco, Firearms and Explosives）就承認他們曾經找來一群人打扮成穿金戴銀，身穿無袖背心並且蓄鬍的機車幫來冒充職業殺手，專門誘使想買兇的人上鉤。

諷刺的是，在TOR入口網站上，有個販賣各種麻醉劑、毒品和非法服務的「絲路」（Silk Road）網站創辦人羅斯．烏布利希（Ross Ulbricht），被指控透過網路買兇殺死六人，但其實沒有人被殺，因為FBI說他們假造絲路的一位前員工死亡，並宣稱他們讓烏布利希以為已經進行過謀殺，據報烏布利希電匯了八萬美元作為殺人酬勞，但這些都沒有在法庭上被證實。

不過，暗網上的這些事或許是真有其事，因為一定會有人用槍做盡壞事賺血腥錢過活，而且已經有段時間了。

歷史上的第一起暗殺，是名叫詹姆斯．漢彌爾敦（James Hamilton）的蘇格蘭人，蘇格蘭瑪麗王后的同父異母兄弟詹姆斯．斯圖亞特（James Stewart）擔任她兒子的攝政王時，遭到漢彌爾敦射殺，這位蘇格蘭狙擊手在瑪麗的授意下，穿過一排正在晾乾的衣物，從樞機主教的窗戶開出致命的一槍，從此以後，世界上的領導者就有人在車內、在汽車旅館的露台以及在戲院裡被槍擊，一顆子彈讓整個國家陷入哀淒，各種陰謀論紛紛出籠，甚至引發造成數百萬人喪生的世界大事。

林肯總統在華盛頓特區的福特戲院（Ford's Theatre），被演員約翰・威爾克斯・布斯（John Wilkes Booth）從後腦射擊，布斯手持一把德林加槍（Philadelphia Derringer），槍托為黑色胡桃木並且崁銀[32]，斐迪南大公（Archduke Franz Ferdinand）於一九一四年在薩拉耶佛的街上被槍殺身亡，有人推測當時他穿的緊身制服加速他的死亡[33]，其他被暗殺的還包括沙皇尼古拉二世（Tsar Nicholas II）、聖雄甘地（Mahatma Gandhi）、美國總統甘迺迪（President Kennedy）、馬丁・路德・金恩博士（Martin Luther King Jr.）、馬爾柯姆・X（Malcolm X），這群重量級的政治象徵，成為殺手利用血腥犯行來宣傳偏激政治理念的受害者。

殺手就像最好的政治理念宣傳，是不會輕易把真面目示人的，但是對殺手的模糊印象吸引了電影和戲劇，且不斷成為素材的來源，當你讀到演出《閃靈殺手》（Natural Born Killer）的伍迪・哈里遜的父親其實是職業殺手時，某方面來說似乎蠻諷刺的。查爾斯・哈里遜因為刺殺地區檢察官約翰・伍德（John H. Wood），而於一九八一年被判處兩個終身監禁，也是二十世

32. 最初的計畫並非暗殺林肯總統。布斯及其同夥原本想綁架總統，以他為人質來交換囚犯，但計畫很快改變成暗殺林肯以及副總統和國務卿。

33. 因為他被射中脖子，這似乎不太可能。http：//qi.com/infocloud/the-first-world-war

紀第一起謀殺美國法官的案件，當時是以火力強大的步槍行兇，酬勞為二十五萬美元。

殺手界還有其他人物，例如為墨西哥毒梟工作的十三歲殺手荷西・阿曼多・莫里諾・里歐斯（Jose Armando Moreno Leos），他發射高口徑武器的技術高超，二〇一三年，他承認至少參與十起殺人案，荷西後來獲得釋放，因為墨西哥憲法禁止監禁十四歲以下的兒童，但幾個月後還是被發現遭到行刑式槍決。

再來是綽號「亞歷山大大帝」的俄國殺手亞歷山大・索洛尼克（Alexander Solonik），他承認在一九九〇年代暗殺多位莫斯科的黑社會人物，擁有雙手同時開槍的絕技。另一位殺手是二〇一一年遭到印度警方逮捕、聲名狼藉的賈固・皮爾汪（Jaggu Pehlwan），據信他與一百五十多人的死亡有關，每殺一人收費一萬兩千五百至三萬兩千五百歐元不等，甚至曾經同意以二十萬歐元的代價殺掉二十四人。殺人者人恆殺之，二〇一二年被敵對的幫派成員槍殺。

即使是槍枝法最嚴格的英國也出了有名的殺手，桑塔・桑切斯・蓋爾（Santre Sanchez Gayle）是英國最年輕的殺手，他年僅十五歲時，為兩百歐元的酬勞在倫敦哈克尼（Hackney）殺死一位年輕媽媽[34]，但他被坑了，因為研究人員發現，一九七四至二〇一三年間，在英國雇用殺手的平均費用超過一萬五千歐元，最高十萬歐元，而兩百歐元當然是最低的。

當然，殺手開槍有好幾個理由，金錢必定是唯一的動機，「別以為我跟你有仇，」這是槍手用挖土機把不斷顫抖的會計師帶到偏僻樹林時台詞。

但是，當殺手的行徑被利用來追求「權力」時，會發生什麼事呢？

這個問題將我的注意力和研究帶離職業殺手和變態殺手的邪惡心靈，朝向黑社會槍手更精細算計的恐怖行徑，也就是用槍犯罪的範疇。

34. 他以為會拿到兩千歐元。http：//www.theguardian.com/world/2011/may/24/britains-youngest-hitman-jailed-life

Chapter 06

罪犯

一段意外的影片和黑幫廝殺↓薩爾瓦多↓和射手見面並喝到爛醉↓和一位情報員喝咖啡↓祕密墳場和墳場祕密↓荷蘭和厄瓜多↓回憶槍帶給我的創傷↓巴布亞新幾內亞的記憶↓被用槍指著遇搶，以及親眼目睹的鐵血正義

影片裡的紐約已不復存在，鄙陋的街道上排放著工業汙染物，和今日曼哈頓的瀟灑別緻與西村留鬍鬚趕時髦的人們有著天壤之別，紐約以前竟然是那個樣子。他們把這首歌稱為《天殺的爛城市》（Gotham Fucking City），這段三分二十秒的影片述說巴利斯．蘭恩的死，用歌曲形式記錄他自殺的經過，歌手Smoke DZA和Joey Bada$$用非常寫實的饒舌歌唱出追悼詞，歌詞與故事同樣沉重。

生命是場賭局，這次我需要自己的骰子，
我只是要我朋友別當寄生蟲，
但這和巴黎市的犯罪一樣少見。

這段影片敘述蘭恩在紐約一處電梯口自殺的經過，不是因為憂鬱、遇到壞事或意外遭到暗殺，而是一樁毒品交易出了岔子。在我讀過巴利斯自殺影片的網友留言後，我進一步搜尋而找到這段饒舌影片，除了結尾是我所熟悉外，故事情節與我原本想像的不同，在音樂錄影帶的最後一幕中，年輕人站在一扇正在闔上的電梯門前，槍在他的嘴裡，但是跟這場景交錯出現的，是攜帶槍枝準備尋仇的惡少，正埋伏在大樓門廳。

影片中帶上風帽的男子們被搶劫兩次，第一次巴利斯硬是將他們的毒品拿走，第二次巴利斯使他們沒有機會用粗暴方式討回江湖公道，或許長久混跡街頭的巴利斯知道對方不會善罷甘休，因而選擇步上黃泉。

網路影片下的一段話很清楚，「願他在天堂安息。他在曾經搶過的人殺他之前，就先取走自己的性命。」另一個人寫，「看來他想脫離幫派而他們打算殺了他，因此他做的最後一件事是跟女友道別，然後自我了斷。」

或許根本不是自殺。至少不是狹義的自殺，只是用殘忍方式結束黑幫衝突，因為情況已經糟到只能把槍塞進自己嘴裡。

有時真相難以釐清，有槍枝橫梗在中間時就更困難。

我開始搜尋寫評語的那些人，他們取了一些硬骨子的街頭渾名，其中一位透過電郵回信，但我不便透露是誰，因為在街頭幫派的世界中，這麼做就等於替對方把名字刻在墓碑上。他告訴我，巴利斯並不想自殺。

「我無法透露他跟誰有過節，總之是戴風帽的某些人，我聽說他以前混的道上兄弟想逮他，但沒人敢談論這些狗屁。」

我看著「戴風帽的某些人」七個字，才意識到我一直在等待這幾個字的出現，因為如果不當面見到這座城市的夜間主宰者，就進不了槍枝那封閉的世界。

據估計，全世界有一千萬名犯罪幫派的成員，顯然我必須去見其中幾人。為了真正了解槍的世界，我必須踏進犯罪的邪惡之地[35]，問題是，在哪裡？

想到這裡，我的視線又回到拉丁美洲，因為全世界的兇殺遇害者中，每七人就有一人是住在美洲、十五至二十九歲的年輕男子[36]，而拉丁美洲發生的兇殺案，有三成都跟幫派組織有關。

首先，墨西哥似乎是不錯的選擇。墨西哥販毒集團的首選槍枝，有口徑零點五的狙擊步槍，以及外號叫「條子殺手」、能穿透防彈背心的比利時手槍，但我報導過當地幫派凌虐人的殘忍行徑，對他們心生畏懼，沒什麼事值得讓我慘遭活剮。

接著，我讀到薩爾瓦多全國有六萬名幫派份子，卻只有兩萬五千名警察，約八成兇殺案都跟槍械有關，光是二〇〇九年一年，就發生三千多起跟幫派有關的死亡案件，換言之，薩爾瓦多一年的幫派相關死亡案件，比國土面積大了四十九倍的美國還多了一千件，也激起我的好奇心。

據了解，薩爾瓦多有兩大幫派，一個是「十八街幫」，又稱為十八幫，起源於加州，後來發展成國際性的幫派組織，在一百二十座城市中有六萬五千名成員，他們最有名的儀式是在臉上刺一個大大的「18」，或以可怖的「十八秒毆打」作為入幫的震撼教育，十八幫的死對頭是「馬拉撒法度加斯」（Mara Salvatruchas），簡稱馬拉幫（Maras）或MS-13，全世界擁有七萬多名幫眾，在黑市槍枝買賣、人口走私和兇殺案等方面涉入甚深，特別是殺害執法官員。

二〇一二年三月八日，這兩個幫派的領導人宣布休兵，條件是國家必須承諾改善幫眾成員在監獄裡的生活品質，據說政府和幫派份子交涉後達成協議，總之最後敲定停戰，兇殺率也幾乎立即大幅下降，從原本每天平均十七起殺人案，下降到只有五件。[37]

休兵意謂放下武器，對我而言簡直是天大的好機會，幫派往往陷入暴力而無法自拔，即使跟他們講話都會惹禍上身，但薩爾瓦多似乎平息到足以近距離一窺幫派份子的生活，於是我決定到那裡，看黑幫及其槍枝到底能對國家造成什麼影響。

---

35. 我開始研究黑幫時，發現極少新聞記者和作家以犯罪份子的槍為主題，令我感到相當驚訝。他們的儀式、服裝或綽號，把黑幫人生變成某種黑色傳奇。但幫派的槍似乎只是配角。

36. 十五至二十九歲的年輕人不僅最有可能加入幫派，也最可能被槍殺。這個年齡層的人在全球槍殺遇害者當中占了半數，每年有高達十萬人死亡。http：//www.smallarmssurvey.org/fileadmin/docs/A-Yearbook/2006/en/Small-Arms-Survey-2006-Chapter-12-EN.pdf

37. 基於許多兇殺案被「隱藏」，我在此引用各新聞報導的最高數字。其他報導表示兇殺率從每天十四起降到大約五起。http：//www.wola.org/commentary/ine_year_into_the_gant_truce_in_el_salvador，這個數字被重複，包括ＢＢＣ在內。http：//www.bbc.co.uk/news/world-latin-america-18517208

＊　＊　＊

薩爾瓦多正忙著選舉，潮濕的街道上一片喜氣，旗幟從家家戶戶的窗口垂降而下，色彩鮮明的紅色星星和藍色條紋國旗在微風中飄動，選舉宣傳車不時經過，透過擴音器承諾更美好的未來，至少是比現在好。「安全」是各政黨共同開出的支票，然而在這個中美洲國家，政治承諾一再跳票，很難不對那些開過的車子搖頭。

我來這裡不是要報導政治新聞，至少不是直接的，我想跟幫派分子見面，幫我居間協調的美籍薩爾瓦多人，盡了最大努力來滿足我的要求，他說他不會讓我失望。

他安排了兩位來到我下榻的飯店，這間飯店位在死氣沉沉的首都聖薩爾瓦多快要崩潰瓦解的北區某處，如果不是他們來，我就得過去。他知道我想跟他們談有關槍和死亡的事，由於這些人往往翻臉比翻書還快，因此我們在一處能維持安全假象的地方見面。

他們準時到達，兩個人都是馬拉幫，也是薩爾瓦多兩萬五千名成員中的兩位，他們年近三十歲，對本地的幫派份子來說算年長的，因為很多人早在更年輕就死了。比較高的那位綽號「射手」，他穿著整齊的黑色馬球衫，纖瘦的骨架和柔軟的雙手，掩蓋了曾殺人無數的事實，同行另一位比較安靜，說話聲音很輕，藍色的條紋上衣和清爽的短髮使他看起來像店員，而不是殺手。

我們握手寒暄後便在游泳池邊坐下，這裡種了一排顏色鮮豔的蓮花，拇指大的昆蟲在美麗花瓣間嗡嗡地飛，陽光的點狀光影映照在地磚上。我們移到比較陰涼的地方低聲交談，他們點了牛肉條和烤墨西哥餅，配冰涼的可口可樂。

「說到埋屍，」射手用叉子把牛肉扯開。「長的棺材不好用，所以我們會切除頭跟手臂，把軀體埋掉。像埋動物一樣，當它是垃圾。掩埋軀體的唯一理由是躲避警察還有滅跡，否則就直接擺著讓狗啃。」

我們沒有閒聊，短短幾分鐘他們就開始解釋本地幫派如何販賣快克古柯鹼、叫十二歲女孩賣淫，以及向商家收保護費。他們經營應召站，只要付某個金額就可以跟你選的女孩做愛，我問有多少人坐過牢，他們只是一個勁地笑。

他們繼續吃，一邊解釋如何把敵人視為動物，他們曾經殺過一名三歲男孩，原因是他的父親不在家，使他們無法懲罰他。他們會為任何理由殺人，同性戀者射殺，有人要他們殺掉某人，他們二話不說就去做，現在更規定凡是想加入幫派的人也要去殺人。

「以前想加入馬拉幫的話，要被踢、被打十三秒，」射手說。「現在我們會給你一個目標的名字，你得去把他殺死來證明你有膽面對敵人，同時加強你對幫派的忠誠。」

一隻昆蟲飛到他臉上，但他沒有將牠趕走。「我們會把這些目標交給十二、三歲的男生，受害者什麼樣的人都有，通常是十八幫的，也可能是我們綁架過的人，曾經偷過幫派錢的人，甚至可能是馬拉幫的抓耙子。」

他繼續說著，中間停下來舀一瓢飯和青豆放進嘴裡。「去年有個人想入幫，他的攻擊目標在附近一所學校，學校隔壁就是警察局。菜鳥等到這個十八幫成員放學離開教室，然後『砰』

地將他斃命。我們選在那裡行兇，是為了逼那菜鳥在警察面前動手。」

兇手年僅十四歲。

射手跟我見過的幫派份子一樣樂於跟我說這些事，因為他對他們殺人的方式引以為豪，而且把我的感興趣誤以為是崇拜。我問他，如果沒有完成殺人任務會怎樣。

「假如你沒把人做掉，他們就會把你做掉，因為你違反規章。」我想像十三歲的孩子在最後一刻因為嚇破膽而扣不下板機的樣子，而那也成為他們做過的最後一件好事。

「假如有馬拉幫的份子跟警察通風報信，你們會怎麼做？」我問。我知道答案，但有時就是要問一些笨問題，聽聽對方怎麼說。

「那就會叫他死得更難看，」射手說。「我們會把那個抓耙子帶到偏僻的地方，叫他去殺十八幫的人，然後我們會用大刀把他碎屍萬段，我們不用槍，因為用刀死得比較慘。」

他的聲音低沉且充滿威脅性。「我會殺全家，如果只殺一個，等其他人長大，他們就會來殺我。」

他的一字一句滲入寂靜的空間。日正當中，我們只好又往陰涼的角落移一點，空氣變得濕熱，昆蟲開始咬人，幫派成員的年輕令我震驚，或許是槍讓他們殺人變得容易，用刀殺人必須近距離，也比較難操作，但是槍只要轉頭扣板機，一切就結束了。槍把生命變得更廉價。

「你會做惡夢嗎？」我問。

「只有一開始會，第一次殺人以後，有幾天會。現在就不會了，已經變成家常便飯，人是會習慣的，不殺人反而會焦慮。」接著他如數家珍說出他們用的槍枝，「我們有一般用的AK47、M15、點四五這些，每一種口徑都有，配備要齊全才行。」

警方全副武裝來對付幫派，幫派也全副武裝來對付警方，也難怪這個國家有超過二十二萬五千把非法槍枝[38]，且絕大多數都是簡陋的便宜貨。二〇一一年政府沒收的槍枝中，百分之七十八是廉價的左輪手槍和半自動手槍。[39]

「幾個月前，我接到一通電話。有人拿到一把裝有望遠鏡頭的AK47，價值約三千美元，」他說。在所有武器當中，最讓人夢寐以求的是AR15半自動步槍，他們是從德州買來的，一枝甚至可以賣到五千美元。

射手說到槍的時候慎重又冷靜，槍的價格、取得的方式跟用途，毫無熱情地一一道來，對他來說槍只是工具，只有在講到每次殺人後會喝到爛醉時，兩個人才閃現一點活力。

他們將小指和拇指伸直做出牛角狀，比出馬拉幫的招牌手勢。

---

38. http：//aoav.org.uk/wp-content-uploads/2014/11/the_devils_trade_lr.pdf。槍械在薩爾瓦多的能見度很高。每間加油站、購物中心或甚至是小不拉嘰的店，似乎都有警衛配備左輪槍和十二口徑的霰彈槍。全國的八萬五千名警衛形成國家最大的武裝部隊，幾乎是警察和軍人總和的三倍，此外他們擁有約四十五萬支合法的槍枝。

39. http：//aoav.org.uk/wp-content-uploads/2014/11/the_devils_trade_lr.pdf。司法部有關二〇一一年充公的武器資料顯示，在當年前十一個月充公的四千零九十七支槍械中，百分之七十八是左輪槍或半自動手槍，也就是三千兩百零八支。霰彈槍（四百三十三支）和步槍（兩百三十五支）的普及度低很多。最後，被沒收的手榴彈（五十八枚）、卡賓槍（二十七支）和輕型機關槍（二十九把）之類軍用武器數量極少，可以合理推斷反映其相對稀少、材料成本較貴以及售價較高。

「敬兇神，」說畢便一口喝光飲料。

＊　＊　＊

中年男子看起來不像是替情報單位工作的人，他將頭髮向後梳攏，露出髮際線，兩撇小鬍子，藍色牛仔褲和淡黃色的短袖襯衫，看起來活像是中古車的銷售員，其實他是薩爾瓦多幫派消息最靈通的情報員之一，因此我接受他的邀請，來到這間燈光黯淡的辦公室喝著有顆粒的咖啡，灰色牆上掛著為國捐軀的同事照片。我把椅子拉近些，好聽清楚他說的話。

「基本上，這個國家已經被組織犯罪給把持，」他說。祕書端來我們的咖啡，她的緊身裙攫住他的視線。「而武器扮演重要的角色，因為武器替幫派壯大聲勢，他們透過腐敗的邊境關員，從宏都拉斯和瓜地馬拉非法走私槍枝進來。」

戰時他曾待過右翼政府的特種部隊，然而他的戰爭並未結束，在他心目中，無論是無政府主義的左派份子還是有販毒集團作靠山的幫派，邪惡勢力都在在威脅他的生活方式。

他很快喝完熱咖啡，俐落地放下杯子。他說最大問題出在內戰留下的槍枝，一九八〇和九〇年代，美國將難以數計的武器一股腦運到薩爾瓦多，為薩爾瓦多軍隊提供補給，同時運來超過三萬枝M16攻擊步槍[40]，此外左翼革命份子估計還暗藏十萬枝手槍和步槍。

我相信他的話，不是因為他讓人喜歡，而是因為他很一絲不苟。他把餐巾紙整齊疊在擺得端端正正的咖啡杯旁，筆和電話彼此並排，從一個人私下的習慣就看得出很多事。

他表示不願具名，後來我們一路聊，他從不經意的動作中透露許多訊息，他手指不斷撥動鬍鬚地說，幫派的部份槍枝也來自軍隊，「戰後大約有六萬支步槍被運往軍隊兵工廠，但即使如此還是不保險，因為有些軍人也很腐敗。」

他開始用筆敲打馬克杯的把手，發出嗒嗒聲響。他覺得薩爾瓦多已經讓人不禁懷疑，國家是否真的是權力的中樞，這個國家跟非法活動的網絡已經成為一丘之貉，有時政府本身就是犯罪企業。「黑幫是這國家的暴力部隊，應該被視為國安問題，他們目無法紀，沒有規矩和紀律，在有些區域，國法還不及幫派規矩來的重要，」他說。「那些凝聚幫派的潛規則，比國法更嚴厲也更有執行力。」

他說得有道理。我跟這裡的專家和幫派份子聊天，發現幫派休兵並未發揮作用，因為實際被殺的人數多於公開的數字。一般認為幫派老大以休兵為名，以便跟政治領導者平起平坐，休兵甚至賦予幫派合法性。

「在休兵後，今天加入幫派的理由跟以往不同，」這位情報員說，「幫派變得更有政治敏感度，說話更大聲，而幫派的型態也跟以往不同，幫派本身在轉型，政府費很大的勁去遏止幫派的聯繫網絡、組織結構和戰備武器，但這裡的幫派已經不再只是幫派，甚至成為社會上的第

---

40. http：//www.cpdsindia.org/smallarmsresearchfiles.htm，薩爾瓦多政府宣稱在二〇〇六至二〇〇八年間銷毀約兩萬八千零三十六件武器，但很難證實。軍隊握有多少武器，外人難窺其究竟。

五階級，犯罪階級。」

國家給予入獄的幫派老大優渥待遇，錄影顯示有教練進入薩爾瓦多監獄，教導被監禁的幫派老大戰鬥技巧；現在的幫派甚至會穿上租來的警察制服和識別證，設置路障搶劫過往車輛，甚至做出更糟的事。

這位情報員憂心國家跟黑社會之間的界線愈來愈模糊，而他周遭的人卻刻意視若無睹。他說的沒錯。

* * *

幾天前，我在聖薩爾瓦多市中心的某處就看到有人被亂葬，而且距首都最大的警察局不到半英里，幫派用噴漆在四周牆上做記號，旁邊停了一輛破車，裡面坐著一群靈魂被玷汙的男孩，他們在這幾條貧民窟為主的街道上擔任幫派的耳目。

我的嚮導曾近距離目睹過暴力事件，他說他看過類似的非法墳墓，其他像兒童、攤販、年長者、敵對幫的成員也是用這種方式被亂葬，屍體經過一段時間後變得殘破不堪，據說是一九八〇年代薩爾瓦多的禿鷹因為啃食陣亡士兵的腐肉而日漸肥壯以來，就不曾見過的景象。

這些非法墳墓讓人不安還有一個理由。各幫派和國家休兵只是為了降低殺人案件數，很顯然，現在幫派不再棄屍街頭，而是悄悄找個地方埋葬。

在薩爾瓦多，無須到非法墓園就看得見槍枝暴力帶來的衝擊，我們在墓園附近看到另一些淒涼的景象，堆滿垃圾的屋子被付之一炬，布滿蒼蠅的發臭屍體沿著街邊的碎石排列，瀰漫著刺鼻的汽油和腐朽氣味，每一面斑剝的牆壁上，用塗鴉來標註地盤。

薩爾瓦多的每件事物似乎都圍上一圈流刺網，這是被自己國民挾持的國家，家家戶戶圍牆高聳，門禁森嚴，就連一丁點大的便利商店，都有荷槍實彈的警衛無聊地站崗，老婦人隔著鐵門，用驚懼的眼神盯著街看，每件事都是危險的。

那天稍晚，我來到十八幫的地盤，這個行政區的街道完全不見政府蹤影，彷彿幫派是這裡唯一的法律，若是我不請自來，就會被殺。

有人告訴我，那些身穿籃球上衣和寬沿帽的年輕男子喜歡吃油炸食物，於是我掏出五十美元，請人買來好幾桶油滋滋的雞翅跟雞腿，我們在布滿塵土的小徑上圍著活動桌而坐，前方單調的紅土路通往樹木繁茂的堤岸，人們無精打采走在高低不平的路上，螞蟻到處爬。

我試探似地繞著最想知道的事情打轉：他們的幫派如何主宰這一帶人民的生命。有人要我別問會激怒他們的問題，於是我先談論我自己見過的暴力事件，年輕人們聽完便開始說，因為我的經驗跟他們比起來根本不算什麼，他們要我知道這一點。

「我不用到伊拉克或索馬利亞，那種暴力我在家鄉就看得到，」領頭的馬力歐說。他的脖子戴了一條天主教的念珠，十字架上有個耶穌嬰兒時期伸出雙手的小小銀雕像，馬力歐的手腕到手臂有個以粗糙白皮膚構成如蜘蛛網般的記號，那是子彈的疤。他開始談到權力。

「十八幫在這裡最有掌控力，也最受尊敬，」他說。「我們控制這裡的土地，每個人都有槍，代表我們隨時都可以抵禦外來的入侵者。」

他談到國家是幫派暴力事件的共謀者，這時你就知道情況有多離譜。「如果軍隊抓到你，他們會把你送去馬拉幫的地盤正中央，讓你跟一個幫派份子待在一起，他們會拿掉你的手銬，把你交給他們。」如果你想殺掉某人，有些警察周末甚至會把配槍出租。

我問他，如果政府試圖限縮他們的權力，他會怎麼做。

「如果他們攻擊我們，我們會反擊，」其他就盡在不言中了。當幫派對暴力的掌控，超越了腐敗政府壓抑暴力的能力，於是生活支離破碎，基礎建設敗壞，人們放棄希望。

薩爾瓦多有部份地方還能正常運作，但是當國家開始跟擁槍的罪犯談判停火，這時你不禁要問，這樣的國家還能帶領人民到哪裡。當政府對停火期間爆滿的祕密墓園視若無睹，你就知道通往正義的路早就不再，有件事永遠被破壞了，因為當槍被用在不公不義的地方，這件事就永遠被破壞。

* * *

我這輩子有三次被人用槍指著，兩次被槍擊，而這兩次都不是針對我，所以不太會放在心上，我只是在不對的時候剛好來到不對的地方罷了；但是被用槍指著卻是衝著我來，大呼小叫和惡言威脅，要比我見過大多數的可怕事件更令人難忘，而且內心深受擾動。心裡的某處受了傷。

我二十歲在阿姆斯特丹第一次被人用槍指著，當時我跟朋友在一起，我們晃晃悠悠地出了酒吧，這時一股聞起來甜甜的煙味，從我們背後的門繚繞而來，我們走進一處地方，地上鋪著閃亮鵝卵石，有濕漉的鐵欄杆，廉價霓虹燈和戴面罩的人影，這時兩名男子朝我們走來，一位是南非白人，他的臉皮緊繃，在燈光的照射下泛著綠光，另一位是黑人，話不多，不知道是什麼來頭，右手拿了一個破爛的包包。

「你看看你，」臉色死白的白人對我說，薄薄的嘴唇上有唾液。接著他跟我要錢，說他們身上有槍，我問能不能看一下包包裡的東西，因為我不相信他們的要脅，他們把包包打開，我在昏暗的燈光下看見槍。於是我告訴他們，我沒帶錢，南非人接著在地上啐了一小口口水，跟他朋友說我沒搞頭後兩人便走了，他們的外套在風中捲起。

第二次發生在幾天後，因為跟前一次太類似而不值得贅述，總之就是深夜的街上，男子有槍，並且發現我身無分文，這次是在厄瓜多的瓜亞基爾（Guayaquil），一個熱到讓人發懶的小鎮。

在那之後我會隨身攜帶一百美元，我覺得口袋有錢給這些深夜的禿鷹會比較好。

第三次呢？這次我被纏上了。

* * *

時間是一九九六年，我二十三歲，充滿自信，或許太過自信。我們出了村落不到一小時就遭搶。

雨林山麓的上層是一片灌木林，通往那裡的斜坡除了亂草和矮灌木叢外甚麼都沒有，斜坡再過去是一望無際的樹林，難以穿透且神祕，對不熟悉這片土地的陌生人來說，簡直就是綠色地獄。

一群興奮的巴布亞孩童在我們身旁跑來跑去，他們從山下的村子就一路跟著，一面唱我教他們的《真善美》。

跟我在一起的，還有一位才華洋溢的BBC製片羅賓．邦恩維爾（Robin Barnwell），也是我自小認識的朋友，在一個喝醉的夜晚，當時在倫敦的我們，決定把最後的積蓄湊合一下，外加借來的一點錢去冒險。我們想去夜間狩獵，挖掘戰時的殘骸，到已知的世界邊緣徒步旅行，而最理想的地點就是巴布亞新幾內亞。外來的人在五十幾年前只來到它的高地省分（Highlands），古老部落還生活在這些蒼翠山巒的深處，人民按照老祖宗的方式過活，這裡的習俗和傳統只受到文明世界的些微影響，食人、部落戰爭、泛靈論，一切都在眼前。

當時我們還年輕，開心地走上那座山的步道，帶有一點愚蠢。

「Do唱歌兒快樂多，Re就忘記眼淚……」孩子飛揚的歌聲夾雜著笑聲，他們露出雪白的牙齒和難以抑制的興奮，輕快地跳躍嬉戲，突然間，陷入寂靜，一動不動。

前方有一小群人，他們跟這裡許多人一樣，頭上戴著緊綳且製作精良的假髮，我揮揮手，他們似乎是打完獵準備回家，但卻沒有戰利品，既沒有短喙針鼴蝟也沒有任何獵物，然後我留意到情況不妙。他們開始窮追不捨，黑皮膚底下的肌肉繃得好緊，孩子們發出長長的尖叫聲後作鳥獸散。

我們在踉蹌的步履中，才明白剛剛發生什麼事。這群男子屬於拉斯科（Raskol）的不良幫派份子，拉斯科是專門在高地省分為非作歹的犯罪集團，他們攜帶兩把長步槍和鋒利的大砍刀，其中三人更是上前來用槍對著我們。

「我們要殺了你們！」他們嘶吼。

這些話從他們口中說出。他們要的是錢，我們知道拉斯科強盜多半最終訴諸暴力，換言之他們不光是搶劫財物，還會奪走人命。我們低頭下跪，他們搜刮我們的後背包、錢包、護照、衣物，一樣都不留。之後他們就像來的時候一樣匆匆離去，身旁的孩子們開始哭，我們則是慶幸自己保住小命。

接著我們聽見尖叫，情況急轉直下，他們又回過頭來，其中一人再度舉起步槍，空氣中再度充滿咆嘯與嘶喊，這群人直接衝著羅賓而來，羅賓掉頭推開我後一股勁地往回衝，我留在原地，我不希望後腦被砍一刀而死，於是開始解開襯衫釦子。

我想到以前曾經讀過，殺死裸男比殺死衣著整齊的人困難，因為看見肉身會激發一個人的人性，於是我脫下襯衫，笨拙地解開一顆顆扣子，而沒有真正理解到站在我面前，用上膛的槍指著我的人，全身上下只穿了一條丁字褲，我的裸身顯然無法讓施暴的意圖打退堂鼓。

羅賓被抓過去，刀子緊緊抵著他的喉嚨，接著他們在大聲喝斥和暴力威脅之中還來我們的護照，又猛地將我們推倒在泥土地上，接著消失在重重疊疊的樹林中。我猜他們可能覺得拿走我們的護照，會使我們的政府帶更多槍來到這裡攻擊他們吧。

我們只剩下長褲、襯衫和護照，在這距離外界數英里遠的巴布亞山彼此對望，思索接下來該怎麼辦。儘管現在不是好時機，但我們知道最好在他們三度到來之前閃人，於是我們走回之前的村子。

胡利人（Hulis）的村長出來見我們，他的身材矮壯，身穿花呢外套和草裙，一根長長的蘆葦穿過鼻下的洞，六名老婆所生的孩子中，有幾位已經把剛才發生的事告訴他，也已經派傳信人把訊息傳給山谷下的當地警察。

「是安根（Engan）人幹的，他們老是幹這種事，」他用蹩腳的英文說。「他們只是一群白癡，」或者類似的意思，因為洋涇濱的罵人話很難翻譯。

我們並不意外。安根族的暴力由來已久，我們在沿途步行的過程中見識過他們發動的原始戰爭，房屋被燒毀，樹木變成七零八落的殘枝，而且每個禮拜都會在足球場上演這樣的鬥爭。他們像中世紀戰士，一方站著向另一方投擲武器，激烈的程度造成極大破壞。馬耶（Mae）部落每年的死亡率約為千分之三，幾乎是美國的一百倍[41]，曾經有人估計，另一個部落格布希（Gebusi）有三分之二男性有殺人的經驗。

部落每幾年就會對鄰近區域發動暴力突襲，有些部落甚至一年發動十幾次。他們的屠殺行為很有畫面，天空彷彿降下紅色的薄霧，有時部落民眾以為，只要吃下敵人的腦甚至陽具來吸收他們的力量，就能增強男子氣概。

不過，根本的轉變已然發生。過去慣用弓箭殺人的他們，如今卻擁有霰彈槍和火力強大的步槍，槍枝被引進這個部落的文化，也改變了一切。以往棍棒和箭等傳統武器只能殺幾個人，現在的新武器大幅增加死亡人數，一份報告甚至指出，半自動手槍普及到已達「失控」狀態，而以我們所在的南高地省分最為嚴重。

我猜我們沒有被行刑是運氣好，但現在我們來到這個村子避難，除了等待也別無他法。有人拿來一顆破爛的皮球，我們打了一場不太像樣的藍球賽，坐在火紅的太陽底下，吸著當地商店買來的溫熱的可口可樂。

越野車的轟隆聲響劃破寧靜。有條小路通往環狀排列的泥土茅草屋，但被山上的雨水沖刷得坑坑巴巴，儘管如此這裡的車子跟赤腳的部落民一樣吃苦耐勞，警車輕鬆地疾馳其上，在我們球打到一半時，發出金屬摩擦的刺耳聲響後停了下來。

一位襯衫被發達胸肌撐開的大塊頭從車裡出來，他是當地的警察，也是我在當地見過最

41. http: //www.ourworldindata.org/data/violence-rights/ethnographic-and-archaeological-evidence-on-violent-deaths 一項樂施會（Oxfam）針對巴布亞新幾內亞高地省分的暴力的研究顯示，百分之八十的外傷是由武器造成。引自樂施會現況報告（Oxfam Position Paper）《武裝暴力與巴布亞新幾內亞人類安全的關聯性》（Armed Violence and the Links to Human Security in Papua New Guinea）http: //www.oxfam.org.nz/report/oxfam-position-paper-armed-violence-and-the-links-to-human-security-in-papua-new-guinea

高大的人，留著滿臉濃密的鬍子，鼻子上架了一副反光的飛行員眼鏡，活像八〇年代的紐約警察，他嚼著檳榔露出血盆大口，加上厚重的黑色戰鬥靴和屁股口袋上插了一把上過油的手槍，更增添危險的氣氛。

他聽完事情經過後，爬到車子的引擎蓋上，用低沉有說服力的聲音說，「如果這些白人不能在十二小時內拿回包包，」他用當地的土話說，「我就燒毀這座山谷的每個村落，一個都不留。」

這就是巴布亞新幾內亞的執法方式。我們嚇壞了，這位不速之客竟然要把各個村子焚燒殆盡，我們試圖打圓場，但他無視我們的懇求，這裡是巴布亞新幾內亞的高地省分，「以牙還牙」是他們做事的方式。

他的威脅奏效。十二小時過去，我們的包包也跟著出現，在夜幕之下回到身邊，裡頭的鈔票被拿走了一些，但他們叫我們別計較了，總之已經結案。

現在回想，或許我已經明白槍、犯罪和警察執法在那小小插曲中的重要角色，致命武器對著自己時，被搶劫的恐懼和小小的屈辱，窮鄉僻壞的法律崩壞，國家透過更強更完備的武力行使權力，以及用漫不經心的方式行使正義。

這次事件讓我的想法更清晰，我打算從研究殺人者和犯罪者對槍枝的非法使用，轉而進入以國家為名使用槍枝的警察。

Chapter 07 警察

隨警察採訪的麻煩事↓南非的緝槍犬↓↓在開普敦的貧民窟追幫派份子↓跟一位美國的神槍手警察聊天↓了解他們的戰士警察↓回憶菲律賓↓當警察殺人↓民答那峨一位社運人士的死及其他

身為記者和作家，我的挑戰之一是跟警察打交道。

一般來說，當你隨軍隊來到衝突區，是被派去參觀某項「行動」，政治人物和軍中的新聞官想讓全世界知道他們的軍隊整裝經武，即將圓滿完成任務，而新聞記者就是在高辛浣值的戰壕，在血腥戰役之中出生入死，度過職業生涯，而且往往成為戰爭國家的自由派良心。

但是隨警察採訪可就不同，你很少會遇到激烈的突襲，我曾在世界上犯罪事件最頻繁的地方混在警察之中行動，包括薩爾瓦多、宏都拉斯、哥倫比亞、巴西等，怪就怪在每次的感受都一樣。

首先是用力握手，因為警察不信任非他們族類的人，接著穿上防彈背心，對方會含糊表示可能會發生狀況，在簡單介紹過後，就上車前往必然會發生犯罪的現場，警笛閃爍。到達目的地時，可能已經有另一個警察單位將罪犯逮捕，或者屍體已經躺在路當中，要不就是假警報。

基本上，警察的政治敏感度極高，沒有一位負責媒體的警官會希望記者看到警察殺人，因此他們會帶你到以前很亂但現在已經平靜的地方，並且帶你去了解正在進行守望相助的區域，那裡的人生一片美好，沒有血腥，而且不是因為新聞官篩選新聞的緣故，事實上，大部份的警察其實沒那麼常使用槍枝。

到目前為止我觀察大規模槍擊事件兇手和其他罪犯得知，槍在犯罪活動中扮演最重要的角色，但這段時間下來我也發現，警察和槍的關係往往更複雜，有些警察將武器視為一切，有些則專注在情報導向的維安，還有些警察採取有節制的方式制服犯人，電槍（Taser）就是其中之一，警槍在妥善使用下不是用來攻擊而是防禦，用來彰顯法律，而非強迫他人聽從自己。

當然，警察攜帶槍枝而且數目相當驚人，全世界近十億支槍當中，執法機構就擁有兩千五百萬支，相當於每位警察擁有一點三支槍。警力的規模愈大，擁有的槍也愈多，中國警察據估計擁有一百九十五萬支槍，數字雖然嚇人，但平均下來每十位警察僅有約七支槍，低於全球平均值。印度警察的槍枝總數較少，為一百九十萬支，但每兩位警察有大約三支槍[42]，最多的要屬塞爾維亞，每位警察有兩支槍。

類似數字當然只考慮平均值，在美國，每位執法人員有約有一點五支槍，但是聯邦漁業和野生動物署（Federal Fish and Wildlife Agency）的人員平均每人有將近六支槍。

我感興趣的是配備很多槍並且對維安產生深度影響的單位，因此我探討的是以下三個領域，包括警察的特警部隊、準軍事突襲行動中使用的槍，以及警察濫權下使用的槍。

* * *

這隻狗的亢奮明顯可見，因為牠知道即將有事發生。訓練員朝空中丟一把沙子查看風向，接著將牠的項圈鬆開，這隻有著棕色斑點的邊境牧羊犬脫離牽繩，疾馳過學校後面整齊停放的車輛，到了第三輛，牠用後腳轉動方向然後坐下，訓練員上前拍了拍狗，把手伸進黑漆漆的輪圈裡，食指和大拇指撈出一把格洛克手槍，狗開始吠叫。

南非的嗅探犬被訓練來搜尋毒品或爆裂物，緝毒犬善於嗅聞古柯鹼和大麻，緝槍犬就像我眼前的這隻，聞得出爆裂物的灰燼，能夠偵測無煙火藥和底層的塗料，因而獲得這個名號。

南非一直有在訓練諸如此類的狗，西南部開普一帶的幫派據估計有五萬一千支槍，而這還只是南非的最南端而已，整個南非有高達四百萬支非法槍枝，有人告訴我，在某些地區只要找對門路，取得槍比買到一杯乾淨的飲水還來的容易。[43]

---

42. 俄羅斯有大約一百五十五萬支警槍，美國大約一百一十五萬支，平均每位警察的槍枝數和印度差不多。http：//www.smallamssurvey.org/fileadmin/docs/H-Research_Notes/SAS-Research-Note-24-Annexe.pdf

43. 南非據估計有五十萬至四百萬支槍。http：//africacheck.org/wp-content/uploads/2013/03/The-Proliferation-of-Firearms-in-South-Africa-1994-2004.pdf，南非有大約五百萬人無法取得乾淨的自來水。http：//africacheck.org/reports/claim-that-94-of-south-aclaim-that-94-in-sa-have-access-to-safe-drinking-water-doesnt-hold-water/，開普的幫派據報在該區域握有約百分之十的槍枝。http：//www.smallarmssurvey.org/fileadmin/docs/A-Yearbook/2010/en/Small-Arms-Survey-2010-Chapter-04-EN.pdf

大量非法槍枝帶來的影響非常清楚，南非曾經每年有一萬五千人遭槍殺身亡，警察及緝槍犬在執行任務上困難重重。

也因此，在我見過專門救助槍傷患者的醫師後，便與某個警察小隊約了見面，他們負責在這個暴力案件層出不窮的地方搜索槍枝。但這裡的警犬並不是在開普敦的幫派地盤上搜索，這次我們來到一所位在開普平原區某個貧窮區域的學校Hoerskool Bonteheuwel，據報在這間小規模的學校裡可以堂而皇之地吸毒。現在已經搜到一把槍，於是警察趁著朝會來到這裡宣布突襲檢查，並告知學生們將接受搜索。

看到槍並不稀奇，在開普平原區，有年僅十四歲的孩子因為涉入幫派殺人案而遭到逮捕，暴力案件數再創新高。二〇一三年該省分的兩千五百八十件兇殺案中，百分之十二與黑幫有關，相較前一年大幅增加，因此警察不敢輕忽，命令每個孩子把手放在頭上，對一排排有色人種的年輕學子搜身[44]，孩子一一起立，默默任由警察搜遍他們骨瘦如柴的身體，魁武的白人連褲子的反摺和馬球衫的領子都不放過，遍尋毒品包裝紙、彈簧刀、槍。其中有些孩子早在很久以前已經告別童年。

警察在一面漆著「行善被人忘，作惡憶千年」的斑駁牆下快速進行搜查，但學校的諺語也只是這樣，警察真正要對付的是來自父親叔伯的影響力，一九八〇年代的種族隔離期間，有色人種和黑人從開普敦貧民區大舉遷移至開普平原區及其周邊城鎮，導致幾十年間暴力事件大幅增加，最終造就此地特有的黑幫罪犯。治安之敗壞，莫此為甚。

那天早晨的靜謐中，我透過窗戶玻璃看見一位肥胖的婦人穿著寬鬆的條紋衣服蹣跚走過，她推著破舊的嬰兒車，盯著滿是垃圾的地上猛瞧，毫不關心對街發生的事，警察來到這間問題學校已經不是頭一遭。

校內，面無表情的警官把一名男孩拉到一旁，這名年輕人把褲腳塞進襪子裡，這是幫派份子的作法，警察抓住孩子的肩膀，狗兒則豎起鼻子繞著他的腳嗅聞，聞了男孩的大腿後回到椅子邊，沒有發現毒品或無煙火藥。或許是基於膚色的考量。

我來到外頭，朝著五位開普敦首都警察走去，他們正閒著沒事，格洛克手槍好端端擺在藍色的塑膠皮套裡，他們每個人都當了十二、三年的警察，但儘管平原區的暴力頻傳，他們卻不曾對任何人開過一槍，而槍也成了這些警察身上的裝飾品。

其中一位員警或許是感受到我眼中的失望，於是要我跟他們去開普平原區巡邏，跟我同車的有四十七歲的白人警察尼柯・瑪西（Nico Matthee）和三十六歲的黑人警察藍道・皮耶特（Randall Pieters），他們同屬緝槍犬的小隊成員，曾經被派去搜索開普平原區較危險的區域，這兩位警察身穿卡其褲和首都警察的藍襯衫，識別證是代表南非的黃、橘、白、藍、綠、黑，彩虹中的希望。尼柯挺著個大肚腩，和許多警察一樣留著濃密的鬍子，是個認真親切的人，藍道一頭銀白的短髮，臉上有青春痘疤，一開始沒說什麼話。

44. 有色人種是針對混血種族的標籤，他們的祖先來自歐洲、亞洲以及南非各種不同的科伊桑人和班圖人。

我擠進車子的後座，後面有兩隻狗關在籠子裡，剩餘的空間擺滿了防彈背心、手銬、霰彈槍和急救箱。兩位巡警都攜帶Vektor Z88 9釐米手槍，這是義大利貝瑞塔槍（Italian Beretta）的變化版，本次巡邏的目的地是這塊貧窮土地上暴力犯罪最嚴重的曼寧伯格國宅（Manenberg），因此需要這些槍枝。

車子在街上行駛，我注意到大部份的轎車都是白人在開，小貨車則擠滿南非的黑人。接著我們來到一個地區，這裡看不見白人在開車，有的只是淒涼以及被風吹得滿天飛舞的垃圾，這個貧窮區域的草皮骯髒，防水布隨風拍動，屋頂的每一面鋪著看不到邊際的波浪板，男人穿著破舊的藍色工作服和毛線帽坐在門前樓梯上，我們的警車在晨光中緩緩駛過。

「每個房間住了五到九人，」尼柯對車窗外點著頭說，這些都是暴力的溫床，這裡的壞人經常因為靠犯罪維生而公開被獎勵。

「他們稱之為『良性血拚』，」藍道指得是黑人和有色人種青年偷竊有錢白人身上的財物。開普敦幾個最大幫派的成員住在這一帶，包括了苦日子（Hard Living）、俏小子（the Clever Kids）和數字幫（the Numbers），此外還有十幾個規模較小的混種幫派，據說一九九〇年代初，這裡至少住了一百三十個幫派，幫眾約十萬人，誰都不曉得今天變成多少人，但警方表示情況比過去更糟。

「他們販賣甲基安非他命，」尼柯指得是當地生產的結晶甲安，「或是大麻、忽得跟海洛因，不過最大宗要屬結晶甲安，這裡的槍擊案全都跟幫派有關，原因不外乎爭奪販毒地盤。他們武器裝備齊全，有金牛座左輪手槍（Tauruse）、CZ75和格洛克，以九釐米手槍為主。」

居民七萬人的曼寧伯格光是二〇一三年夏天就發生十四起殺人案和五十六起殺人未遂案件，今年更糟，頭四個月就發生三十件殺人案，當地人表示警察廢弛職務，甚至逼得首相西開普跳出來下令布署軍隊，二〇一三年一至九月有超過一千兩百人被捕，但事情並沒有就此結束，藍道要我把車窗搖下以便聽見槍聲，我們進入開普敦治安最差的國宅區。

牆壁覆滿橫七豎八的幫派塗鴉，就像野貓對著樹灑尿般標註地盤，苦日子幫控制這一帶，因為到處都有HL$的標誌，剩餘區域則被年輕迪西小子（Young Dixie Boys）、頑皮小子（Naughty Boys）、垃圾放克小子（Junky Funky Kids）等比較小的幫派瓜分，換言之，每條街都有一條心知肚明的界線，近九成住在這裡的人都認為，曼寧伯格有些地方是一輩子都去不得的。

尼柯說，「這裡的有色人種不講究章法。我不是種族主義者，但自從九四年以來就變了，唯獨他們還是老樣子。以前主其事者是白人，現在換成黑人當家，有色人種卡在中間，有時他們想表現成白人的樣子，有時又像黑人，這就是問題。」

他說，問題最嚴重的是二十七、二十八、二十九這三個數字幫，幾名幫派成員將四歲兒童強暴後燒死，最近兩名警員在曼寧伯格附近被槍殺，一般認為是數字幫的人在背後主使。一名身上刺青的年輕人對著倒臥沙地的警察開槍，而且對準其中一位的頭部，至於槍則是從另一位警察身上取得。幫派份子殺警可是大功一件，如果奪槍就更好。我望向窗外，心想這些警察會不會反而讓我成了被攻擊的對象。

警車緩緩轉彎後換檔，現在我們已經深入這區域的核心，骯髒的草和石頭與水泥地，是南非良心的瘡疤，曼寧伯格的失業率高達百分之六十六，貧窮就像鑄模，卡住家家戶戶。

這時出現喀答聲響，藍道將一發子彈放入槍膛中。

路上布滿垃圾，孩子們無精打采地玩耍，這裡的民宅看起來跟監獄或軍隊的營房沒兩樣，絕望融入光禿禿的水泥牆，唯一的顏色是塗鴉。男孩站在灰濛濛的角落，板著臉盯著我們瞧。

「幫派份子利用這些小孩子藏槍，他們負責通風報信，」尼柯說，「以及觀看苗頭。」這裡的人彼此認識，外地來的會被注意，去年在開普敦被幫派暴力殺害的兩百人之中，超過三分之二的被害者認識兇手。

一群便衣警察從一戶人家走出來，手裡拎著一盆盆大麻植物，令人沉醉的綠葉輕拂過他們的臉，另一輛車子在我們身旁停下，一位火氣很大的警察走在前面，無視於身後涕泗縱橫的婦女正在討饒，他的聲音隨著每一次嚎泣而拉高，這位警察告訴我們，她因為毒品被捕，但她不是當天警方想捕的人。

警方申請了十幾張逮捕令，要拘捕這幾條街上的特定幫派份子到案，還剩兩位沒逮到，而這就是我們來此的目的，其中一人跟涉及某兇案的三把槍有關，接著無線電傳來呼叫聲，說已經發現了疑犯，他身穿白色T恤並攜帶槍枝，尼柯的腳猛踩油門。

他先猛地左轉然後右轉，接著車子開上人行道，我們快速鑽出車外，上氣不接下氣沿著小路追逐，進入迷宮般的不知名巷道，另外兩位荷槍警察在我們前方，他們伸長手臂，舉起手槍，保險爪撥在「取消」的位置，他們大聲喊叫，朝著破敗的貧民窟推進，樓上一位年長的有色人種婦人頭上捲著髮捲瞪大眼睛看，或許她的害怕是有道理的，這裡的槍戰可是流彈四射。以往老一輩的幫派暴力還比較講究江湖道義，會選在夜間的特定時間在住宅外圍空曠地方開打，以免傷及無辜居民；如今則近在眼前，而且是任意開槍，特別是遭到警察快速進逼而動彈不得時。

我原以為雙方會立即交火，但是沒有。負責通風報信的人已經不見蹤影，我們穿過人影幢幢的頹敗巷弄，進入下一條陽光刺眼的街，那裡只有一名穿著染血T恤的男子，他的嘴巴被人重擊而大量出血，脖子和胸口布滿二十八幫記號的刺青，他走過警察但沒有停下來，流血是他的問題，不是警察的問題。

警察在這一帶永遠不被當成朋友，超過四成居民認為警察向幫派收保護費，超過八成認為如果在兇殺案的審判庭上出面作證，警察沒有能力保護他們。所以說，幫派份子又怎麼會為了破裂的嘴唇而向他們求助。

這名受傷男子的態度反映某些實情，後來我研究南非警察時才了解，在開始實施民主的前七年，南非每個月平均會有三十六件「因為警察行動而導致」的死亡案件，而其中百分之九十一是被槍殺[45]，因此本地警察有形象上的問題。

---

45. 據估計在種族隔離結束後的七年間，警察行動造成四千六百人死亡。D. Bruce，" Interpreting the Body Count：South African Statistics on Lethal Police Violence" - South African Review of Sociology, 36, 2,2005, pp.141-59

緝槍犬下車吠叫，但已經錯過時機，每個街角的兒童早就把條子到來的消息傳了開來，要找的人已經不知去向。

尼柯的頭髮上覆蓋一層汗，看不出是因為熱還是害怕。本次任務接近尾聲，日頭已經照到天頂，還要等好幾小時，罪犯才會帶著槍枝出來收復地盤，特警部隊得擇日再來，我的隨隊採訪也結束。

而且，狗狗們也累了。

* * *

我向加州、紐約和佛羅里達的警方要求觀察「美國特種武器和戰術部隊」（US Special Weapons and Tactics, 簡稱SWAT）的突襲行動，但全都遭到拒絕，其他許多州連回都懶得回，因此內華達州回覆的郵件也就不令人意外。

「公開我方戰術係違反我方政策，且我方警局基於隱私權問題，不容許隨隊觀摩突襲任務。我們無法答應您的要求，」拉斯維加斯馬丁路德金恩大道的賴瑞．哈德菲爾德（Larry Hadfield）寫到。

真讓人喪氣。因為我知道美國每年大約有五萬次的SWAT突襲行動，他們的拒絕讓我覺得又被挨一記耳光，因此我收到相識的警察狙擊手克利斯的郵件就是個好消息，「樂意跟你見面，」他寫，接下來的話讓我心涼了一截，「但不能記錄。」

每次都是這樣。士兵和警察在跟新聞記者打交道時難免綁手綁腳，當他們同意見面時，會以為自己成了深喉嚨，於是一方面和顏悅色讓你伴隨警察出任務，另一方面你卻進入一個沉默的組織文化中，難怪警察往往能閃避輿論抨擊。警察不斷加強軍備已經成為美國的重大議題，而克利斯是我進入一窺究竟的小小門路，於是我們約了見面。

他隸屬中西部某中型城鎮的SWAT小隊，也是二十一名成員中的四位狙擊手之一，已經從事這份工作六年。他日子過得算不錯，在平均所得四萬七千美元的國家賺取七萬美元。而因為他必須定期接受體適能測驗，包括一點五英里計時跑、仰臥起坐、伏地挺身、臥推等，因此身材結實。他穿著貼身的馬球衫，手臂肌肉將袖子塞滿，但他兩眼無神，我一下子就明白，這位先生並不打算多說。

「我們每個隔周都會進行每小節四小時的射擊訓練，最遠距離一千碼，」他說。「我們接受一槍斃命的訓練，瞄準頭部或胸部。」他的處境不容許只將對方擊傷。一份關於美國狙擊手的調查發現，所有記錄在案的事件中，八成會致人於死，其中約半數射中頭部[46]，這需要技巧才辦得到。

「你們跟其他警察最大的不同是？」我問。

---

46. 這些案例裡，百分之三十四是攔檢，百分之三十六和人質有關，百分之二十一為警察自殺。資料最初公布於《戰術反應》（*Tactical Response*），二〇〇五年九月／十月，http：//www.hendonpub.com/resources/article_archive/results/details？id=3879

「我跟其他SWAT小隊成員的唯一差別在耐性，」他回答。意思是，他往往必須花好幾小時監視，「大部份的SWAT組員只想衝、衝、衝，但我比較偏向監控、觀察、提出戰術上要注意的地方、阻斷罪犯的出入口。」

他看起來有點哀傷。「我不認為有那麼有趣、興奮、刺激。」

我問他會不會後悔，他說他只有一次用步槍來射殺。「對方毆打他的妻子，而且有精神病史。」

當時五位小組成員同時開火，但細節他不願多說。

「但那會讓你想……」他帶點南方口音的腔調說道。「這個男的有精神病嗎？他在拿著槍走出來之前，是不是可以經由勸告而打消念頭？」不過他從未因為思考這件事而失眠，況且他熱愛他的工作。

「我阻止壞人傷害好人，」他說。這是單純而不複雜的看法。

不過，這位精神病男子的事令我感到不安，而且當我讀到狙擊手的事情愈多，我就益發地不安。有幾位十六歲的青少年因為考試成績太差而抓狂，威脅要用家裡的獵槍自殺，結果遭到小題大作的狙擊手開槍擊斃，還有妄想症男子在家裡大鬧，精神分裂症患者威脅割腕，於是派幾位穿著筆挺西裝的狙擊手進去。

這讓我想到，這年頭槍能輕易讓緊張的態勢升高，美國警察一貫採取的武力因應措施，讓事件一發不可收拾，我愈向下挖，就愈發現情況變得多糟。

＊　＊　＊

二〇一〇年五月，紐約州納蘇郡（Nassau County）有六人一組的武裝警察取得搜索票後直接闖入某戶人家，他們要追捕的毒販就在那間位於長島的房子內，然而他們的情報並沒有說明準備突襲的地址有兩棟公寓，於是當警察砸爛樓下大門，攜帶步槍攻入時，聲音刺穿拂曉的寧靜，在他們面前是走不過去的樓梯。

「改道突圍！」他們嘶吼接著衝到外面，將另一棟公寓的門搗毀，充滿刺激和戲劇性。

二十二歲的伊亞娜・戴維斯（Iyanna Davis）在那五月的清晨被驚醒，不明所以的她躲進衣櫃，樓下的激烈騷動令她害怕。她不知道侵入者是警察，以為是家裡遭到暴徒攻擊，她當然沒看到麥可・卡波畢亞諾（Michael Capobiano）和卡爾・坎貝爾（Carl Campbell）這兩位優秀的紐約州警，他們身穿厚底黑色靴子、黑色厚軍褲和黑色頭盔，一副像要赴死的士兵似的進入她家，而且兩人都攜帶半自動手槍。

關於接下來發生的事，警方後來的說詞矛盾。一說是伊亞娜從衣櫃跳出來逼得他們不得不開槍，第二種說法是伊亞娜死抓住衣櫃不讓他們打開，導致卡波畢亞諾警官跌倒而步槍走火。總之伊亞娜中槍，一顆子彈先擊中她的胸部，而後跳彈而射穿她的身體，將腹部和兩條大腿刺穿。

後來她向律師表示，「我跟他們說我很害怕，不要射我，其中一位警官對我怒吼，要我把手放在頭上，這時我就聽見槍聲。」

伊亞娜被指控的攻擊行為全屬子虛烏有，也沒有作勢要威脅警察，但她差點就被其中一人擊斃。儘管如此，納蘇郡警局卻把警官的過失推得一乾二淨，他們同意付伊亞娜六十五萬美元作為和解金，條件之一是將內部調查正式封存。伊亞娜的律師表示，這是為了阻止警察的謊言被攤在陽光下，開槍射中伊亞娜的小隊長麥可．卡波畢亞諾年薪超過十四萬三千美元，他沒有遭到公開懲處。

納蘇郡警局涉入不當使用致命武力已非頭一遭，近年有位警察從背後射殺一名手無寸鐵的男子，另一位則在徹夜飲酒後，射殺一位沒有抵抗能力的計程車司機，還有一位是在試圖射擊攜帶武器的攻擊者時，將人質殺死。

發生這種事的時候，警局的調查員會審查致命武器的使用狀況，接著在一天之內結案，表示警察的行動具正當性，自從二〇〇六年以來，納蘇的調查員認為每一位涉及槍殺百姓的警察都具正當性，儘管納蘇郡的警方過去四年間涉及三十六起槍擊事件，比再之前的四年增加了二點六倍[47]，然而對納蘇郡警方進行詳查是困難的，他們躲在所謂「藍色的厚帷幕」下，拒絕提供致死事件的文件資料。

不光是納蘇郡，美國各地的警察被詬病武力使用過當，演變成所謂的「戰士警察」，最明顯的就是美國警察愈來愈常派遣SWAT小隊出任務。

老實說，SWAT小隊在美國可謂無所不在，光是聯邦調查局一個單位就有五十六個SWAT

小隊，北卡羅來納大學夏洛特分校有專屬的SWAT小隊，備配有MP–15步槍、M&P點四零口徑手槍和霰彈槍，而這還只是冰山的一角，一九八三年，有兩萬五千至五萬人口的城鎮，百分之十三設有SWAT，到了二〇〇五年，上述城鎮有八成設置SWAT。

過去運用在搶救人質或銀行搶案的戰術，如今逐漸被用在警察的日常工作中，以二〇一〇年康乃狄克州紐海文（New Haven）為例，某家酒吧因疑似提供未成年人飲酒而遭到SWAT盤查，又如亞特蘭大警方懷疑某同性戀酒吧有公開進行性行為，因而遭到SWAT突襲檢查，事後聯邦調查局才做出結論，表示警察捏造類似指控。武裝部隊甚至被派去突襲佛羅里達州奧蘭多市的理髮店，三十七人因為「無照替人理髮」而遭到逮捕。

其中幾次突襲行動自然導致嚴重的後果，一再出動武裝部隊，出錯定在意料之中，《戰士警察的崛起》（*Rise of the Warrior Cop*）作者萊德利．鮑科（Radley Balko），舉出五十幾個因為警察顢頇的突襲行動而錯殺無辜：包括警察進錯屋子，對一名七歲兒童的頭部開槍，還有位阿嬤企圖保護被誤認為罪犯的孫兒而遭到槍擊，以及警察不小心將攻擊手榴彈扔進兒童遊樂場等恐怖事件。

47. 二〇〇一年以來三十五起「致死的武力事件」中，只有十二個案例在嫌疑犯身上找到槍械；二〇〇六年以來納蘇郡警察至少十次對著行進中的車輛開槍，儘管警局規範協定書禁止此事。以上觀察取自 http：//data.newsday.com/long-island/data/crime-and-punishment/nassau-deadly-force/。納蘇警方對於我的要求訪談沒有回應。

此種情況也危害到警察，二〇〇八年，一位線民向維吉尼亞警方報案，說萊恩・費德瑞克（Ryan Frederick）在自家種植大麻，於是出動SWAT進行突襲檢查，費德瑞克誤以為對方是侵入者，而開槍將探員傑洛德・習佛斯（Jarrod Shivers）擊斃，後來才知道原來費德瑞克熱愛日本園藝，在他家栽種的是東方的楓樹，不是大麻。如果警方攜帶搜索票進入就能和平解決誤會，不會有警察喪命，而費德瑞克如今也不會因為殺人而被判十年徒刑，但他們沒有這麼做。

我從以上千真萬確的事實學到教訓。二〇一四年，美國被槍殺的警官人數，多於英國過去五十年來被槍殺的警官人數總和[48]，也就是說，警察隨時使用槍枝很容易升高情勢，使自己身陷無謂的危險之中。

然而，人們幾乎沒有針對武力的過度使用做任何事，問題在於後九一一時代的美國警察已經成為鮑科所謂的「受保護階級」，幾乎沒有政治人物對此提出異議，因此警察很少被究責，沒有人能限制他們的權力，政府反而一味配給執法官員軍事等級的設備。

從局外人看來，美國的執法單位已經陷入某種程度的瘋狂狀態，從九一一事件到二〇一三年間，國土安全部將三百四十億美元的「反恐補助款」撥給地方警察單位以資助反恐行動，再加上國民資產充公的規定容許警方扣押所有合理認為的犯罪所得，也就是說，儘管美國經濟日漸走下坡，仍然有鉅額的金錢可供警方用來買槍[49]，而他們也確實這麼做。

二〇一〇年，「美國菸酒槍枝爆裂物局」（US Bureau of Alcohol, Tobacco, Firearms and Explosives）與格洛克和「史密斯與威森」簽下兩紙共價值八千萬美元的合約，購買點四口徑的警用配槍，二〇一三年國土安全部公開要在接下來的五年間，採購十六億發子彈。

這種一意孤行的大規模採購，反映在各地對保安的不遺餘力上，緬因州的奧古斯塔市一處居民不到兩萬人的偏僻地方，自從自由女神像豎立以來，從沒有一位警察因公被槍擊斃，但警方卻花了一萬兩千美元購置八件戰術背心；愛荷華州迪莫內市斥資三十六萬美元買入兩具拆除爆裂物的機器人；南卡羅來納州的富有地郡（Richland County）買入名為「和事佬」的M113A1型裝甲運兵車，裡面配備有彈鍊供彈的六角轉台機關槍，發射零點五口徑子彈，威力大到足以將水泥牆射穿。美國將過去使用可裝六發子彈的左輪手槍，大多換成最高可攜帶十八發子彈的半自動手槍，儘管警察涉入的槍擊事件大多僅擊發三枚以內的子彈，卻依然大規模採購槍枝。

當然許多人會說，美國警察的重裝備完全具正當性，只要看他們對付的是誰就知道，專門透過都市監聽來偵測槍械駁火的「槍擊偵測」（ShotSpotter）公司，觀察二〇一三年美國

48. 二〇一四年，五十位美國警察在執行勤務中被槍殺身亡，二〇一四年之前的五十年間，英格蘭、威爾斯和蘇格蘭共有三十一位警察在執行勤務中被非法槍殺身亡。感謝「警察榮譽榜」（Police Roll of Honour）提供這項資訊。http：//www.policememorial.org.uk

49. 《經濟學人》報導：一九八六年，聯邦資產充公基金握有九千三百七十萬美元，到二〇一二年，該基金加上相關沒收資產儲存基金近六十億美元。http：//www.economist.com/news/united-states/21599349-americas-police-have-become-too-militarised-cops-or-soldiers

四十八個城市的資料發現，每五起槍擊事件中，報案的不到一起，某些地區報案率甚至不到一成。[50]

即使非法槍擊如此猖獗，但美國警力的過度軍事化依舊令人擔憂。根據FBI的資料，二〇一二年有四百一十位美國人遭到警方「具正當性」殺死，其中四百零九人為被槍擊斃。[51]警匪的軍備競賽存在不可小覷的議題，那就是罪犯會取得火力強大的武器好跟警察一搏，但「全國司法學會」（National Institute for Justice）的檢討報告指出，槍枝犯罪「極少使用攻擊性武器」，火力強大的武器幾乎不曾被用來殺警，但以上結論卻遭到忽視，此外SWAT的突襲行動中，被突襲對象絕大多數完全沒有武器，此一事實也被忽略。

美國執法機構的武器化與敵對化也造成立場的強硬，社區維安被鎮壓式的野蠻主義取代。對罪犯採取「壓制」的作法反映在兩件事實上，其一是美國的受刑人人數超過兩百二十萬人而居全球之冠，幾乎每一百名美國成年人中就有一位受刑人，第二是對秩序的觀點與維持秩序的做法變得嚴厲，導致兒童因為對公車司機丟花生而被以重罪起訴，或者學校因為學童沒有繫皮帶之類的芝麻小事而將孩童戴上手銬，這種處理事情的態度，導致今日美國成了保安人員多於教師的國家。

不過在我看來，未能妥善監督SWAT小隊的每次部署行動，以及發射的每一發子彈之所以令人憂心，理由在於可能導致警察做錯事卻不受懲處，從而快速製造出「司法制度外的謀殺」這個醜陋事實。

＊　＊　＊

二〇〇八年初夏，一位社運人士的死讓我來到菲律賓南部，當時我為獨立電視新聞報導這個東南亞國家的警察暴行日漸猖獗，這位男子的死，代表無數逝去者的哀傷故事。寬大的白色棺材對這麼瘦小的人顯得大了些，弔唁者憤怒的哀嘆聲壓過外頭熱帶豪雨的聲音。

死者是賽爾索・波加斯（Celso Pojas），他過去是政治領袖，也是民答那峨農民聯盟（Farmer's Union）的祕書長，讓他倒臥血泊的那一槍，來自準軍事組織的敢死隊。

幾天前，四十五歲的賽爾索在達沃市（Davao City）的辦公室品嘗咖啡，然後他突然起身說，「我要去抽幾根菸，」便逕自走到外面，而這也成了他的遺言。不多時，他的同事聽見零星的槍響，衝到外面就看見他頭部朝下奄奄一息，幾個月來賽爾索一直受到死亡威脅，最後一

---

50. 該公司也發現槍械駁火在夏季的月份會增加，所有槍械駁火的百分之四十二發生在六、七、八月。在他們研究的區域中，最嚴重的地方一整年間平均每天在一平方英里內有八枚子彈。http：//www.shotspotter.com/polict-implications

51. 有些人認為這個數字偏低。《華盛頓郵報》報導：司法部官員沒有保存警察發射的完整資料庫或記錄，而是讓全國超過一萬七千個執法單位自行上報警察涉及的槍擊事件，以當作聯邦調查局執法單位「正當殺人」的年度資料。http：//www.washingtonpost.com/news/post-nation/wp/2014/09/08/how-many-police-shootings-a-year-no-one-knows/ 網頁：http：//www.fatalencounters.org 有比較精確的數字，這些數字稍後將引用在本書中。

次是在他發起的一連串交通罷工的前一晚。訊息很明確，就是別攪和政治。

賽爾索的死循著某種模式，殺手騎一台沒掛車牌的摩托車，他們頭戴棒球帽，襯衫釦子扣得好好的，武器塞在腰帶裡，他們偏好點四五口徑手槍，這是警察常用的武器，對一般罪犯來說貴到買不起，他們不示警就開槍，而且來去匆匆。

沒有人知道誰殺了賽爾索，但一般認為警察脫不了干係，政府官員和達沃市當地的警察被暗指與二十八起殺人案有關，主要是發生在二〇〇七至二〇〇八年間。此外二〇〇七年一月起，塔岡市（Tagum）的敢死隊殺死兩百九十八人，也因此慈善組織「人權觀察」（Human Rights Watch）認為，政府「對達沃市等地的瘋狂殺人行為採取睜一隻眼、閉一隻眼的態度，菲律賓國家警察並沒有設法去正視問題。」話說的似乎很重，但是更重的來自達沃市市長羅德里格·杜塔特（Rodrigo Duterte），「如果你在我的城市從事非法活動，如果你是罪犯或者你隸屬的組織把無辜市民當作掠奪對象，只要我是市長的一天，你就會成為被合法暗殺的目標。」《時代雜誌》稱杜塔特為「處罰者」。

當然，有些人認為杜塔特的強硬手段具正當性，宣稱他為這個暴力橫行的城市帶來久違的安全，但我想知道的是，在尋求和平的過程中反而製造憾事，結果又是如何？

賽爾索的哀悼者來到達沃市自由公園舉行的葬禮時，心裡抱著以上的疑問。強壯的農民從康波斯特拉谷（Compostela Valley）跋涉一百六十公里而來，身穿棉質襯衫的農場工作者從兩百七十公里外的東達沃省（Davao Oriental）搭公車而來，他們在阿勞羅（Araullo），奎利諾（Quirino）和旁奇亞諾（Ponciano）的街上排成隊伍，經過敞開的棺材時依序表達肅穆的憤怒，他們的臉上寫著，如果你必須擔心你託付的政府用這種方式來維持和平，那麼和平的城市又有甚麼好呢？

「這群敢死隊是警察主持的，」一位擔心遭到報復而不願具名的社運人士向我表示：「警察提供他們武器、彈藥和機車，每殺死一人，警察就發一千美元給他們。」

這類警察殺人的事件，是我所見過槍枝暴力中最醜陋者，葬禮過後我在賽爾索簡樸的家中訪談他的家人時，談到警察的免責以及對現況的無助感，令在場的人們氣得說不出話來。女士們坐在一旁淚水潰堤，男士則穿著寬鬆上衣和夾腳拖鞋，沉默地將背靠在潮濕的牆面站立，不知是誰拿給我沒有冰鎮過的橘子發泡汽水和巧克力零嘴，我在想賽爾索不知道有沒有買過這種汽水或甜點來慰勞自己一下。

「為什麼？」賽爾索的父親說，「為什麼是我兒？他這麼好，幫助大家。」

身為新聞記者沒有太多可做，只能將這些事公諸於世。在類似案例中，當腐敗的沉淪程度深不見底，你我幾乎無法期待政府逮捕任何人或做出任何檢討，甚至是接受訪談。但是在那密閉空間的每個人都被打動，而且不僅是因為失去所愛，他們也看到信任的永遠崩壞與權力的濫用，而後者不僅限於菲律賓。

據報巴西警察每年必須為全國至少兩千人的死亡負責，平均每天五人，受害者通常被記錄為「在拒捕過程中被殺」，接著你會讀到有位警察殺死六十二人且死因全都相同，這些都成了黑色笑話，連藉口都懶得捏造。

其他地方也一樣糟，在印度，過去十年間警察對百姓開槍而被報導的事件幾乎加倍，很多被稱為「衝突處決」，衝突過去常被當作司法以外的正當殺人理由，隱然被視為面對犯罪或恐怖主義時可被接受的處置方式。

在牙買加，據說每兩位警察就有一位在二十五年的值勤生涯中殺人。

令人擔憂的在於，這種蠻橫的警察戰術往往被視為掃除街頭犯罪的唯一做法，高尚的警察扮演判官，在無數多好萊塢電影中出現，但是權力的濫用、任意動用極刑、缺乏公平審判以及警察可能錯殺無辜等風險，意謂著當警察刻意取走人命的剎那，已不再是警察，而成了殺手，當你的警察是殺手時，就真的沒有多大的希望了。

Chapter 08

軍方

戰爭的悲劇↓伊拉克↓來到二〇〇四年的血腥馬戲團↓參觀知善惡樹↓被槍擊↓瘋狂與暴力展開↓以色列殘暴的過去反映在槍上↓和一位特別的狙擊手喝茶↓一訪猶太反恐訓練營↓巴勒斯坦的悲劇↓受傷的男孩、悲傷的父親——探訪賴比瑞亞的過往↓兒童兵和大人口中的傳說

軍人和槍是同義字，沒有配備武器的軍隊，不能被稱為軍隊。全世界的武裝部隊共擁有兩億支槍，約占槍枝總數的五分之一，因此，若要寫作關於軍火的書，就一定要了解槍在戰爭中的角色，及其防衛國家主權的軍事用途（無論好壞），畢竟全世界只有十五個國家沒有軍隊，六個國家雖有軍隊，卻沒有常備軍。[52]

兩億支槍被不平均地分配到擁有軍隊的各個國家，光是中國和俄羅斯的陸軍就擁有近百分之二十五的槍支，而且當然不是全部都使用中，武裝部隊握有近七千六百萬支被歸為「過剩物

52. 這二十一個國家很多都是加勒比海或南太平洋的熱帶小島，例如聖露西亞或萬那杜。這些國家的國防大多是仗著地處偏遠或自然環境的屏障，兩者都讓侵入者卻步。

資」的閒置槍支，占軍隊所有小型軍火約百分之三十八。[53]

因此當戰爭真的爆發時，槍的數量顯然多到足以發動無數多次的大屠殺，二次世界大戰結束以來，一百五十多個地方發生超過兩千一百次武力衝突，一九九八年一個名為「犁頭計畫」（Project Ploughshares）的慈善組織表示，在「三十多場現行的戰爭中，約百分之九十的殺戮是由小型武器造成；光是在過去十年，就導致三百多萬人死亡。」因此有些人認為，每年有大約三十萬人在衝突中被槍殺身亡。

不過，慈善機構有理由把情況渲染的比實際嚴重些，因此不是你聽到的每件事都可以相信，原因在於有一百國背書的外交倡議「日內瓦宣言」（Geneva Declaration）[54]，對於遭炸彈和槍枝等暴力武器殺死的統計人數就比犁頭計畫少很多，據估計全球每年被武器殺死的五十多萬人當中，只有一成（約五萬五千人）被衝突或恐怖攻擊的暴力殺死，被槍擊斃的人數就更少了。[55]

當然這些統計數字還不包括戰爭中被槍傷者，這點可不能小覷，因為就像我在南非見到的，創傷外科的大幅進步導致今日某些戰爭的死亡人數可能比多年前少，但不表示戰爭變得比較不暴力，只是人類變得比較會救人罷了。

但是很清楚的是，槍在不同戰爭中的角色相當不同，AK47步槍在剛果共和國相當普遍，導致當地的死亡人數中，有百分之九十三為槍殺身亡；伊拉克有數千百姓被槍殺，且往往死於綁架和暗殺；但在烏干達，以約瑟夫．柯尼（Joseph Kony）為首的邪惡軍事組織聖主抵抗軍

（Lords Resistance Army），為了建立遵守十戒的神權國家，往往以刀棍作為殺人和脅迫的工具。

軍隊普遍使用的爆裂武器也帶來影響，一九九〇年代中的柬埔寨和一九八〇年的泰國，被地雷殺死的百姓多過被槍擊斃者；二〇〇六年許多黎巴嫩人被空投炸彈炸死，因此在那次衝突中被槍擊斃的人數不到百分之一。但一般而言，戰爭中有六至九成的直接死傷是由槍造成，無論怎麼看都是巨大損傷。

槍造成的傷害也隨時代改變，美國南北戰爭期間，約百分之七十五的戰爭死傷為槍所造成，二次世界大戰則降為百分之十八。下降的原因有幾個，戰爭性質隨時間而變，如今使用爆裂性武器的機會大增，使槍傷比率下降；現在的士兵也受到較好的保護，除了防彈背心的改進

---

53. http：//www.smallarmssurvey.org/fileadmin/docs/H-Research_Notes/SAS-Research-Note-34.pdf。一般認為，南非有大約一百三十萬軍用槍支為「不折不扣的過剩」，阿根廷有超過五十萬支不需要的槍，占總數超過百分之七十七，蓋亞那的軍用槍則有高達百分之八十三超過所需。

54. 譯註：全名為「日內瓦武裝暴力與發展宣言」Geneva Declaration on Armed Violence and Development，目的在關注武裝暴力與發展之間的交互關係。

55. 引自 http：//www.genevadeclaration.org/measurablility/global-burden-of-armed-violence/global-burden-of-armed-violence-2011.html,「全球武裝暴力負擔」（Global Burden of Armed Violence）（二〇一一）。二〇〇五年出版的《人類安全報告》（*The Human Security Report*）提出每年五萬五千人因衝突死亡似乎，這和一九四六至二〇〇二年間戰爭死亡人數的主要分析一致。這份檢討報告的結論是，自從二次世界大戰以來，戰爭死亡人數就呈現明顯且平均下降的趨勢，此外國與國的戰爭造成的死亡人數多於內戰。

以外，裝甲運兵車和鋼盔使得今日即使被槍擊中也較不具致命性；此外無人機的使用使目標變得明確，士兵遠在數英里外就能鎖定目標，進一步降低交火中的傷亡機會。

開發程度較高國家的士兵若不幸被槍擊中，因為能快速獲得治療，也大幅提高存活率，伊拉克自由行動（Operation Iraqi Freedom）前的槍擊致死率約百分之三十三，根據美國軍方資料顯示，如今不到百分之五，唯獨頭部中彈的致死率沒有隨時間改變。

槍在戰爭的影響力，在每次衝突中也有所不同，外科醫師的技術日益高超只是原因之一。一九八〇年俄羅斯進軍阿富汗之初，約三分之二的衝突死傷來自槍火，到八〇年代末，俄羅斯人從經驗領教到聖戰士的高超槍法而保持低頭狀態，因此一九九〇年只有百分之二十八的死傷來自槍傷。

以上資料說明一件事，槍枝在士兵生命中的角色已經改變，一如戰爭本身的性質。我也曾經因為工作而在世界各地與軍隊並肩而行，因而了解到每次的軍事部署都有其獨特性，從拍攝南北韓交界的戰爭一觸即發，乃至來到科索沃柔軟草原觀看英國新兵鴉雀無聲地行走，我得到一個簡單的結論：對多數士兵而言，槍在承平時期只是個隨身攜帶的物件，他們替它上油並清理，帶著它吃喝拉撒睡，而不是真正會談論的東西，除非把它搞丟，或者哪個顧人怨的士官長命令小兵們把槍高舉過頭跑步一小時。但在戰爭時，士兵和槍的關係完全改變，也因此想了解槍對軍隊的影響，就必須親自上戰場去一探究竟。

＊　＊　＊

二〇〇四年四月，我在巴斯拉（Basra）跟記者莎曼姍．波林（Sam Poling）一起為ＢＢＣ工作。莎曼姍追新聞的速度令人望塵莫及，我們隨同蘇格蘭軍團「阿蓋爾與蘇德蘭高地」（Argyll and Sutherland Highland）進行採訪，這個軍團到過韓國、亞丁作戰，參與過布爾戰爭（Boer War），也到過法蘭德斯（Flanders）戰場，現在在南伊拉克升起軍旗。

我們不久前看過知善惡樹（Tree of Knowledge），那是近乎壞死土地上一株殘破的樹，沒人理也沒人愛，但這棵樹依舊樹立在古爾奈（Al-Qurnah）的中心。古爾奈距巴斯拉西北部約七十公里，是個歷經風霜的小城鎮，這棵椰棗樹靠近底格里斯河和幼發拉底河的交會處，兩河交會後形成阿拉伯河（Shatt al-Arab），伊拉克人宣稱夏娃在這裡摘下禁果咬了第一口，從此知道善惡而破壞了天堂。

那天我們去到那裡時，那棵樹性命垂危地立著，樹身裹著塑膠袋。臉上掛著鼻涕、身穿破褲的小男生對著樹根猛踢而揚起塵土，但他們只能在白天這麼做，除了殺手以外一到晚上就沒有人會在這一帶走動。畢竟這裡是伊拉克，而現在正在打仗。

我們不發一語地掉頭啟程返回英國陸軍基地，沒人想親眼見證天堂的毀壞。

接著出現一聲槍響、一聲喀答巨響接著是急踩煞車的吱吱聲，我們快速滾出軍用休旅車，在道路兩旁的沙地上狂奔，跨過碎石和被扔在高速公路旁的塑膠袋，終於上氣不接下氣來到一條壕溝。

「他們對著我們開槍！他媽的竟然對著我們開槍！」一位英國士兵大聲嚷嚷。他們萬分緊張地舉起步槍，但車子老早揚長而去。

當天我們原本要回英國，但通往機場的路太危險，幾名士兵在那條燠熱的狹長柏油路上喪命。基於威脅性升高，中校表示我們只能等待，因為更嚴峻、更讓人難以承受且更暴力的事情即將發生。

我在來這裡的飛機上，被直立式安全帶綁在一架赫克立士（Hercules）運兵機裡，當時我們從塞普勒斯以俯角向下低飛，夜裡的卡爾馬阿里運河（Qamat Ali canal）在底下閃耀著水光，從飛機兩側往下看都是古老沙漠的輪廓。我們關燈飛行，飛機猶如黑夜中的黑色斑點，接著飛行員儀表板上的紅色按鈕突然發出閃光，耳機傳來斷斷續續的命令。

「準備、發射一枚。發射二枚。」地對空飛彈正快速靠近，於是飛行員發射誘餌彈，光點在我們身後旋轉進入漆黑中，我們乘坐的飛機往右來個大傾斜，而威脅也一如來時匆匆過去，但剛才顯然差點發生非同小可的事。

那些回教徒他媽的瘋了，後來士兵們神氣活現地跟我們說。聲音中的興奮是因為回到家可以告訴朋友說，他們曾經有過「接觸」，但之後你會看見他們眼中的稚嫩，因為他們正在渴望著發生自己會害怕的事。

如果我夠乾脆，也會樂意用這麼乾淨俐落的方式被打死；因為新聞記者一旦進入戰區就不免看見槍林彈雨，無論你用多少陳腔濫調來包裝。你到那裡的目的，不是去拍攝士兵抱怨晚餐太油膩或者多想念媽媽，而是去拍攝急度驚恐時腎上腺素快速竄升的情景，以及子彈齊飛的刺耳爆裂聲響。

也因此，伊拉克戰爭替我對軍隊使用槍枝的觀點定調。我曾到過索馬利亞、巴基斯坦、哥倫比亞、那戈爾諾卡拉巴赫等軍事衝突區，和平與戰爭在那裡都留下印記，但伊拉克卻不同，那裡的戰爭或許是因為緊張程度太高，加上我手無寸鐵卻到處都是槍，因而令我有種空前的強烈真實感，槍決定人的生死，也是唯一要緊的東西。

在我們降落當天，美國人展開如今臭名昭彰的費盧傑（Fallujah）戰役，對我們所在地西北方的遠方城市進行大規模掃蕩式攻擊，這次行動的起因，是美國「黑水公司」（US Blackwater）有四名軍事承包商遭凌虐後燒死，且殘肢被拖行的畫面被廣為播送，於是美國使出拿手本領，以強大的軍力對所有該為此次事件負責的人進行報復。

二〇〇四年四月四日，詹姆斯・康威（James T. Conway）中將率領的軍隊在費盧傑發動大規模攻擊行動，目的是「重建費盧傑的安全」，以兩千個軍團將這座城市團團包圍，後續的激烈攻擊撼動伊拉克，造成的漣漪效應甚至南到巴斯拉。

就這樣，原本是媒體跟隨英國步兵團的一般採訪報導，因為憤怒的擴散以及整個城市瀰漫血債血償的氣氛而變得危險起來，怒急攻心的暴徒朝我們扔磚頭，我們也眼看著一輛輛軍用車在不受法律控管的街道上，被燒到只剩下漆黑的骨架，莎曼姍甚至被正在接受訓練的伊拉克士兵攻擊。現在我們躲在不知名村落旁的壕溝中，成了被射擊的標靶。

不過危機來得急、去得也快，於是我們撣去身上的塵土，回到車上，緩緩行駛到距巴斯拉約二十五公里遠的軍事基地「河岸營區」（Camp Riverside），這座營區位在復興黨統治區的最高處，也是伊拉克國防部長兼情報頭子阿里・哈桑・馬吉德（Ali Hassan al-Majid）的夏季避暑地，馬吉德因為使用化學武器攻打庫德族人而贏得「化學阿里」的稱號，從他老家可以望見迎風搖曳的美麗草原和兩旁生長蘆葦的河渠，謠傳以前屋子裡有滿滿的威士忌、冒泡的三溫暖浴池，還有不可告人的英勇事蹟，光用想的就會讓孤獨的英國士兵情緒為之激動。

這裡不僅是非法尋歡作樂的祕密場所，也是遠離伊拉克各地血腥競技的地方；如今這裡豎立了高牆、瞭望塔並且擺放大量沙袋，我們走過鋸齒狀的路徑，緩緩穿過用來阻止自殺卡車的防護陡坡，推開營地高聳的金屬門後回到基地。大夥一語不發地下車，走到堆放沙袋的長方形土地上，士兵以輕鬆流暢的動作推出彈匣以確保武器安全，彷彿曾經對此做過演練。

我們前往營地遠端邊緣的伙房，空氣中飄著油炸食物的味道，我走最短的直線距離來到一處步兵哨，快速欠身進入清爽的站哨崗位，那裡擺了一個個飽滿的沙袋，步兵微笑示意的同時，握緊手上的L7通用型機關槍[56]，兩人都沒說話，朝著西方看。

一艘船在水道上緩緩順流而下，甲板上，膚色黝黑的男子身穿白色中東傳統服裝站立，手擺在背後。我們四目交會，船夫瞇起眼睛，讓人從他雙眉間的皺紋看見威脅，哨兵的目光一路跟隨這艘船，直到經過彎道後船身失去蹤影，他啐了一大口痰後眨了眨眼，我了解那眨眼的意思於是轉身離開，我們在這處營地內，他們在營地外，我以為船上的每個人都是殺手（後來才知道不是），而那上了油且經過細心保養、每秒鐘能彈出十發子彈的機關槍，保護著我們每個人。

第二天，情勢急速惡化。

我們在日出前起床，趕在城市正要開始動起來之際往南走，汽車的引擎發出巨大聲響一路駛進巴斯拉市，年輕的中尉排長（他來自蘇格蘭邊區，說他有一天要離開這片乾涸的土地，回家幫忙經營家族的水產事業）透過分隔車子前後半部的鐵窗大聲說道：緊張的情勢正在升高，軍團有兩支護送部隊不久前才遭到火箭推進榴彈的攻擊。

精彩的正要開始。當天結束前，城市已經有超過十五次零星衝突，那是英國士兵和好戰份子之間的交火。我們想到外面去看當天結果究竟怎樣，但軍團的上校說太危險，我們只好在總基地等待。每次護送部隊回來，成員從裝甲車跌跌撞撞地出來，制服上血跡斑斑，眼神殺氣騰騰。他們說著讓人喘不過氣的陳腔濫調，試著用老掉牙的話來解釋剛才發生的事。

「好慘！」其中一位敘述他的弟兄如何替遭到火箭榴彈炸傷的腳清創，另一位則是手部被槍射中，有一位甚至說他祖父把二戰期間在同一個沙漠上撿到的古董錢幣送給他，這位孫子把錢放在上衣的左口袋後就忘得一乾二淨，後來他的護送部隊在火箭攻擊中被擊中，他回到總部

56. 二十萬支由 F.N Herstal 製造的通用型機關槍，被全世界超過九十支軍隊使用。

時將錢幣掏出來，才發現上面嵌了一片彈片，「那枚錢幣救了我的命，」他說。

這些話出自年輕稚嫩的口，他們的亢奮寫在臉上，訴說著如何用武器盡情殺敵，面對一次又一次埋伏。這場戰爭許多方面還是得靠古老的槍枝技術，槍成了這場都市游擊戰的關鍵性武器，而飛機、坦克或迫擊砲有時因為太不具殺傷力而不被使用。

數字會說話。據估計，美軍殺死每一位叛亂份子要射擊二十五萬發子彈，換言之，二○○二至二○○五年間，美軍射出約六十億發子彈，美國士兵射擊的子彈數量之多，導致三家專門供應軍火給美軍的承包商，必須支出近一億美元來提升產能以應付龐大需求，但這還不夠，因為連「以色列軍事工業公司」（Israel Military Industries）和「歐林溫徹斯特」（Olin-Winchester）這種營利事業，也賣出三億多發子彈。

某人在某處正從英美入侵伊拉克的行動中大賺其錢，難怪白廳（Whitehall）[57]估計英國對伊拉克戰爭的經費挹注為九十二億四千萬英鎊，也就是說，二○○五至二○○八年間，伊拉克每一位士兵的年花費增加四十九萬美元至八十萬美元之譜。

如此豐厚的利潤，應該要與戰爭的死亡人數一併考量，在二○○三至二○一四年間估計被殺的十二萬兩千八百四十三名百姓當中，約百分之五十五死於槍擊。

在結束隨軍採訪任務幾年後，我在讀維基解密關於伊拉克戰爭的記錄時，發現在美國及聯軍檢查哨意外被槍殺者，八成多都是老百姓，有超過六百八十一名無辜者死亡，其中至少三十人是兒童，而伊拉克的叛亂份子的死亡人數則只有一百二十人。[58]

不只如此，二〇〇五年十一月，一群海軍陸戰隊隊員瘋狂開槍掃射，殺死二十四名伊拉克百姓，二〇〇六年美國士兵史蒂芬・戴爾・葛林（Steven Dale Green）先殺死十四歲伊拉克少女的父母和妹妹後將她強暴，之後對這位哭泣的少女頭部開槍。有些人會說，戰爭嘛，總會有鳥事發生，但這些事件應該被人們記住，因為英美兩國是憑著最薄弱的藉口入侵伊拉克，儘管他們大言不慚地主張國家有權自我防衛，但也有遵守國際人道主義法律的規定與道德責任，有義務確保武器被妥當使用且合乎比例原則；然而他們在伊拉克時顯然經常不是如此。

伊拉克的悲劇，在於沒有人企圖調查服勤的聯軍士兵們犯下的戰爭罪，就連當初反對這場戰爭且如今在位的政治人物，似乎都不願意打開這個潘朵拉的盒子，政治上的緘默意味沒有人會去檢討並且正視槍在戰爭中對人造成的危害，下一次當政治人物把年輕人送進戰場，面對戰爭所有令人悲憤的恃強凌弱時，往往很容易便忘記戰爭的意義。

或許這並不令人意外，因為伊拉克戰爭採取游擊戰經常使用的戰術，換言之多半躲在媒體注視不到的地方。在血洗巴斯拉的那一天，情況惡劣到整個營區進入封鎖狀態，所有巡邏暫停，軍隊判斷基於攻擊和暴民的騷動，走出營區大門太過危險。

日正當中，遠處傳來槍聲迴響之際，莎曼姍和我坐下來討論，我建議乾脆叫輛計程車去

57. 譯註：是英國首都倫敦西敏市內的一條道路，位於英國國會大廈和特拉法加廣場之間，成為英國政府的代名詞。
58. 在檢查哨死亡的平民人數，隨著戰爭的進行愈來愈多。二〇〇四年我在當地時，戰爭的記錄顯示有二十二位平民死亡，到了二〇〇五年近三百人。

衝突激烈的地方，同為記者的莎曼姍想法跟我一樣；但是擔任指揮官的上尉強尼把我們拉到一邊，說這麼做等於是自殺任務，如果我們惹上麻煩，「快速應變小組」（Quick Reaction Force）可不會前來搭救，就連「伊拉克人民防衛團」（Iraq Civil Defence Corps）的上校都叫我們別去。但我想去，而且想得要命，我想記載暴力，親眼目睹英國在出兵伊拉克上已經變調得多離譜，於是我們無視他們的請求，收拾好行囊請部隊通譯聯絡他開計程車的舅舅，便逕自往營區的大門走。

不過，就在我們等待的當下，情況不太對勁。計程車還沒來，在接下來漫長的幾分鐘，我的興頭變成懷疑，懷疑變成恐懼，於是我對莎曼姍說，「這確實是死亡任務。」她點了點頭，我們便收拾起拍攝的工具回到門裡。在沒有英國軍隊的槍枝保護下，唯有放棄拍攝一途，畢竟我們可不想拍自己的死狀。

這場戰爭的某些部份就如同每場戰爭，必須以沉默帶過。當槍枝發揮極大的影響時，便無法對戰爭做正確的描述或解釋，否則要冒太多險。回顧這些日子，我費很大的勁卻仍無法解釋槍在戰爭中扮演的所有角色，至少那幾次經驗是如此。目睹十幾場戰爭，就會對槍在每場戰爭的角色做出十幾種不同的結論。

在被迫面臨如此複雜的情況下，我想要轉而把焦點放在槍的作用比較明確的地方，於是我決定到一個二十幾年來被稱為全世界最軍事化的國家，一個從槍桿裡誕生、在烽火中生存的國度：以色列。

＊　＊　＊

古老的亞法港（Jaffa）像一具蒙上塵土的墓碑般往南邊升起，太陽把中東的天空漂白，天氣熱得要命，而我沒有穿對衣服，厚重的靴子和襯衫使我汗如雨下；但讓我措手不及的不是高溫，而是接下來的重重關卡，因為我從沒前往一間博物館還被要求查驗護照或問我有沒有帶機關槍，但是當我試圖進入以色列防衛博物館時，就被一位身穿制服的年輕人問了這些問題。這裡距特拉維夫的衝浪海灘不遠。

我認為從這間博物館展開這趟旅程是蠻好的做法，「以色列防衛軍」（Israeli Defence Force，簡稱IDF）拒絕受訪，好像因為我是調查記者，我也因為相同理由在特拉維夫機場被盤查五小時，儘管如此，因為我生性難纏，經過這些事情後，還是想了解以色列歷史中的槍枝。

年輕人盯著蓋了戳記的簽證許久——一張用釘書機釘在護照上的紙片——點了點頭要我去售票亭，一位服兩年制兵役的女大兵看起來一副比剛剛那位更厭煩的樣子。票價十五以色列幣（shekel），約合四美元，她收了錢便領我進去。

我通過旋轉門，經過一排用工業水泥砌成的灰色矮牆，走進燜熱的天庭，外頭氣溫超過三十五度，不禁讓人同情那些在豔陽下身穿厚制服的警衛們，地圖指示我來到我想去的十號和十四號展示間，十號展示間展出「六天戰爭」，十四號則是「贖罪日戰爭」（Yom Kippur War），但我不是被以色列的戰爭史吸引而來，而是因為展示間裡都是槍。

兩個展間全拿來展出這兩場影響深遠的戰爭，或許不讓人意外，畢竟以色列軍隊擁有多達一百七十五萬支槍，相當於每一百位公民裡就有二十二支槍是由士兵持有，埃及則是每一百人有兩支槍，約旦是四支。這兩場戰爭決定以色列的命運，武器也決定以色列的命運。

走過笨重的大砲展示，野戰砲一律被漆成沙漠棕，旁邊是一小撮像灌木叢般的步槍雕像，我走到一棟尼森（Nissen hut）風格的大型建築，這是頭兩個展示間的其中之一。「六天戰爭」的展示間是以一九六七年以色列對抗埃及、約旦和敘利亞的戰爭為主題，這場戰爭並非持續六天，而是一百三十二小時又三十分鐘，以色列在這場現代戰爭贏得最大的領地勝利，不僅從埃及手中奪來西奈和加薩走廊，從約旦取得東耶路撒冷和西岸，並從敘利亞贏得戈蘭高地，七百七十七名以色列人陣亡，但敵軍的死亡人數則超過二十二倍，不到一周的時間將現代以色列的悲哀放下；而這個吹送涼風的展示間，陳列六百零八支來自世界各地的左輪槍和手槍，讓這記憶不被遺忘。

展示間裡滿滿的槍枝是我來此的目的。這些槍被放在鑲了白邊的櫃子裡靠牆排列，每支槍被固定在小塑膠繩綁著的穿洞展示台上，有以色列烏茲九釐米槍，美國沙漠老鷹，義大利的點二二釐米貝瑞塔和比利時七點七六布朗寧槍，還有一些武器讓人想起被遺忘的戰爭歲月，像是馬卡洛夫手槍（Makarovs）和韋伯利左輪手槍（Webleys），毛瑟槍（Mausers）和MAB。展示間的另一頭，英國海上信號彈的櫃子前陳列了各種子彈，一百二十六發子彈整齊排列，並按照不同型態的發射機制分類，包括中央式底火、針式底火、凸緣式底火。

接著，我發現這裡沒有提供詳細說明，我原本是希望能深入了解槍在這塊聖地扮演的角色，好讓我對以色列為何需要這麼多槍有點概念，但這只是個放滿手槍和子彈的房間，我對展示品的來龍去脈一無所知，不像聖保羅的警察軍火庫或在里茲時有導覽員，這裡就跟外頭的烈陽般無趣，跟許多軍事博物館沒兩樣，彷彿槍本身就該獲得尊敬，在展示間裡應該輕聲細語且神情莊重。我用手機自拍，心想如果打破玻璃取出手槍，多久會有人跑進來對我開槍，接著我決定不替自己找麻煩就離開了。

下一個展示間專門展覽「贖罪日戰爭」，一開門就有兩個身穿綠衣的人體模型對著我，有那麼一秒鐘，我以為是鬼。但這個展示間全都是步槍，不是人：有四十個櫃子的步槍，跟之前一樣白色的框架，前方為玻璃。裡面有長槍、前膛槍、突擊和衝鋒槍，有輕型、中型和重型機關槍，訓練用步槍和打靶步槍，來自世界各地的槍，包括中國、波蘭、埃及、黎巴嫩、希臘和保加利亞。

或許是基於革命的獨立精神吧，門旁邊是來自「康乃狄克槍枝聯合會」（Ye Connecticut Gun Guild）的禮物，一把美國獨立戰爭期間令英國步兵聞之喪膽的肯塔基步槍。

接著，有個櫃子裡擺的全都是以色列軍事工業公司製造的步槍，包括惡名昭彰的九釐米烏茲衝鋒槍在內。其他櫃子則展示這塊聖地上第一次製造槍枝的經過，旁邊有一區展示一九四〇年代起歐洲自家製的槍枝，讓人想起在那可怕的反閃米特族的日子裡，有一小群靠自己力量武裝自己的猶太人。

接著我看到一張小照片，五名男子身穿黑白衣服站在會場，每個人手裡拿著一把長步槍，這是一九五二年在赫爾辛基舉行的第十五屆奧運的國家代表隊，牌子上寫著「以色列神槍手首次在國際競賽中現身」。

這是用赤裸裸的方式頌揚他們的射擊技能，潛台詞不是他們能將一百碼外的標的物射穿，而是國家有能力在十倍那樣的距離外結束人的性命。因為這個展示間擺滿狙擊步槍，而且在擺最多狙擊步槍的櫃子外面，有以色列的記號。

李恩菲爾德步槍（Lee-Enfield），毛瑟、一把M14和一把加利爾（Galil）狙擊步槍讓人一覽無遺，加利爾旁邊的卡片上寫著，「屬於以色列防衛軍特種部隊，一九八三年啟用至今。」

某方面來說，我來就是想看以色列軍隊在如此漫長的衝突戰爭中如何用槍進行攻防，而其中最吸引人的要屬狙擊槍，因為它的意圖非常明確，不光是為了發射子彈，而是將鎖定目標殺死。

但是，這裡的槍終究無法把它們背後的故事和功績告訴我，於是我回到外頭的酷熱中，接下來要訪談的人，是真正了解「槍」在以色列扮演什麼角色，我要去見一位狙擊手。

＊　＊　＊

我沒料到竟然是女性。我請當地一位新聞記者幫我安排一次會晤，而我輕率地以為對方會是個謹慎、話不多但殺人不眨眼的男人；但她竟然才二十七歲，帶有許多以色列女性的清秀之美，和我以為的狙擊手長相完全不同。

我們約在美國克羅尼飯店（American Colony Hotel）的庭院見面，這間旅館使用淺色的耶路撒冷石建成，位在聖城耶路撒冷的東邊，由已故演員尤斯汀諾夫爵士（Peter Ustinov）的祖父巴倫．尤斯汀諾夫（Baron Ustinov）創立，因為不滿意當時的土耳其客棧，想在耶路撒冷擁有合適的旅館來接待歐美的訪客，因而開了這家飯店。如今這裡是新聞記者、間諜和政治人物見面的場所，大家都是被那華麗的花園以及彼此而吸引過來。

「前不久我見過東尼．布萊爾，」這位狙擊手走過在中央庭園陰涼處品嘗咖啡的食客後說道。她同時擁有英國和以色列的血統，口齒清晰，受過良好教育且似乎屬於自由派，推翻所有我對狙擊手先入為主的觀念。

她的主要工作是在以色列防衛軍中擔任訓練員，曾經開過幾門課，目的要為以色列的每個步兵分隊至少培養出一位狙擊手，「我們會教大家如何計算風、射程，如何處理槍枝故障，這是理論性的課程，但是必須去靶場，並且在城市區和戰場上練習偽裝，」桌上的燭光在她臉上投射出搖曳的光影。

我猜她也教這群士兵如何鎖定「杏桃區」，也就是在脊椎頂端和腦部間的小區域，那裡中槍會使人不經反射動作便倒下，他們稱之為「癱軟式的放鬆」，稱職的訓練員每次都會教大家如何擊中這個點。

狙擊手要接受密集嚴格的訓練，士兵兩兩成對，一位擔任槍手，一位是觀察員，觀察員負責分析距離、天候狀況和風速，將資訊提供給狙擊手，小組要經過幾個月的密集訓練，包括每次要扛起相當於體重六成重量的物品行進超過三十公里，此外他們透過偽裝來培養隱形的能力，要能把敵方狙擊手的位置找出來，並且注意到任何有助於追蹤到目標的蛛絲馬跡，IDF的官方部落格引述一位狙擊手的話，「有時你可能全神貫注了兩小時但什麼也沒發生，然後目標突然出現，而你只有兩秒鐘反應；但我隨時做好準備，因為那些人正把目標對準我、我的朋友以及以色列人民。」

以色列軍隊顯然認知到訓練狙擊手的好處，他們不僅是很好的投資（美國海軍陸戰隊的狙擊手學校有個牌子上寫著，「在越南，用M16每殺一人要花五萬發子彈，狙擊手只需要一點三發，成本差異為兩千三百美元與零點二七美元。」）[59]狙擊手也是心理戰的武器。

這些年來，以色列透過直升機、雄蜂飛彈和菁英部隊培養了精準殺人的技能，狙擊手在交戰中扮演要角，或者是經常被稱的「重點式擊潰」，二〇〇六年十二月十四日，以色列的最高法院判定蓄意殺人是面對恐怖主義時可被接受的自我防衛行為，至於蓄意的程度則有待辯論。根據以色列人權組織「以上帝之形」（B'Tselem）統計，這種「蓄意」殺人的行為，在二〇〇〇年九月至二〇一四年六月間，奪走了四百五十九條巴勒斯坦人命，其中有一百八十人（約百分之三十九）為平民或「沒有參與敵意行為者」。

以色列防衛軍專門訓練狙擊手當然不是新鮮事，狙擊（snipe）這個動詞最先是在一七七〇年代由一群在印度服役的英國士兵想出來的，凡是證明自己厲害到能捕獲沙錐（snipe）這種難以被抓到的鳥，就贏得「狙擊手」（sniper）的稱號。後來英國在一九〇〇年第二次波耳戰爭期間（Second Boer War）組成「高地軍團羅威特偵查軍」（Lovat Scouts），於是狙擊的技能在戰鬥中益發精進[60]，這個單位的軍人最早穿上「吉利服」，偽裝成樹葉叢。

狙擊手真正攫獲世人目光是在二次世界大戰，並且成為今日的政治宣傳利器，這些神槍手成為前線的偶像，他們的存在令敵人不寒而慄，因此德國狙擊手在祖國獲得讚揚，只要證明自己殺死五十人就能獲得高雅的腕表，殺死一百人獲得狩獵步槍，一百五十人就可以和黨衛隊全國領袖海因里希・希姆來（Heinrich Himmler）本人一同進行狩獵旅行。

有些狙擊手因為功績而聲名大噪，最有名的是席摩・海赫（Simo Hayha），他在一九三九年芬蘭與蘇聯的冬季戰爭（Winter War）中，證實在攝氏零下四十度的低溫殺死五百零五名蘇維埃士兵，而且是在短短三個月內，換言之席摩平均每天殺死五人，高明的殺人技術使他獲得「白色死神」的封號，而他的莫辛納甘（Mosin–Nagant）步槍使用鐵製照準器而非瞄準鏡更增

---

59. 據說英國軍隊三百三十位接受訓練的狙擊手中，有一位英國士兵殺過三十九位塔利班人，英國狙擊手在南阿富汗使用的八點五九釐米彈頭，要價約二十英鎊，相較傑夫林（Javelin）反坦克飛彈則要價七萬英鎊。

60. http：//www.theguardian.com/uk/2009/feb/15/army-taliban-sniping。雖然戰爭中狙擊手的技藝在日期上早於網頁內容。美國南北戰爭期間，來自北軍的希拉姆・拜爾登（Hiram Berdan）將軍和南軍的羅伯特・李（Robert E. Lee）將軍，在面對機槍殺人的驚人衝擊後，便都成立了狙擊手的專責單位。

添其傳奇性，因為使用玻璃照準器必須把頭抬高而冒著被敵人看見的風險。61

當然，好萊塢也為狙擊手增添傳奇性與神祕感，《美國狙擊手》（American Sniper）和《搶救雷恩大兵》（Saving Private Ryan）中，百折不撓的美國南方人利用合乎科學的精準性殺敵，二〇〇一年的史詩大作《大敵當前》（Enemy at the Gates）則讚揚俄羅斯狙擊手瓦希里・札伊采夫（Vassili Zaitsev）及其部份杜撰的納粹敵人柯尼希上校（Major Erwin Konig），在史達林格勒戰爭如火如荼之際的過招經過。

類似的英雄崇拜延續至今，Snipercentral.com等網站中詳細記載狙擊手的戰術、步槍規格和瞄準範圍，以及知名狙擊手殺死人數的排行榜。

閱讀這些殺人排行榜，會對狙擊手在現代戰爭的重要角色感到驚訝，這是因為隨著步槍的威力、照門技術和彈道學的改進，狙擊手能在更遠的地方正中目標，二〇〇九年，在英國陸軍皇家騎兵團擔任下士、三十四歲哈里森（Craig Harrison），在阿富汗的赫爾曼德省（Helmand）以驚人的兩千四百七十五公尺長射程，擊斃兩名手持機關槍的塔利班成員，他使用的武器是L115A3長射程步槍，若是在海平面射擊，射程不足以達到這兩名塔利班戰士，但因為他所在高度超過一千五百公尺，當空氣稀薄，步槍射程也變得更遠，在那樣的距離下，每次扣動他的照準鏡，彈頭的彈著點就會偏離約二十五公分，彈頭被發射後先飛行六秒，接著一路下降約一百二十公尺，但無論怎麼看，能將這兩人擊斃確實是技術高超。

這些年來，狙擊手的精準度和致死率之高，以致在戰爭中被認為「不公平」，人們既恐懼又怨恨，二次世界大戰期間在德蘇戰爭擔任狙擊手的賽普・愛勒伯格（Sepp Allerberger），在傳記中詳細描述俄羅斯游擊隊員逮到一名年輕德國狙擊手時的情形，這名年輕人被活活拖進鋸木機裡，他的四肢被鋸子鋸斷，凌虐者「在鋸下他的四肢前先用繩子綑綁」，以免血流的到處都是，賽普發現他時已經死亡，刀片「還在轉動且來到他的肚臍」；又有一次俄羅斯人抓到一名納粹狙擊手攜帶一支狙擊步槍，槍柄上布滿一槓槓的記號，而一槓代表殺死一名俄羅斯人，「他們割下他的睪丸後塞進他的嘴裡，但最恐怖的是他們把他的槍硬塞進他的屁眼，從槍桿一直塞到後照準器。」

聽到狙擊手激起的憤恨，我問面前這位正在喝飲料的訓練員，她在傳授如此黑暗的技術時是否會擔心。

「會的。有時我們會捫心自問，『天哪，我們到底在教什麼？』但我們多半教原則，所有目標都是紙上人物，或許為了不要去思考我們訓練大家要做的事吧。我們也會來點黑色幽默，替每一門課印一件T恤，我還記得其中一件上面寫了一行小字：等你讀完這些，你已經死了。」

61. 但在殺了五百五十人後。海赫的左下顎被一名俄羅斯軍官射中，他沒死，並在一九三九年三月十三日宣布和平之日恢復意識。這場戰爭讓芬蘭損失兩萬兩千八百三十人，俄羅斯損失十二萬六千八百七十五人，後者有超過一百五十萬大軍。一位紅軍的將領事後回憶，「我們贏得兩萬兩千平方英里的領土，剛好夠用來埋葬死者。」

我笑了，但是有些T恤就沒那麼好笑，有一件上面是一名手持武器的巴勒斯坦孕婦被步槍的十字瞄準線瞄準，並且寫著「一屍兩命」；另一件是一名攜帶槍枝的兒童在標靶中央，上面寫著「愈小愈難打」。

但她就像我見到過所有曾經在以色列防衛軍服役過的人一樣，堅信與敵軍交戰有很明確的規定，凡是未經直接命令開槍的士兵，將面臨軍法審判而被關進監牢，此外她對自己教授的東西深信不疑，甚至嫁給一位狙擊手。

他曾經開玩笑地對她說，「妳已經進入我的照準器。」

* * *

第二天我啟程前往西岸，有兩百五十萬巴勒斯坦人和三十五萬猶太人定居，根據大多數國際法的詮釋，在這裡居住被視為不合法，但以色列政府提出反駁並表示支持他們。

在這裡安身立命的猶太人，可說是出了名的武裝齊備，畢竟這群人活在巴勒斯坦人的威脅之下，因此會使用致命武器（無論有沒有理），將巴勒斯坦人趕出這片是非之地，我將前往一個由猶太人主持的軍事訓練營，專門傳授世界各地猶太人反恐技術，我希望藉由此行，對武裝的心態有更深入的了解，因為這樣的心態造就了這場許久以來便開始的衝突。

訓練營的主人稱這裡為「口徑三」（Calibre 3），我一到這裡就聽見怒吼聲響徹雲霄，原來是講師正在進行訓練課程。我沿著組合屋繞行走到門前，進了門後，裡面有一群不滿十歲的猶太裔美國孩子正要結束課程，講師人高馬大，頸子可看到強健的肌肉，他教孩子們如何制止恐怖份子用刀子刺，在他旁邊有個嘴裡塞滿金屬矯正架的十歲男孩，面帶微笑地用海綿做的匕首刺他的母親，這位母親哈哈一笑，接著向我投以恐懼的眼神，因為我不該在課堂上出現，而她並不認識我。敵人就在你身邊。

我來到外頭，拿起一本關於「口徑三」的小冊子。

「我們的經典兩小時授課計畫，」上面寫著，「專為想體驗以色列射擊和戰鬥方法的各年齡觀光客打造。」小冊子上的圖片是幾個理光頭的男子。他們提供訓練的對象為保安人員，以及拜訪母國而想嘗鮮的猶太裔觀光客。

身穿軍服、身材瘦小的艾坦（Eitan）看見我便走了過來，他是這裡的總負責人，告訴我各地猶太人來到這裡的盛況，有些人一待就是一個月，他用濃重的希伯來捲舌音說，他們在這裡的期間學習狙擊術，訓練手槍射擊以及操縱步槍，基本目標是教導他們「只對壞人開槍，不對好人開槍」。

「你來，」他說，於是我們走過角落，經過一排排土堆，上面覆蓋用來偽裝的叢林和油桶，接著進入一座狹窄的靶場，一旁有十四位觀光客，全都來自美國，大多身穿白色T恤。盡頭是紙標靶，一個標靶是以色列士兵，另一個是頭戴紅色阿拉伯頭巾的男子，兩個圖片上的人都手持半自動步槍，但誰是好人、誰是壞人，顯然很清楚。

「從我的角度來看，武器是用來殺人的，」講師大聲說，他有如一堵磚牆，手臂到脖子刺滿泰拳的刺青。

「武器不是用來防衛，而是用來殺人，如果我想自我防衛，我會穿上防彈背心、戴上頭盔，但我用這個，」他舉起烏茲衝鋒槍，說道，「這是用來殺人的武器。」

「我上一次聽見『殺手』，」他對著睜大眼睛盯著自己的觀光客大聲說，「我的心裡充滿驕傲，」我看不出戴著太陽眼鏡的他是不是在開玩笑，我假設不是。「因為這殺手會殺恐怖份子，」他說。他絕不是鬧著玩的。

美國人喜歡這一套。他問這群人誰是恐怖份子時，一名八歲綁馬尾、身穿綠色小可愛的女孩舉手。

「是阿拉伯人嗎？」她說。

他裝作沒聽到。「我並不反巴勒斯坦人，」他大聲叫道。「我是反對恐怖份子，而這裡所有的恐怖份子都是巴勒斯坦人。」

這堂課的內容建立在恐懼上，用各種方式證明其正當性。他把他的步槍稱為「惡魔」，接著抽出一把沒有上膛的手槍，單手用槍瞄準前排一名男子。這名男子將身子坐低了些。

「如果現在我開槍，會殺死誰？」

「喬伊！」女孩大聲說道。她放下舉起的手，指著她的兄弟。

「錯！」男子大叫。「我不會殺死喬伊，而是他隔壁的那位，懂嗎？我一扣板機，手槍會往左偏！」

喬伊隔壁的人顯得有點不安。

「但是如果我像這樣站著，」他雙腿分開，雙手握著手槍大聲說，「結果呢？我會射中誰？」他的前臂肌不斷抽動。

「喬伊！」女孩又大聲回答，馬尾晃啊晃。

「對了！」講師大叫。「我會殺死喬伊。」

喬伊露出難過的表情。

課程像這樣繼續進行了一陣子，他大聲說到關於「從近距離對著臉部送上致命的一槍」，以及一顆彈頭如何依序穿過六個人而將他們通通殺死。他嘶吼著說，他是根據行為而不是外表來判斷恐怖份子，接著他瞄準戴頭巾的那個標靶連開六槍，子彈全都集中在這個阿拉伯人的前額，他稱恐怖份子「王八蛋」，你會知道他以前殺過。

課堂上的氣氛沸騰，而槍只是火上加油，槍讓對話變得不可能，無論訓練員吼些什麼，槍似乎把每件事簡化成殺人或是被殺，讓人產生恐懼。另一名眼神哀傷而嚴厲的男子向我走來，他是南非籍的講師史帝夫．蓋爾（Steve Gar），在以色列定居且深愛他的第二家園，史帝夫可以說是一手拿槍、一手拿著摩西五書（Torah），他只差一次考試就能成為拉比，成年後的人生一半在宗教信仰另一半在軍隊，他具備堅強的信念和令人信服的力量。

他不喜歡西岸的舊稱。「我為什麼要用約旦河以西來定義以色列？」他問。「那是種族主義。」

他痛恨過去他住的地方被稱為定居地，那是國際上被普遍承認為巴勒斯坦領土的地方，當他說到巴勒斯坦人有多痛恨居住在他們孤立城鎮的猶太人時，聲音也隨著憤怒而大聲起來。在我們眼前是由碎岩石和矮樹叢形成的山谷，數千年來人煙罕至，土地乾涸到能吸乾一千支軍隊的血，我放眼望去，不知道這遍布石頭的土地究竟是怎麼激起如此狂熱。

但那是一種要命的狂熱。他告訴我，他身為反恐小組領導者，職責是保護生活在約旦河西岸的猶太人，而他曾經參與過至少六次的恐怖攻擊事件。我的理解是他一次又一次地殺過人，但他拒絕表示意見。

「我們有兩項任務，一是保護猶太人的生活，第二是保護猶太的生活方式，他們建造鐵穹防禦系統（Iron Dome），代表一百萬支火箭中有一支會殺死這裡的人，」他指得是保護以色列人不受飛彈攻擊的空中防衛系統，「所以我不擔心猶太人失去生命，我擔心的是猶太人的生活方式受到傷害，因為如果我們向他們屈服，就是讓他們來傷害我們的心靈和心理，我希望我的孩子們能夠活下去……我不怪恐怖份子殺死我們的孩子，但我怪他們把我們的孩子變成殺手。」

「我們逃了好幾千年，」他的眼眶因激動而泛淚光，「但是當你看猶太教，會知道有個地方是安全的，那就是上帝應許給我們的地方，以色列。」

不過，我跟許多猶太人聊過，他們對於這種「過度激情」的態度深表不安，二〇〇八年，以色列的檢察官發現，在以色列人以及以色列軍隊對抗巴勒斯坦人的五百一十五件暴行中，五百零二件是由占領區的右翼猶太移居者犯下的。

或許這就是以色列的悲劇。威脅猶太文化的不是巴勒斯坦人的槍，而是他們自己。有人說，「中東唯一的民主已經成了連續幾任右翼政府的犧牲品，後者利用俄羅斯流亡者和極端份子的宗教黨來贏得選票。」目前以色列右翼政府的心態，是認為所有爭端只能靠槍桿子贏得勝利。

二〇一二年，有個以色列的拍片小組製作一齣名叫《守門員》（The Gatekeepers）的紀錄片，內容是關於加薩走廊和約旦河西岸的占領，他們設法訪談到六位以色列國家安全局的前局長，每位都敘述他們過去為了維持以色列在此區的占領地位、以及摧毀占領區的異議份子，而實施了嚴厲政策。大部份的人都認為類似的專制策略不具建設性，有一位表示，「我們無論對自己和對別人都很嚴厲，但主要還是對被占領的那些人，而且是以反恐戰爭為藉口。」

槍桿子絕對出不了民主，但史帝夫已經陷入當局者迷，這裡的每件事都充斥一種激進的瘋狂，而槍已經成為討論事情的唯一途徑。

他跟我說的趣聞恰好應證這點。他說他曾經將一把沒有上膛的步槍跟一台錄影機放在他幼兒的臥室，拍攝小孩在槍邊遊玩的情形達兩小時，看孩子會不會碰槍，史帝夫說這個小男生沒有碰，於是他擁抱他的兒子，跟他說沒有碰槍是多麼令爸爸驕傲，而當史帝夫告訴我如何從遠距離擊中胸部，接著近距離用手槍在前額上來一記慈悲之擊後，我想只要像這樣的人手上握有槍枝，以色列將永無寧日，因為殺人者人恆殺之，一定會有人想把他們幹掉。

想著想著，我前往採訪故事的另一面，聽聽巴勒斯坦人怎麼說。

＊　＊　＊

在那天之前，一群巴勒斯坦年輕人，最年輕的年僅十四歲，在伯利恆鎮的約旦河西岸，對著不動如山的牆面扔石塊，其中一位年輕人對數英里外的加薩走廊死亡慘重感到難過，於是引燃一枚摩洛托夫燃燒彈（Molotov cocktail），將它塞進一處金屬通道的小出入口，以色列軍隊開槍報復，而一名沒有扔土製炸彈的男孩中槍。

我對這件事的了解僅只於此，於是跟著翻譯來到位在伯利恆的醫學中心阿爾胡笙（Al Hussain）醫院，想了解以色列狙擊手對巴勒斯坦人的影響。

我們來到這棟簡樸且略顯陳舊的建築物，爬上汙漬斑斑的樓梯來到四樓，有志成為律師的十六歲學生庫賽．巴斯馬（Qusai Ibrahim Abu Basma）正在療養槍傷。

庫賽長相英俊，有一雙深色的眼珠，和這裡的許多男孩一樣，他的T恤上用大寫英文字寫著「開始」、「中間」、「結束」。他跟我握手時，我低頭看見深色血漬從他綁著繃帶的腳滲出來，不知道受傷對他來說究竟是災難的開始，還是結束。

子彈射穿右腿將韌帶截斷，也毀了他的脛骨，他的父親不多話，神情落寞地坐在角落。他給我看的X光片，述說的是與包紮整齊的白紗布截然不同的故事，片子上看到的是可能跛腳以及差一點就動脈出血，男孩的母親裹著頭巾在一旁看，我問庫賽是否後悔抗議，挨這槍到底值不值得。

「我們什麼都不能做，」他的臉部輪廓在窗邊的光線下浮現，「他們有槍，我們只有石塊，」他說他想殺以色列人，但他弄不到槍。「我中彈是因為我最晚離開，我只是扔石頭。」

當你遇到一個孩子因為對著牆壁扔石塊而被槍傷，很難沒有感覺。無論以色列如何夸夸其談地說著炸彈以及生活在恐怖中，卻不等於他們可以讓一個體重頂多四十公斤的男孩變成殘廢。

我在想，如果是英國或法國士兵在歐洲射傷這名男孩，結果會怎樣。結果可能會有一場軍法審判，被判監禁以及各種麻煩事，但這事件已經發生了一天，卻不見報紙報導。

接著男孩告訴我，他不是班上唯一中槍的，另一位同學被槍殺身亡，我們談了一會兒便互相道別，我回到汙漬可見的走廊。我們上了車後，前去和一位男孩的父親見面，我們經過天堂飯店（Paradise Hotel）和希律王禮品店（Herodian Store），這時聞到空氣中殘餘一股惡臭，原來是以色列人用來驅散群眾的惡臭化學物，我不曉得這地方究竟離天堂多遠。

車子在一排壁畫旁邊暫停。有些班克斯風格的塗鴉，畫著頭戴阿拉伯頭巾的婦女背著半自動手槍，或者眼神滄桑的美麗婦女手持AK47步槍，但這是不同的。

在畫著五名足球員的粗糙壁畫旁，有一行字寫著：「第三十一條，每位兒童有權休息與休閒，從事與年齡相符的玩耍和娛樂活動。」這行字是好幾年前為了紀念巴勒斯坦兒童周而寫下。一年半前，距這裡不遠處有名男孩去練習踢足球，途中發生「滋擾事件」，或許他是在扔石塊，或許更糟也說不定，總之一名以色列狙擊手在這面寫著男孩有玩耍權利的壁畫前將他擊斃，而以色列軍方卻沒有探究他為何被槍殺，因此我們所知也就這些。

某人權團體列出二〇一二至二〇一四年間，共有五十四名未滿十八歲的未成年人在占領區被殺，上述那男孩只是其一，這還不包括被以色列空襲加薩走廊而死的孩童，那名男孩於二〇一三年一月二十三日死亡，他的名字叫做撒雷·阿瑪琳（Saleh Ahmad Suliman al-'Amarin），當時十五歲。

* * *

在狙擊手的子彈尚未使撒雷家破人亡之前，他住在一處建造許久的阿拉札（al-Aza）難民營，屋外有男孩的相片，這一帶的人將他的死視為殉道，「活要活的自由，死也要死的像樹一樣挺立，」一面旗子上寫著這句阿拉伯的古老諺語。

我的翻譯按了門鈴，過一會兒男孩的父親出來迎接我們，他的身材瘦削，臉上布滿皺紋。他請我們進去，領我們來到頂樓一個安靜的房間，裡面有寶藍色的巴洛克式沙發以及兒子的紀念物。

「他曾經是我的一切，是這個家的未來和幸福。」他坐在厚重的錦織椅子上說道。「你無法想像。他是我唯一的孩子，而現在他卻死了。」在他頭頂是一張孩子俯視的照片。

他停頓一會兒整理心情，接著談到撒雷生活中不為人知的細節，他的足球踢得多麼好，還有個義大利的社團曾考慮讓他在學會工讀，他說他的兒子人緣極佳，這位父親因為兒子生前的交遊廣闊與受歡迎的程度而感到不好意思。

接著他又說到他的獨生子頭部中彈，但四天後才死亡。「我希望……我希望他有一把機關槍，」這位父親說。「總有一天，所有巴勒斯坦人會起而報復。」

或許是感受到我對這些災難的預言沒有做出如他預期的回應，於是他話鋒一轉，「我們並不認為所有以色列人都是罪人，在伯利恆槍殺我兒子的那個猶太人，和另一個在特拉維夫的猶太人是不同的人，我不能要那個在特拉維夫的猶太人去死。我們並不反對以色列人，我們反對的是占領這裡的錫安教派。他們奪走我們的土地，我們的自由，我們的喜悅。」

聽著他的憤怒，經過半小時後我們不得不告辭，因為他再度被悲傷淹沒，沒什麼可以問一個萬念俱灰的人，只能夠記錄。

無論在這裡或是在整個巴勒斯坦，槍只是加重痛苦的折磨，一千個兒子失去生命，代表一千個父親的幸福結束，悲傷的事永無止盡地重演。

即使父親必須把步槍放在兒子的床上看他們會不會去碰，狙擊手身穿孕婦進入十字照準器的T恤，兒童被教導要瞄準恐怖份子的前額射擊，然而以色列依然活在槍的暴政下。

這些都是鐵一般的事實。對我而言，全世界最軍事化的國家，卻有極大的潛力、才能和溫暖，好比在空襲警報中，特拉維夫某市場的一間店主人請我進店裡，端出檸檬蛋糕和冰水，為頭頂的炸彈向我道歉，好像那是她的錯似的。這樣的時刻讓我更深入看到以色列的性格特質，以及他們與自己的國家之間錯綜複雜的關係，和困擾著國家的衝突戰爭。

但是，以色列也是最瘋狂、最悲傷的國家，更是我所到過的地方當中，前途最淒涼的，槍在所有無邊無際的悲劇中扮演最重要的角色，這樣的想法始終纏繞著我。

* * *

戰爭和悲劇是醜陋的哥倆好，某方面來說，新聞記者的生命中處處有戰爭與悲劇的痕跡，彷彿像排隊欣賞怪人秀的觀光客般地被它們吸引，而當這場秀牽涉兒童就再怪異不過，儘管我曾看過大批槍枝、也被槍射中，並見過狙擊手和受害者，近距離看到防衛與攻擊的醜陋面貌，但最令我難過是在見到兒童兵的時候。

一次是在二〇一二年夏天，我來到西非，當時我在連接賴比瑞亞首都蒙羅維亞（Monrovia）和柏米郡（Bomi）農園的主幹道上，要去看槍枝對當地兒童的影響，也是我工作的「對武器暴力採取行動」（Action on Armed Violence）在西非發起康復計畫的一部份。

十年前，這條樹木蓊鬱的道路，見證過非洲頻繁殘忍鬥爭中的典型景象——小孩拎大槍。在那場衝突結束後，過去的兒童鬥士們放下武器，接受我們的農耕訓練，對於經歷多年戰爭而麻木的男女來說，這是有用的一技之長。

土路上不時出現的坑洞令車子顛簸，司機摩斯用著比換檔還要大的聲音，跟我說賴比瑞亞最好吃的早餐是什麼，他大力推薦用辣胡椒湯作為一天的正式開始，製作簡單快速，而且讓嘴巴刺痛到午餐都不覺得餓。基於摩斯多年來忍受賴比瑞亞內戰為這片土地帶來的饑荒，就不難理解他這麼建議的理由。

在銘黃色的層積雲下開車兩小時後，道路一分為二，車子轉進通往農園的紅土路，離開大路後，綠油油的景色變成一片癱倒的樹木、殘枝敗葉和被踐踏摧殘的土壤構成的破碎土地，樹林被開墾砍伐，男人站在陰影下，對著沒有被中國製怪手鏟掉的幼枝揮動砍刀，這是一片很難搞的叢林。

車子爬上山丘，樹木間形成的峽谷俯視一條光滑的銀色緞帶，涓細的河中有五名光溜溜的男孩子在陰影中濺起水花，前方隱約出現白色的光影，那是灌木叢中的屋子。這裡是村落的起點，樹蔭四周有三三兩兩低矮的小屋，身材豐滿的婦女坐在兩房小屋前的狹窄門廊，將食物放進黑漆漆正在冒泡的鍋子裡，一面緩緩將木炭送進鍋子底下的火焰中。

我一下車，就聽見孩子在嚎啕大哭，其他人則是哈哈大笑，「他怕你，白人。」其中一位說。而當他從啼哭變為杏眼圓瞪的恐懼，鼻涕像牡蠣般流下來，這時他們又笑了。

等一切就緒，訪談緩緩開始。「大概會說那些歐洲人想聽的，」我這麼想。不出所料，他們的回答簡短而且小心，但隨著時間過去，交談也變得輕鬆起來。

食物來了。淋上棕色醬汁的多刺魚，擺在白色的鍋子裡被端上桌，鍋子的邊緣刻了丁香葉的花樣。剛才跟我說話的五個孩子專心吃了起來，他們當過兒童兵，後來在橡膠園工作。他們把湯匙伸進黏糊糊的食物中，非常專注地吃著，一粒粒鍋巴沾在嘴角，更多米飯掉在地上而成了雞的食物。我們身後有一群孩子，其中一位手持細長的棍棒在林子的邊緣亂砍，其他孩子也有樣學樣。咻咻咻，小男孩，尖銳的棍棒，一顆顆的乳牙。

吃飽喝足，跟我同坐在樹蔭下的四男一女便開始談起戰爭。某種意義上，戰爭本身亦即鬥爭的理由並不重要，我認為重要的是理解究竟為什麼會把槍交到孩子手上。

接著那名女子談了起來，而這次見面的性質也跟著改變。年約二十五歲，身材苗條的她，在右脛骨上有個橘子大小的白色傷疤，那是叛軍來到她的村子亂槍掃射，她蜷縮在自家小屋地上時，大腿被子彈穿透而受的傷。

她父親將她抱起帶進茂密的叢林中，但是叛軍搶先一步將他們攔住，並將目標轉向她父親，指控他替敵人打仗。那些持槍男子將她推倒，但沒有讓這對父女逃跑，而是盡其所能做出變態行徑，他們強迫這位父親用頭扛起不可能的重量，但他扛不動他們要他搬運的好幾袋武器，於是他們就在這位正在淌血的女兒面前，用AK47對著父親後腦開了一槍將他擊斃，接著叛軍將她制伏，之後發生的事，她沒有說。

但她倒是解釋是在什麼情況下，跟這裡的其他人一樣被迫成為了兒童兵，因為賴比瑞亞叛軍一直在這麼做。叛軍的領導者了解，AK47在十歲孩子手上跟在成人手上同樣具殺傷力，孩子的食量比大人少，也不會要求同樣的酬勞，假如真的會給酬勞的話。此外，孩子比較容易被洗腦，對危險的感覺也不如成人敏銳，配上槍後就能從事非常、非常恐怖的活動。

接著她說到另一個故事。幾天後，這些兒童兵抓到另一名身材壯碩的男子，他們將男子帶到她面前，當著男子的面對她說他看起來「油滋滋的」，用他身上的脂肪可以做一頓大餐。男子哀求饒命，但兒童兵們還是將他大卸八塊，在他不斷尖叫之際硬生生將他的皮剝下，直到其中一名年輕人肯定是良心發現而對著他的腦袋給了一槍。接著叛軍命令她把他剖開，取出心臟後煮湯給他們喝。

於是她又切又煮，一大早就完成了這道燉湯，叛軍醒來後擠在鍋子四周，他們相信吃這名男子的心臟能夠使他們成為更堅強的鬥士，為他們帶來「叢林的奇蹟」，意思是交火時子彈會轉彎。但叛軍怕被下毒，於是強迫女孩吃下碗中的食物後，他們再飽食一頓。

我把魚撥到碗邊，其他人則靜靜坐著聽，接著他們開始說話，他們也看過類似的事。一位孕婦在接近路上的檢查哨時，被兩名手持AK 47的兒童兵擋住，他們為了腹中胎兒的性別而吵了起來，為了解決爭端，於是拿起一把刀朝向她的肚子而真相大白。

有名男孩用手槍擊斃婦女後，將乾掉的乳房和生殖器配戴在身上，他用這些乾巴巴的護身符作為裝飾，以保護自己不受傷害。

還有人曾經喝被殺兒童的血來增強自己的力量。

我曾聽過諸如此類的事，恐怖的故事無上限，我在賴比瑞亞、菲律賓、哥倫比亞、索馬利亞和莫三鼻克都遇過兒童兵，他們只是今日全世界約二十五萬兒童兵中的幾位，自有戰爭就有他們的存在[62]，而他們也經常訴說相同充滿磨難的故事。

在賴比瑞亞的大樹遮蔭下，這些小時候殺過人的大人們暢談到下午天氣逐漸變涼，他們述說讓孩子當士兵，把槍交到這群尚未成熟的人手上，結果會是怎樣。戰爭淪為蒼蠅王的地獄，這是一個積存骨骸的地方，未成熟的道德觀充滿獸性，未經思索便做出所有致他人於死地的行為。

他們的故事如此黑暗，我的心裡忽然閃現一絲懷疑。我不禁想問，他們是不是開始捏造些事情來嚇唬我，但在回程的路上，摩斯用平靜的聲音告訴我，他們所說的，只是躲進叢林深處前幾年間發生的九牛一毛。

「他們是拿著槍桿的孩子，」他說。接著他問我喜不喜歡那頓午餐。

62. 利用兒童兵的行為在現代戰爭留下汙點。年僅十歲的男孩被赤棉利用；獅子山國的暴動參與者有一半是孩子；在烏干達，約瑟夫·柯尼的聖主抵抗軍至少誘拐兩萬名兒童成為戰士或性奴隸。近年來利用兒童打仗的國家多不勝數，有蒲隆地、阿富汗、中非共和國、緬甸、印度、伊朗、伊拉克、巴勒斯坦、黎巴嫩、尼泊爾、菲律賓、斯里蘭卡、敘利亞、泰國、玻利維亞、哥倫比亞。就連美國陸軍都承認曾在二〇〇三至二〇〇四年，派遣約六十名十七歲的青少年前往伊拉克和阿富汗。

第四部 擁槍的愉悅

槍賦予人威權的優勢，而且是無法僅憑腦袋贏得的威權。
光憑一把槍就能在所有爭論中獲勝，
把「無名小卒」提升為「男人」。
難怪這麼多男人愛它們。

Chapter 09

平民

射擊的樂趣↓柬埔寨↓在金邊和選美皇后一起用AK47射擊↓美國的槍枝主人↓在美國中西部與一位槍手見面↓射擊運動的演進↓北上冰島，一個擁有許多槍但很少殺人案的地方↓在火山下遇到一位射擊運動員↓了解透過懲罰獲得寧靜的文化↓英國伯明罕稀少的槍枝收藏家

槍帶給人樂趣，這點我不懷疑。只要以對的方式並且用在對的地方，槍就能帶來很大的滿足和愉悅，至於「對的地方和對的方式」，我是指在不威脅他人的情況下，以受控且安全的方式。

當然，這些浮士德式的附帶條款引起一連串激烈的辯論，人永遠在爭論何謂「控制」、什麼叫「安全」、誰受到威脅，許多人自認在「掌控中」，以為自己是安全的，他們會說，哪個蠻橫暴虐的政府，有權力主張人民不能保護自己？

撇開公民自由不談，我必須考慮槍及其在運動、娛樂和自衛等方面的非致命性用途，不管怎麼說，二〇〇七年全世界約八億七千五百萬支槍中，有四分之三為私人擁有。

當然，百姓持有的槍枝數隨國家而不同，從葉門每兩人有一支槍，到南韓或迦納每一百人

不到一支。但整體來說，平民的擁槍數多到令人憂心，印度有大約四千六百萬的私有槍枝，中國四千萬，德國兩千五百萬。

照往例拔得頭籌的美國，幾乎人手一槍，如果除掉印度、中國和德國，美國人民擁有的兩億七千萬支槍，比其他國家擁有的槍枝總數還多，難怪美國的槍枝擁護者會以軍隊自居。

但是，這些數據也跟所有和槍有關的東西一樣不可靠，全世界有數百萬私有的小型武器從沒向主管單位登記，許多槍雖然有登記，但可能老早鏽蝕或被竊，如果某國的電影業有一把閒置無用的槍，可能還是需要登記為可使用的槍枝後才能出口到另一國。相反地，英國有些空氣手槍也算在手槍的清查範圍內。

然而不變的是，一旦槍被用在運動和嗜好上，就會引來一群同好者，因此我想探討的是聚在一起射擊但不濺血的擁槍者與射擊者、將射擊當作社交活動的人、為了安心而持有槍枝的人，以及少數幾位花大錢到各處蒐羅各種槍枝的人。

除了以上幾種人之外，最吸引我的是純為享樂而射擊的人。

＊　＊　＊

柬埔寨小姐一如約定穿著新娘禮服現身，做好射擊的準備。她接下AK47，把槍托舉到與蓋了厚粉底的臉一樣高，接著身體前傾，扣下扳機。尖銳的聲響後，靶場盡頭的標靶輪廓外緣有個子彈痕跡。這一槍肯定使對方受傷，致命都有可能，總之你就知道以後不能去惹手持半自動手槍的選美皇后了。

時間是二〇〇一年，我正在亞洲各處拍攝冒險的系列影片，柬埔寨是第一站，節目主持人是在FHM工作的記者，他曾經吃過油炸蜘蛛，接受過「拔罐」這種傳統療法，也參加過水牛賽跑，現在他的挑戰是要在射擊比賽中打敗柬埔寨小姐，於是我們來到柬埔寨皇家武裝部隊（Royal Cambodian Armed Forces）的七十旅總部（70 Brigade Headquarters），也是這個國家中，唯一對外開放的付費式打靶場[63]。這算不上是困難的新聞工作。

那天下午熱得發慌，車子駛離首都金邊在法國殖民期間建造的美麗巷道，穿過千篇一律的稻田和乾涸的玉米田，直到耳邊傳來卡拉什尼可夫的招牌粗嘎聲響，那聲音劃破飽和的空氣，在叢林的邊界迴響。

其他訪客都是澳洲、德國、美國、英國的白人觀光客。當時流行將打靶場和赤棉S21集中營（Khmer Rouge-era S21）納入行程，於是這群旅客一大清早就被帶到以前波帕（Pol Pot）審訊犯人的中心，那裡曾經是三層樓高的普通學校，以露台的步道和彎腰的棕櫚樹掩飾不為人知的過往，觀光客聚精會神盯著褪色相片，相片中都是被種族滅絕殺死的人們，接著在一間間被恐懼占滿的房間裡，拍下醜陋的金屬刑求床。

之後，車子將西方觀光客載到首都近郊的瓊邑克果園（Choeung Ek），成千上萬的柬埔寨知識菁英、教師、醫師和新聞記者被帶去當時的濕泥灘，從此這裡成為世人所知的「屠殺場」，柬埔寨的意見領袖們後腦被AK47的子彈射中死亡。

目睹恐怖的景象後，觀光客接著會來到這處靶場打靶。花四十美元可以用AK47發射三十發子彈，七十美元可以用美軍在越南的首選機關槍M60射擊，還有其他套裝方案滿足更極端的品味，而且只要花三百五十美元，就會有士兵開車載你往東三十公里來到磅士卑省（Kampong Speu）的農園，他們會把一枚B40火箭推進榴彈的發射台吊起，放在你的肩膀上，若是多花兩百美元就可以射擊活牛。如果在這裡只需要花十美元就能嫖到十二歲的雛妓，租你一支槍把動物炸得稀巴爛也就不足為奇。

不過，由於我們一心想了解槍的事，於是掏出一美元在這死氣沉沉的空軍靶場排隊等著打靶。幾隻狗在外頭吠，指導人員在蒼蠅飛舞的吊床上無聊地伸展身子或在水池裡推擠，在午後的高溫下，柬埔寨小姐薩摩妮（Samoni）再度舉起步槍。

在她身後的高處是個空降部隊的徽章，徽章上有個令人不快的骷髏頭，上面寫著，「惹到高手，就會跟其他人一樣死掉，」我猜是越戰期間的諺語。她一槍接著一槍發射，傘兵的射擊教練叫她身體靠著槍以因應反作用力，但薩摩妮已經不是第一回射擊，隨著攝影機轉動，她的子彈使靶場的火紅土地產生微幅爆裂，塗滿口紅的嘴唇露出微笑。

拍攝這位選美皇后以純熟手法卸下卡在槍靶上的半自動槍彈匣條不僅極具娛樂效果，也讓我們對內戰的恐怖有了初步認識。片子要拍的有趣，觀眾才願意看，拍攝成山的頭蓋骨很難有

63. 二〇〇五年實施一項控管武器使用的法律，明訂只有內政部和國防部可以在柬埔寨開設槍枝靶場。

高收視，用這種方式拍攝，才能讓兩億人觀看大屠殺和慘狀的真相。

槍是述說故事的一種方式，赤棉的暴行導致一九七五至一九七九年間有近兩百萬名同胞死亡，而且很多人死在中國和俄羅斯供應的步槍下，武裝戰士裹著格子布頭巾和共產主義的意識形態，像病毒般從叢林一路擴散到農村，再進入熱鬧城市的外圍郊區，直到整個國家落入他們的控制為止。

這些人不僅對權力感興趣，他們想要的，是透過槍製造新的社會。於是，他們以扭曲的平均地權理想來搗毀過去一切，子彈治國也造成無數多人的死亡。

當時槍無所不在，不用來到這處軍事靶場就可以射擊，一九九八年以前，擁有高速武器是合法的，因此柬埔寨有三分之一的家戶擁槍；後來赤棉終於垮台，新政府意識到革命留下的武器會使犯罪暴力加劇，於是實施更嚴厲的槍枝法律和大規模買回計畫，不到十六年銷毀超過十八萬件武器。根據當地的英文報紙《金邊郵報》（*Phnom Penh Post*）報導，一九九四年槍枝造成的暴力事件占了八成，到十年後僅占百分之三十。

所以你才必須來靶場射擊。但是，跟柬埔寨的選美皇后一起射擊不僅是娛樂，在那當下還存在一個奇怪的事實：即使槍曾被用來遂行種族屠殺，但它很快就變身為觀光客的娛樂工具。槍一旦到了陌生人手裡，立刻從令人害怕的東西，變成人們想要的東西。

柬埔寨人不會來這裡射擊，只有觀光客才會來這裡，用烏茲、格洛克手槍和湯普森機關槍射擊，順便參觀殖民地居民和顛覆革命的遺跡。這些槍帶給外國人的樂趣，不會因為它們幹過的事而稍減。

我知道原因。因為我也曾經沉浸在槍帶來的愉悅中，就是這樣。我曾經擔任一個小型槍枝俱樂部的會長，那是在一棟搖搖欲墜的鄉間小木屋，裡面有幾噸的沙，我們會在夏季來到這裡，發射點二二凸緣式底火子彈。我十幾歲就學會發射手槍，也用步槍瞄準目標，被訓練能在幾秒內拆開通用型機關槍，青少年時期有一段短暫的時間，我甚至會購買《槍與軍火》（*Guns and Ammo*）之類的雜誌；後來我在太平洋孤島的航道上看見有人在船上被槍擊，情況就變了，槍不再有魅力，它奪走了美好的部份，在槍殺的恐怖瞬間，我也從享受槍帶來的樂趣，轉而檢視槍帶給他人的傷害。

然而，對許多人來說，他們對槍的觀點決不會因為類似理由而稍有改變，對他們來說，槍幾乎成了生活的一部份。

*　*　*

「紀律嚴明的民兵是維護自由國家的安全所必須，人民持有並攜帶武器的權利不容侵犯。」

這些字構成第二條修正案，美國憲法上賦予人民攜帶武器的權利。對許多人而言，身為美國人最重要的意義也在此。這個條文造成的影響可能大過當初的立法意旨，且造就了一個槍滿為患的國家，二〇一二年國會報告發現，美國有大約三億一千萬支槍[64]，當然不是每個美國人都有槍，約三分之二的槍是由僅僅百分之二十的槍枝擁有者所有[65]，但在這自由的國度中，消費者的邏輯把「持有槍枝」發揮到極致。在美國法律下，槍枝販賣者會先上全國即時犯罪背景檢查系統（National Instant Criminal Background Check System）來確認某人能否買槍，數據顯示一九九八至二〇一二年十一月間，該系統收到近一億五千七百萬份購買槍支的申請。

憲法第二條修正案也使美國文化充斥著槍，槍在某些州已經成為文化的一部份，法律甚至允許人民攜槍進入教堂或大學校園，還有法律明定，在喝醉時基於自衛而對他人開槍得免除其刑責，有些地方的法律甚至容許賣槍給十四歲的青少年。

攜帶槍枝的權利也受到強而有力的捍衛，最輕微的槍枝管制——例如提議做背景檢查——都被視為等同替君主專制鋪路的侵權行為，因為理論上暴君的首要之務是奪走反對者的槍，當密蘇里州的共和黨籍議員——想將某議員因提案槍枝管制法視為重罪，他的意見並沒有被嗤之以鼻，我是說真的；而當喬治亞州尼爾森市的市議會試圖通過一項法律，使「不擁有」槍枝成為違法行為，許多人的反應是支持，而不是驚嚇得不知所措。

一開始，我跟許多歐洲人一樣不明白這類事情，我覺得嘲笑美國對槍枝的喜愛是容易的，但後來我行遍這片廣闊又複雜的土地，去過小餐館乃至會議室聽數十位槍枝擁有者的說法後，我從他們口中了解到一件重大事實，那就是要了解美國人民為何要擁槍，必須先承認歷史與暴力在美國人心中的沉重包袱。

一七四六年，英國的重型槍砲在知名的卡洛登戰役（Culloden）中摧毀英俊王子查理（Bonnie Price Charlie）的君權，成為蘇格蘭後世子孫心中永遠的痛，許多人因為戰敗離開英國，賽爾提克人（Celtic）的大量出走，造就美國一些令人感傷的小鎮名，例如紐約的伯斯（Perth）或馬里蘭州的亞伯丁（Aberdeen），這些被蘇格蘭花呢包裹的城鎮，也將堅壁清野的創傷記憶和英國的暴君專政統治一併帶到美國。

這些記憶在美國文化的演進中扮演重要角色，特別是在南部各州，這裡的人以獨立精神作為核心信條，主張以懲兇罰惡來討公道，並且打從心底不相信國家的干涉，而這一切都成為今日美國喜愛槍枝的愛國者典型。

至少對我而言，這種傳承下來的思想，部份說明了為什麼美國人讓四十四州透過某種形式的法律，來容許槍枝擁有者夾帶武器，以及為什麼佛羅里達州率先批准不退讓法（Stand Your Ground Law），明定在遭遇攻擊時使用致命性武器可免除罪刑，之後二十三州跟進。

此外我也明白，為什麼有兩千多萬的美國人以射擊作為娛樂，以及每年花大約九十九億美

---

64. http：//www.fas.org/sgp/crs/misc/RL32842.pdf。根據這個網頁計算出一億一千四百萬支手槍、一億一千萬支步槍、八千六百萬支霰彈槍。槍枝擁有數量次高的國家葉門則少很多，每一百人約五十五支槍械。光譜的另一端是日本，每一百人不到一支槍。

65. http：//www.ncbi.nlm.nih.ogv/pmc/articles/PMC2610545。簡單來說，如此龐大的數字來自阿拉巴馬州的那個人，他在地下室儲存了十四支手槍、十二支步槍以及十九支霰彈槍，才會把數字拉大。

元在這項嗜好上，也就是每位射擊者花費近五百美元。為何美國各地的男男女女會專門為槍枝成立小型俱樂部和社團，同好者聚集在亞利桑那州的大沙地打靶場（Big Sandy Shoot），也是全世界最大的戶外射擊聚集地，他們每年兩次在全長零點二五英里、布滿石頭的靶場發射步槍和機關槍，靶場中有一千多個標靶，有些標靶沿著靶場快速移動，有些在被擊中時爆出火光，周末結束時，總共發射三百五十萬發子彈，大量被毀損的標靶遍布在亞利桑那的土地上，槍手們收拾好行囊，回去過他們的生活。

還有些熱愛狙擊的平民會加入每天兩百二十美元的訓練課程，這類課程相當受歡迎，某間美國公司甚至賣出兩萬多把專為平民改良的RC50，這種每支要價五千美元的步槍，能夠從一英里遠處射穿裝甲車輛。

還有些人射擊是基於意識形態，想幫美國重新走上贖罪的道路，至少「蘋果核計畫」（Project Appleseed）的人是這麼認為，他們每個周末都花時間在步槍射擊的歷史傳統上，使用黑色火藥步槍和古老的狙擊技術，他們聚集在偏遠的樹叢和隱蔽的林地，堅信用手上的槍能恢復國家信心，並激起「倫理」、「紀律」、「社會共同體」等美國的偉大理想。

還有一群人聚在一起不光是射擊，他們還要盛裝、製作美食並且享樂，這個社團最令我感興趣，因為他們的活動似乎是愉悅多過武力，正因為美國有這麼多種不同的社群，於是我選中一群人，他們一方面藉由槍獲得樂趣，也為美國文獻中根深柢固的真理做了最佳寫照，他們是「草根神槍牛仔」（rooting shooting cowboy）。

* * *

布萊德・梅爾斯（Brad L. Meyers）喜歡人家叫他「快槍俠」，這麼叫他的話，他整個臉都會亮起來。這個密西根出生的南加州人在七十多年的歲月中經歷過許多事，他當過學生、海洋生物學家，也做過木工，但是「單一動作射擊團」（Single Action Shooting）才是他的最愛，他是這個全國性社團的會長，喜歡裝扮成牛仔在奔馳的馬背上開槍。

快槍俠一輩子鍾愛舊西部，OK牧場（OK Corral）上的神槍手是他童年的英雄，社團的其他委員（又稱為瘋狂一夥人）也有類似的熱愛和綽號，但在這牛仔射擊社群中必須有另一個身份，於是就出現一位羅伊彬恩法官（Judge Roy Bean）、一位尤里西斯・辛普森・葛蘭特將軍（General US Grant）和一位泰克斯（Tex），至於懷特・厄普（Wyatt Earp）和步屈・卡西迪（Butch Cassidy）早就有人用了。「牛仔動作射擊」（Cowboy Action Shooting）創造於一九八二年，據說這種特殊運動是美國成長最快速的戶外射擊運動，目前全球十八個國家有超過九萬七千位周末牛仔。

「這是在頌揚牛仔的生活方式，去年有九百人來參加我們的『小徑末端』（End of Trail）年會，當時有十二場板面射擊競賽（stage match），」快槍俠用沙啞的聲音解釋，「板面」指得是一連串金屬板，在被擊中的時候會發出響聲。

快槍俠的妝扮跟牛仔射擊很搭，他在中西部的槍展替社團擔任活廣告時穿著皮靴、閃亮的細紋長褲、體面的長外套，脖子上還圍一條鮮紅花布巾，在偌大展覽會上常見的警用作戰服中顯得有些鶴立雞群，而社團射擊活動要求的服裝是當時的西部服裝款式，因此幾乎沒什麼需要改進的，他指著自己身上的衣服。

「這些都出自一個概念：『一百年前的傭兵是什麼樣子？』當然整個大西部時期僅有二十年，就是從南北戰爭到火車開始搬運牲口的那段時間。」

「那你為什麼這麼穿？」我對著快槍俠的裝扮點頭。

「喔，我們聚集在此有很多理由，有些人喜歡裝扮，有些人就是喜歡牛仔的調調，用說話和握手的方式展現風格，有些是槍枝收藏家，有些是西部電影迷，有些只是熱中射擊。」他們開著豪華的露營車來，晚上舉行烤肉大會，打開一罐罐沁涼的啤酒，享受星空的寧靜；於是你會真的相信快槍俠所說的，他們人畜無害，他們的聚會極少發生意外，沒有人會把拖車上鎖，從沒有東西被竊。

這是猶如幻想的世界，而且聽起來有點吸引人，一個與美國每年有約三萬人死於槍械無關的世界，一個甚至與自己的過往衝突的世界，道奇市（Dodge City）第一部地方政府法律其實是禁止攜帶槍械，而OK牧場那聞名的槍戰，是因為懷特．厄普當時企圖實施類似的法律而發生。

不過，這樣的史實並不困擾快槍俠，「這一切只是幻想，也是生活。我交了一輩子的好朋友，用其他方式是不可能遇到這樣的人。我們有句俗話：『他們為槍而來，為人而留下。』」

＊　＊　＊

建立在槍枝基礎上的友誼並不新鮮，槍枝俱樂部可以追溯至中世紀，最早的記錄之一是一四六三年在科隆（Cologne）成立的「聖薩巴斯欽射擊俱樂部」（St. Sebastianus Shooting Club），但直到十九世紀這項運動才成為主流，而以英國的「國家步槍協會」（National Rifle Association）等組織居領導地位，一八六〇年七月在溫布敦工地（Wimbledon Common）舉行第一次比賽，當天維多利亞女皇還因為被神射手的技術吸引而親自到場觀戰，興許是為了激勵神射手更加精進，使她的王權不受撼動吧。女皇甚至將步槍高舉到她堅毅的臉頰發射第一槍，而這高貴的一槍也為射擊運動貼上皇室認同的封印，接下來的近四十年間，名聲有增無減，甚至被現代的奧運會列為運動項目之一。我接下來想去拜訪的，就是由運動射擊手組成的社團。

射擊在今日是個重要的競賽產業，衍生出上千場全國和國際性的運動賽事，而且自從一八九六年以來，成為每一次奧運中受矚目的比賽項目，射擊從早先時期到今日歷經顯著改變，以往用人或動物的形狀做為標靶，自從二次世界大戰後則逐漸廢除，改用圓形標靶以避免把槍枝和血腥暴力聯想在一[66]但是，一九〇〇年巴黎奧運的主辦單位卻沒有如此細心，他們舉

66. 一九〇八至一九四八年，奧運的射擊選手在「奔鹿」項目中競賽，參賽者從一百公里外對著移動中的鹿的輪廓射擊，射中鹿的重要器官上三個同心圓中的一個就得分。

行一場射鴿子比賽，也是奧運史上故意射死動物的第一次和最後一次。當天有近三百隻鳥類死亡，那場賽事無異於大屠殺，鳥兒瀕死的哀嚎和血流成河將競技場的沙地染紅，就連法國觀眾看了都不禁作嘔。

如果說那次的賽事短命，決鬥賽事就更不討人喜歡。一九〇六和一九一二年的奧運舉行決鬥競賽，要參賽者面對身穿灰黯外套的假人（不是情敵），人體模型被釘上牛眼珠，景象因為太過逼真而難以持久。

這些短命的運動，反映現代奧運早先也曾度過亂無章法的時期，例如俄羅斯軍隊的射擊隊到倫敦參加一九〇八年的奧運賽，只不過抵達時奧運已經結束近兩個禮拜，原因是當時俄羅斯人遵循儒略曆法（Julian），而英國則採公曆（Gregorian calendar）。

撇開這些陣痛不談，射擊從此以重要的運動項目之姿崛起，一八九六年只有五場賽事，到了二〇一二年的倫敦奧運增加為十五場，九場男子、六場女子，這種射擊競賽需要絕對的專注力，而它對技術精準度的要求之高，因此射手必須利用一些技巧，將脈搏減為正常值的一半，在心跳之間發射。

射擊運動史也充滿有趣的小故事，例如最老的奧運選手是射擊手斯威德・奧斯卡・史汪（Swede Oscar Swahn），他以七十二歲之齡參加一九二〇年的比利時奧運，在雙重連環射鹿比賽中贏得銀牌；還有匈牙利手槍射擊手卡洛里・塔卡克斯（Karoly Takacs），在他用來射擊的右手遭到手榴彈重傷後，便透過自學用左手瞄準，一九四八年的倫敦奧運會上，在二十五公尺手槍速射競賽項目中奪得金牌。

然而，無論具有多少運動特質，除非經過適當控制，否則只要有射擊就會不時見到死亡潛藏在陰暗角落，二〇〇〇年三位哥倫比亞持槍歹徒試圖綁架前奧運標靶射擊手伯納多・托佛（Bernardo Tovar）和他同名的兒子，當時父子練習完正要返家，身上都帶著槍。年輕的托佛發射點二二口徑手槍，殺死兩名攻擊者，另一名受傷。

但我想知道的是，類似事件能不能避免？可不可以有一種不涉及暴力的射擊運動？業餘牛仔那種和平的消遣是例外還是常規？槍是否一定會把事情搞砸？在旅程中遇到如此多的死亡事件，使我不禁懷疑究竟能不能擁有槍而不發生悲劇。但我讀到的一個地方，證明我的想法是錯的。

* * *

遠處是埃夏山（Esja），這是位在火山的靶場，西半部於三百萬年前形成，隆起成為多雨的高地，最高峰隱身在視線外，距海面七百八十公尺，濃密的烏雲沉積在山的四周且覆蓋整個天空，雲端下方越過克拉費羅（Kollafjorour）海灣的結冰海水，槍聲在空氣中響起。

我曾經從冰島首都雷克雅維克旅行一小段，趕在全國飛靶射擊賽的最後一天前往參加，當時冷颼颼的雷克雅維克處在北歐夏季的永晝，比賽現場有三十一人，一些人三五成群在一旁等待，他們身著運動外套和運動褲，冷冰冰的金屬槍械被做好安全措施，像破棍子似地吊掛在藍色和黑色的短袖外衣上。他們耐著性子坐著，因為他們早就習慣安靜以及度過無聊的日子。

其他人在山下的小丘，站在半圓形的水泥標誌旁專注凝視，每一邊都設置幾處用來射擊泥土飛靶的射擊站，射擊手在被叫到名字時，安靜地在水泥圓形標誌上就定位，接著繃緊神經，大叫一聲後，跟隨飛靶加速的模糊影像，將快速飛行的橘色圓盤射下來。場地另一頭散布成千上百的泥土碎片，全都是正中目標的證明。

槍聲一接連二，這時如果飛出第二個飛靶，又會有槍聲響徹空曠的海灣，每一回合有二十五個飛靶，總共五回合，每打中一個得一分，射中最多者獲勝，最高分為一百二十五分，但是得滿分者甚少。

下一位是四十一歲的水電工喬納森，他的射擊資歷十年，這項運動等於他的命。他的未婚妻也是射手，並且贏得全國女子冠軍的頭銜，喬納森也贏過獎項，他心甘情願每年把將近一百萬克朗，投入這項周末的消遣以及從英國買來的手槍和瑞典買來的二十四公克子彈上，喬納森說，今天的他並非最佳狀態，在滿分七十五分中獲得五十九分，領先者則是六十七分，說罷身穿運動外套的他聳了聳肩，露出微笑。在這個火山隨時可能將家園吞噬的土地上，我想永遠都要看開一點吧。

「我們是全世界平均每人射擊場地最大的國家，你知道哥本哈根嗎？」喬納森用他厚厚的手掌翻轉一只空的保麗龍咖啡杯。「他們是大城哦，但只有四座打靶場，」他停下來製造效果，「我們有十座。」他露出滿意的表情。

區區三十多萬人口的冰島，以他們的世界第一為榮。他們會告訴你，他們擁有全世界最古老的軟體動物，他們的飲食是全世界最健康，他們的人均諾貝爾得獎者最多，以及可口可樂的人均消費量最高。這些獨特性是我必須來到這裡的原因，儘管冰島的人均合法槍枝擁有數在全世界數一數二，兇殺率卻低到某些年度趨近於零。二〇一二年，五萬一百零八人在巴西遇害，一萬四千八百二十七人在美國被殺，冰島卻僅有一人死於暴力。

雷克雅維克的犯罪統計室有時會接到日內瓦的聯合國總部電話，說他們的數據一定是錯的，沒有一國的兇殺這麼少；然後他們會和官僚說，這裡是冰島，已經好一陣子沒有人被殺了，殺人案少到二〇一三年有一名五十九歲的男子被冰島警察槍殺，這事件還連續幾天被登上頭版，甚至導致該國的警察最高主管向全國人民道歉，但這是可以理解的，因為這是冰島國家警力有史以來第一次槍殺任何人。

但撇開這一切不談，冰島的槍還是不少，約百分之一的冰島人口屬於某個槍枝俱樂部，估計有九萬支槍存在在這個三十萬人的火吻之地，而這也正是我來到北極圈邊緣的理由，想了解這麼多槍與這麼少槍枝犯罪，到底如何共存。

於是我問喬納森，是否有任何人曾經在射擊運動中意外死亡，他說從一八六七年成立以來就不曾有人在槍枝俱樂部受傷，他說有一位保險經紀人曾經重新審核槍枝俱樂部應該付多少保費，但在槍枝出險的項目下沒有發現任何記錄。不過業餘舞蹈就不同了。

「芭蕾和騷莎舞俱樂部的意外記錄多不勝數，」喬納森眼睛亮了起來，「冰島人似乎是射擊比舞蹈更在行。」

其他許多位射擊手待在室內，即使像這樣的七月天，天氣還是使他們不得不躲在室內享受一碗蔬菜濃湯和塗了一層又一層奶油的麵包，於是我掉頭走進以簡樸的組合屋搭建而成的俱樂部辦公室，裡面貼了一張槍枝分類的海報，點二二口徑步槍、左輪手槍、點二二口徑Fribyssa。念起來很拗口。但是抓住我視線的，是四把擱在無人看管槍架上的槍。

我想到薩爾瓦多，那裡的槍永遠不可能像這樣擺著沒人理。在冰島，俱樂部的前門是敞開著的，沒有警衛，但他們不需要嚴密的保全措施，因為人跟人彼此認識，冰島的人口在全世界一百九十三國中排名一百六十九，殺手基本上無處可躲。選手委員會上的名字可以證明這點。約翰斯杜特（Johannsdottir）、瓦德馬頌（Valdimarsson）、海爾加頌（Helgason），全都是冰島人的姓氏。以前如果移民到冰島，就要依照全國姓名大會（National Name Council）的規定改用冰島姓氏，同質性高到如此地步。

我徐徐走在白晝的街道上，來到靶場觀看果曼射擊。他步入水泥的半圓標誌中心，停頓了一會兒，背部的緊繃看得出他專注的程度。他大喊之後是一聲槍響，旋轉的橘色飛靶在毫無血色的空氣中爆開。

＊ ＊ ＊

名字在冰島很重要。

電話簿是按照名字的字母先後順序排列，兒童用名字稱呼大人，大人當然也以名字稱呼其他大人，連跟總統說話也是，大家都稱他為奧拉佛（Olafur）。接著，電話簿才列出這個人的姓氏、職業，最後是住家地址。

不過，職業欄不會審查你宣稱從事的工作，於是冰島就出現六位酒商、九位魔術師、十八位牛仔、十四位驅魔師和兩位母雞飼養戶。隨便拿起一本電話簿，在強・海德・奧斯卡頌（Jon Heidar Oskarsson）和強・帕爾頌（Jon Palsson）之間仔細查看，會發現冰島有兩位強・帕爾瑪頌（Jon Palmason），我想去找的是男子射手強・帕爾瑪頌，雖然他的職業是電工，但他在電話簿上有另一個頭銜，那就是「用槍獵捕動物的人」。

有人告訴我，如果我真的想知道問題的答案，這位強・帕爾瑪頌將是最佳人選，他說他願意聊一聊，於是我們約好在雷克雅維克的酒吧街見面後，再找家店喝咖啡。強是個帥哥，頭髮銀白，從氣色看來就像生活在全世界飲食最健康的地方。

我開門見山。「一方面，中美洲的槍往往掌握在一小撮很敢用它們的人手上，另一方面，冰島有非常低的兇殺率，但槍枝擁有率在全世界卻是數一數二，我要問的是，怎麼會這樣？」

他解釋，冰島的低暴力部份因為法律規範，所有自動和半自動步槍以及大部份手槍都被禁止，而且取得槍枝並不容易，需要接受醫學檢查，參加槍枝操縱課程，還要去警察局考過適合度測驗。

「可是，這裡的人不需要把槍放在枕頭底下來保護自己，」他解釋。「我們需要槍只有三個理由，第一是打獵，第二是運動，第三是收藏，但這只是極少數，沒有人擁槍是為了自衛，我們沒有軍隊，沒有戰爭，加上人口少到有種和平的感覺。」

他說，傳統的冰島會在犯罪案件發生前先防範於未然，或者在問題惡化前將它制止，目前警察正在取締「地獄天使」等幫派，國會議員阿爾丁吉（Althingi）正考慮立法，賦予警察在調查飆車族的網絡時擁有更高的公權力。

照這麼看來，秩序建立在對話的基礎上，距離我們所在的幾百公里遠處有座紀念碑，當地人稱之為「黑色圓錐」，那是一塊裂開的岩石，是對公民不服從致敬。

紀念碑旁的牌匾上寫著，「當政府侵害人民的權利時，反抗是人民最神聖的權利，也是責無旁貸的義務，」這句話引述自十八世紀哲學家吉伯特．杜．馬提爾（Gilbert du Motier），更有名的稱謂是革命的拉法葉侯爵。這與美國對專制政府掌權的恐懼類似，只是美國的反應是買好槍枝來迎接世界末日，而冰島人卻堅持民主程序和包容。

這些都值得深思，但我還是想知道，形成這樣的包容和有節制的反應，最核心的因素究竟是什麼？因此在見過強之後，我開車出了首都，來到一處以火成岩構成，天空不斷飄著小雨的河岸地帶。

租車公司的先生開玩笑說，今年冰島只下過兩場雨，「第一次下了二十五天，現在這場雨下了七十五天了。」我笑了笑，但現在雨勢大到擋風玻璃有短暫時間被雨水淹沒，我覺得自己像是溺水似的。兩旁是呈波浪狀的苔癬和巨大古老的拉班玄武岩，車子駛過積水成河的道路。

開了四十公里，它突然出現在我眼前，那是一面以岩石構成的堅硬牆面，俯瞰蜿蜒曲折的小溪和產生漩渦的河流。這是Pingvellir，古老的冰島國會，四周是低矮的白樺樹，無莖脈平草從陡峭的高地冒出來，背上有著閃亮雨滴的紫濱鷸，在車子靠近發時飛進一片白色之中。

幾世紀前，冰島政府開始在這裡舉行年度大會，這是個講究老規矩的地方，你會在岩石中瞥見黑暗深淵，不禁納悶這些不見天日的深谷裡，究竟藏了什麼祕密；這讓我洞察到冰島人為何能如此適應國家加諸他們的槍枝法律，這點頗令人佩服，嚴刑峻法是古老年代的圭臬，鮮血曾經流淌在這裡。

「古時候，」一片金屬牌子上寫著，「淹刑普遍被用來處決犯人，人們被淹死在沼澤、河流和大海，冰島從一二八一年以來，法律就明訂淹刑。」

高地上的地名充滿威脅的意味，昭告世人跨越那條線的下場：斷頭臺懸崖（Scaffold Cliff）位在斯德嘉其亞峽谷（Stekkjargia Gorge），這是在歐撒拉河（Oxara River）的小島，屬於行刑區的一部份；另一個地名火燒之地（Brennugia）在火刑峽谷（Stake Gorge），巫師在信仰審判（auto-dafe）的高溫下死亡；此外還有鞭刑小島（Whipping Islet）。

這些都是艱困時期的嚴厲處罰，如此公開不諱地展示國家暴力，在人民的集體意識中留下如此深刻的印象，以至於到了十九世紀冰島司法愈來愈不需要灌輸恐懼的思想，因為一種社會契約儼然形成，懲罰也愈來愈少見，一九二八年更廢除死刑，如今終身監禁在服刑十六年後即可恢復公權並獲得假釋，成為最嚴厲的刑責。

殘忍到在地貌留下公權力的懲罰印記逐漸滲入些許人道主義，這種轉變影響整個社會。如今冰島的警察不會例行地攜帶槍枝[67]，冰島毒品法庭的最初十年間，約百分之九十的案例都以罰款結案。

冰島的司法制度證明自己的力量，人民相信國家或人民以暴力手段永遠無法解決問題，執行死刑永遠無法遏止兇殺，國家對槍枝使用的制裁，只會助長而非減少槍枝帶來的威脅。

當然，這些全都無法完全解釋冰島為何有那麼多槍，卻那麼少暴力。平靜的大地或與世隔絕必定感動且撫慰冰島人的生命，但是包容、寬貸的國法制裁、公開表達異議的權利以及槍枝管制等，在這人民擁有槍枝卻沒有血腥暴力和悲傷的國家裡，必定都有各自的角色。

* * *

人民擁槍還有一類值得探討的，是熱中的槍枝收藏家。他們收藏槍枝不是為了自衛，而是基於對歷史和設計的喜愛，那是一群有能力花六萬英鎊購買一對決鬥手槍的男人（似乎只有男人），住在巴黎或倫敦的高級公寓，在鄉下有寬敞的度假屋，還有個不為人知的瑞士銀行帳戶。有些人私下收藏，一方面是因為他拙於向大眾展示自己的財富，畢竟這麼做最容易激起國稅局的好奇，也因為告訴別人在你臥室裡有價值一百萬英鎊的槍，小偷不上門才怪。

我來到伯明罕外幾英里處的「英國射擊展」（British Shooting Show），以便對槍枝收藏的領域有點初步認識，這個展示會在許多方面可說是淡口味的槍展，槍很多自然不在話下，但卻沒有美國槍展上的草木皆兵，換言之，沒有戰術警察的服裝、沒有黑色半自動槍，沒有過激的軍國主義；相反地，這裡到處是獵犬和花呢布、活力與鄉村運動、代表著逝去年代的舊日消遣，喝茶還放蜂蜜。

一個角落有一排排專供銷售的骨董槍，其中一個名字特別醒目：「邦瀚斯」（Bonhams），這是全世界最古老的拍賣行之一，顧攤位的是現代運動用槍枝部門的主管派崔克・豪斯（Patrick Hawes），可惜他忙著替槍枝估價而無暇與我交談。

不過，羅賓・豪斯（Robin Hawes）倒是有空跟我說話。他是派崔克的父親，和藹可親的樣子有點像喬治王朝時期的牧師，又好像克里米亞戰爭中的軍官；他身材苗條，堅毅、布滿皺紋的面容不時閃現調皮的神情，健談的他屬於永遠長不大且被全世界喜歡的老伊頓人當中最特殊的類型之一。對我而言，他是射擊階級的中堅份子與中英格蘭下層上流階級（lower upper class）的核心。這是個非常明確的利基，而他是最佳寫照，他也明顯地愛上槍枝的魅力和歷史。

「這是個迷人的東西，」羅賓說，「本質上是許多『男孩的玩具』。」

這東西在他的血液中流動。他的父親有一對英國槍中之極品，知名的波狄（Purdey）槍，他十一歲時用其中一把擊斃一隻松鼠，他還記得後座力強到背部著地倒下，從此他的生命就少

---

67. 冰島三十二萬五千人口中，只有一百三十六人被監禁。美國的人口或許是冰島的一千倍，但卻有兩百二十萬人被監禁，人均數約比冰島高一千五百倍。http：//www.amren.com/news/2013/05/why-is-violent-crime-so-rare-in-iceland/

不了槍，他先在近衛步兵聯隊服役，之後轉去倫敦證交所工作，然後擔任酒商，最後才回到他的摯愛——骨董槍枝買賣。他曾經服務於「荷蘭與荷蘭」（Holland and Holland）、「威廉・伊凡斯與比斯雷」（William Evans and Bisley），都是英國射擊界中之翹楚，自身的魅力和伊頓軍官的出身，會使射擊愛好者想跟這樣的傢伙一起去射擊，現在他收藏槍枝的原因兼具娛樂和投資，而且帶來不錯的報酬，根據業者保守估計，手工打造的英國手槍，每年增值近百分之五，於是我問，圈子裡的人喜歡什麼樣子的槍，以及他們想要找的是什麼。

「有些人想要簧轉槍，燧發槍和雷管槍。但武器的來歷才是最大因素。如果曾屬於某位國王或皇后，有興趣的人就多了，也因為這樣，骨董武器和槍彈的買賣才會動輒數百萬。」

這點不令人意外。我曾經讀到，希特勒的七點六五釐米黃金華瑟PP槍，在一九八七年的拍賣會上以十一萬四千美元賣給一位匿名買家，如今價值是好幾倍之譜；我也知道羅斯福總統的雙管霰彈槍曾經以八十六萬兩千五百美元成交。一九〇九年三月，羅斯福一卸任就展開為期一年的非洲狩獵探險，隨行的搬運工和導遊共計兩百五十名，十三個月後，他們一夥人殺死以及用陷阱捕捉約一萬一千四百隻動物，包括六隻稀有的白犀牛、十一隻大象和十七頭老虎，許多動物就是被這把槍殺的，羅斯福稱這是「我見過最美的一把槍」，它的出售引起大批媒體興趣，原因正是它還附隨一塊特別的擦槍布，是從羅斯福的睡衣裁下來的布片，總之，決不要低估美國狩獵傳奇的魅力。

但是，或許最昂貴的槍要屬那把終結亞伯拉罕・林肯生命，大小僅六英寸的德林加槍，一八〇〇年代中，兇手約翰・威爾克斯・布斯（John Wilkes Boothy）以大約二十五美元買下，現在這把改變歷史進程的槍在福特戲院（Ford Theatre），它的價值被指「無價」。

邦瀚斯在我們面前設立攤位，這是個放了幾張桌子的方正區域，羅賓點頭示意要我往前走，開始炫耀起陳列的幾把槍來。有一對醜陋的丹麥後方上膛式槍，幾把德國的簧轉槍和燧發槍，這裡的展示品不是全部的精采之處。其他人也會前來這裡賣槍，他們躡手躡腳地進來，把手伸進槍袋裡，撈出一把把骨董槍請人鑑價，羅賓很客氣，但他一眼就看得出是不是好貨，而好貨並不多。

我問他是否預期今天會有寶物出現，他有些遲疑地搖了搖頭。

「不見得，但永遠說不準。當然比前幾年少了些阿哩不達的東西。」

羅賓的話道盡階級和欲望有著微妙差異的圈子，英國紳士不僅在馬匹和婚姻尋求血統和品質，槍也是如此。出身才是一切。

而這樣的想法帶我來到獵人的世界，這又是個講究階級的世界，生活方式似乎完全由金錢、血統和槍來界定。

Chapter 10

獵人

索馬利蘭↓洞穴中古老的狩獵藝術↓德國巴伐利亞的戶外槍枝秀↓與獵人、商人和殺手犬見面↓在倫敦，老牌槍枝公司擺滿戰利品的展示間↓南非東開普進行狩獵旅行↓死亡與自責

這一大片以石頭構成的不毛之地，以前曾經充滿野生動物，有斑鬣狗和蹄兔目、花豹和巴巴利虎、獵豹、劍羚和犬羚，後來內戰的槍聲在二十世紀的最末幾十年響起，動物不斷被獵捕來餵飽在這紅土沙漠作戰的索馬利軍隊，現在的平原一片死寂。

這是場殘酷的戰爭。為了將人民從邪惡的獨裁者西亞德．巴雷（Siad Barre）的殘暴統治下解放，索馬利蘭開始在非洲之角的北部遠端建立獨立自主的共和國，於是巴雷強勢攻擊，約三十五萬人死於暴力，飢荒隨之而來，無數多動物死亡。

因此，今日你在沙漠看到的主要是叢林豬和駱駝，豬存活的唯一理由，是因為索馬利亞是回教國家，而豬被認為是邪惡的動物。

不過，我們感興趣的不是現在獵捕什麼，而是過去的獵人吸引我們來到這裡。我們飛馳過這片飢渴的土地，想看看北非最古老的岩石藝術，加上有索馬利蘭的觀光部長穆罕默德．胡笙・薩伊德（Mohammed Hussein Said）同行，因此不能算是典型的觀光旅遊，首先這裡沒有其他觀光客，而且好幾個月都沒有了，此外，還有六名手持AK47的男子守護著我們。

伊斯蘭集團把這裡的西方人作為攻擊目標，以劫持人質或暴力的手段表達宗教主張，這樣的隱憂時時存在我們心中。幾天前，工作人員和我製作BBC記錄片，在索馬利蘭的首都哈爾格薩（Hargeisa）最大的監獄見到一群恐怖份子嫌疑犯，他們帶著寬鬆的鐐銬從我們面前走過，沒有一個人以眼睛回應我們的凝視。據說他們是索馬利亞青年黨（Al-Shabab）的槍手，幾個月前槍殺六十幾歲的英國援助人員夫妻里察・恩伊德・愛因頓（Richard Enid Eyeington），愛因頓夫婦都是好人，根據兩人的朋友、也是影片導播里察・阿滕伯勒（Richard Attenborough）的說法，是「一對深具魅力的夫妻，無私且勇敢。」如果蓋達的黨羽會對善良的夫婦下毒手，他們會對一群新聞記者做出什麼事來？

觀光部長不敢輕忽，負責護送的人員身上配槍。

滾滾塵土遮蔽視線，車子行駛一小時後，光亮的花崗岩懸崖從東北方浮現眼前，攀過古老年代的巨岩。部長帶我們看幾個洞穴，裡面有人類所知最早期的幾幅繪畫，有些上溯一萬一千年之久，十個洞穴裡有大洪水前令人驚豔的景象：給被捕獲的動物穿上為祭典精心製作的長袍，以白色花飾妝點脖子、獵犬和野生動物蹲伏在身旁，以及在牠們身後敞開手臂的獵人們。

「就在這下面，」部長說，「你可以看到有人正在禱告。他們說，這些圖是他們見過最好的。」

這位神經緊繃且缺乏政治敏感度而讓人耳目一新的部長說的對。這些繪畫令人難忘，而且不光對考古學家是如此。這些藝術品在對我們述說古代的狩獵技術與監視著人類殺戮行為的神祇，人類早在學會畫畫給神明之前，已經在這乾涸的大地和現今坦尚尼亞和肯亞兩國西南，初次學會獵捕自己要吃的肉；即使到今天，布希曼獵人還會將一種俗稱布希曼毒箭甲蟲的有毒分泌物沾在箭上，這種液體具有強大毒性，輕微的破皮就可能奪走羚羊或人類的性命。

就這方面而言，非洲歷史並非以高聳的大教堂或與天一般高的陰森堡壘呈現，人煙罕至的乾涸洞穴中，石製工具在骨頭留下的切割印記，才展現這塊大陸的歷史。其他洞穴則顯示數萬年前弓箭或茅最早被使用的情形，這些洞穴雖然留下動物神祇的繪畫，但仍可看出人類對肉類的喜愛，而且是獵捕後經過烹煮的肉。

這些朱紅與檸檬黃的繪畫，在我看來只代表『狩獵』多麼深植在人類的集體意識中，一直是社會演進、文化和宗教的本質，而人類在文明的外表下，骨子裡是不折不扣的獵人。

世界各地的宗教對「狩獵」的看法展現各個社會的世界觀，許多佛教徒和耆那教徒相信眾生皆有佛性而不狩獵；猶太教與回教徒狩獵，但通常只是為了吃而不作為運動，且兩者皆禁止獵捕那些被訓練來做為打獵用的動物，例如用來誘餌的鳥，這點可能是呼應教義，只有合乎禮法的食物才可以吃；基督信仰者可以狩獵，但天主教神父是唯一例外，採取的立場似乎和梵蒂岡對性的態度很類似[68]；印度教徒積極鼓勵狩獵，經文將狩獵形容成貴族階級的運動，就連濕婆神都被稱為「獵鹿人」（Mrigavyadha）。

狩獵和宗教都反映人們自己是非對錯的觀點，很少人認為，必須為基本生存而狩獵的社會在道德上是錯的[69]，卻有很多人無法認同以休閒娛樂為目的的狩獵，美國籍的女獵人和一頭被獵捕身亡的獅子合照後，立刻引來社群媒體的撻伐可見一斑。

我採取中立的立場。我不懂為何要獵殺一隻對你居住社群沒有任何威脅的花豹，但如果肉是用來食用，我幾乎不反對針對一般獵物進行大量獵捕。大口吃肉卻反對獵捕以適當方式飼養的動物，實在令我無法理解。

近距離看過現代屠宰場醜陋、機械化的屠殺方式，我看不出來在那裡被屠宰的肉和被獵殺的肉，兩者在道德上究竟有何不同[70]，我承認兩者未必是存活所必須，只是素食主義是我還沒能夠涵養的美德。

當然，我不是唯一喜愛吃肉的人，五十年前全球的肉類消費量為七千萬公噸，二〇〇七年成為二億六千八百萬公噸，增加近三倍，一九六一年，肉的人均消費量約為二十二公斤，二〇〇七年增加為四十公斤。肉類消費量的增加，與全世界大舉都市化約略同時，如今全世界有

---

68. 一二一五年的第四次拉特朗公會議（The Fourth Council of the Lateran）由教宗伊諾森三世召開，頒布命令：「我們禁止所有神職人員獵捕或放鷹獵捕。」

69. 獵人聚會依然存在，比如亞馬遜（阿奇人）、非洲（布希曼人和坦尚尼亞的哈德薩族）、新幾內亞（法裕人）、泰國和寮國（木拉布里人）和斯里蘭卡（維達人），至於少數的未接觸部落就更不在話下。

70. 可能的警告是，被獵捕的動物可能中槍受傷，但尚未被獵人的子彈完全殺死；但許多動物在被趕到屠宰場時，可能感應到死之將至。

超過五成人口住在城市和鄉鎮，有些城市的鳥類和植物品種，相較規模相當的未開發土地上的鳥類和植物品種，前者為後者的百分之八和百分之二十五，可見數十億人在吃肉的同時，並不是生活在能看到這些動物所在的自然世界。儘管人類自古就離不開狩獵，然而世界上多半只有屠宰場的工作人員或獵人，才能親眼目睹將動物殺死供作食物的景象。

我把自己算在兩者之外。我住在大城市，沒有院子，只有在逃離令人窒息的都市環狀大道，才看得到大自然。

但這不表示我從沒打過獵。我曾在巴布亞新幾內亞試著用套索捕捉鯊魚，也曾經攜帶魚叉獵捕鱷魚，我也屠宰過母羊和豬。但我從沒有為了運動和動物的肉而獵殺，早在我醞釀寫這本書之前，就見過槍所展現的各種面貌，但是步槍狩獵是我的全新體驗，要學的還很多。

* * *

有一種狩獵的方式叫做趕獵，就是把動物趕進槍的射程中，你可以模仿動物的叫聲，引誘牠們接近你；還有盲目狩獵，是等待動物從隱蔽的藏身之處出來；還有一種是安靜搜尋獵物的跟蹤狩獵，至於持續性狩獵是不斷追趕直到獵物精疲力竭。其他還有網捕、陷阱獵捕、聚光燈獵捕以及用望遠鏡瞭望來獵捕動物等。

我不懂這些事，但我在巴伐利亞風格的紐倫堡郊外一間商務旅館裡，努力吃著分量超大的德國式早餐肉片和起司時，曾試著去了解。不到一小時，展示獵槍和各種射擊運動的國際展覽

ＩＷＡ戶外槍枝射擊展（IWA Outdoor Classics）即將開幕，由於會場上會擠滿獵人，在大口吃肉的同時了解非法獵捕者和動物跟蹤者的祕密語言，感覺兩者還蠻搭的。

一百多國約四萬名獵人來到這個位在德國中南部的城鎮，對於像我這樣的菜鳥來說，是進入趕獵者和追鹿人的最佳機會。

我吃完盤子裡的切片香腸後便直奔地鐵，紐倫堡的地鐵一如德國人準時，平穩通行於這個安靜的城鎮，空氣冷而清新，天空萬里無雲，巨大的商用建築和單調的辦公大樓快速飛馳，不時有穿著整齊西裝的男人拖著小型登機箱上車，他們是槍的賣家，也在前往射擊展的路上。

有個法國人上車，他穿著淺棕色鼴鼠皮外套，打了一條狐狸圖案的領帶，彷彿法國革命從沒發生過似的；在我身後是兩位方頭大臉的英國男士，用濃重的康瓦爾腔討論獲利。電車漸漸停下來。

我們踏出電車，幅員寬廣的會議中心在隱蔽的斜坡上，重要的商業活動在這裡舉行，以極簡主義的白色、玻璃和鋼材建成，上千人帶著某種意圖來到這裡，鋼琴師彈奏蘿貝塔·佛萊克（Roberta Flack）的經典名作《溫柔地殺死我》（Killing Me Softly），我掛上記者通行證，走了進去。

第一攤是紹爾父子（J. P. Sauer & Sohn），儘管刻意低調但卻不低調不起來，這家成立於一七五一年的槍枝製造商，顯然是想要你知道，在一堆平凡東西當中，你來到了怎樣的地方。廣大且多半空蕩蕩的ＶＩＰ區被一排玻璃櫃隔開，這些玻璃櫃裡展示槍枝製造商的歷史，有

一八九九、一八九四和一八五五年的霰彈槍、一八三五年也是最早的十二口徑獵槍，槍托上蝕刻一幕激烈的狩獵場景，這些精雕細琢說明了特權和清楚的階級畫分。儘管暗示菁英主義並且標榜好品味，紹爾父子還是願意製造廉價的劣質品，一把蒸氣龐克步槍（Steampunk）上裝飾奇形怪狀的花樣，企圖表現一種世界末日的工業主義，這把步槍以十四萬歐元賣給一位被該公司業務代表輕蔑稱為「阿拉伯買家」的男士，在這把槍的旁邊，是一把訂製的成吉思汗狩獵步槍，上面刻有來自東方的神祕符號，槍托是中國風的複雜圖案。這把槍被放在一個高台上，旁邊是一具標價十萬八千歐元的摩爾人頭盔，看起來像迪士尼的破銅爛鐵。

這場展示會顯然以金錢掛帥，讓你學到什麼才是好品味，或者什麼會讓同個模子的禮儀專家們刻意忽視。如果你把成吉思汗步槍從盒子裡拿出來，報名參加一場訂價過高的狩獵旅行，這裡的人就會像其中一張廣告海報的標題一樣，堅定地說你是「優雅地狩獵」。

我繼續在這座高聳的穹頂下遊逛，這裡有大型攤位，各有各的主題，也都以仔細思考過的行銷噱頭吸引你的目光，儘管時間還早，人們已經在一處用漂白的木頭、動物毛皮打造的北歐酒吧啜飲白酒，他們對面是英國霰彈槍枝製造商約翰·瑞格比（John Rigby）的棚子，用斑馬皮和柳條椅營造狩獵旅行的幻想，就連威士忌的名字「猴子肩」（Monkey Shoulder）都在述說辛苦的過往，這是以往製造麥芽的人用手翻動大麥無數多次後，左右肩膀不平衡而得到的綽號。

一隻巨大的狼犬通過，這隻三十公斤重的龐然大物，有一雙琥珀色的眼睛和高高翹起的尾巴，一九五〇年代有一項計畫，把德國牧羊犬和喀爾巴阡山的狼配種，因而誕生了狼犬，捷克的特種部隊培育來做為攻擊犬。這隻狼犬回頭對著我的跨下嗅聞，我輕輕將牠推開，牠一路跟著我，直到我衝到一片螢幕後面，跟一位女士大眼瞪小眼。她穿著白襯衫和高腰黑裙，小心翼翼地輕敲用老虎鉗緊緊固定的槍管，她的動作穩定嫻熟，我一時對那精巧的技術著了迷，她正在把巧妙的設計刻在霰彈槍的金屬外蓋上方，在她的巧手下，金屬上的小圓圈成為精湛的洛可可風格花飾。

她名叫莉本，年約三十五，擔任雕刻師已經十三年，是比利時霰彈槍製造商布朗寧（Browning）的首席雕刻師，她平常都在槍枝製造有百年歷史的列日（Liege）製作訂製槍，每年約做出一百支步槍，她說她可以像這樣敲好幾小時，嚴謹緩慢地對待她的工藝。莉本說她總有一天想轉去做刀子或珠寶，但目前美化槍枝就很滿足。她覺得這份工作能讓她平靜，而她對傳統細節的專注，要回溯到中世紀的瓦倫（Wallon）工匠藝術。

「讓我們的工匠為您創造出夢寐以求的槍」，在她右邊的布朗寧廣告寫著。十二位師父可能花一年時間就為了生產像這樣的訂製槍，光是在步槍上雕刻，就要花掉五百小時。

訂製工廠的業務主管走來，他叫萊昂內爾・諾伊維爾（Lionel Neuville），有一張胖胖的臉和高高的額頭，整個人洋溢年輕的氣息。他顯然鍾愛武器工藝，小時候母親曾帶他走遍歐洲各大美術館，現在母親對他的狩獵生活型態感到不解，想到她的兒子販賣致死的工具就生氣。但對我來說，激起諾伊維爾熱忱的與其說是血，不如說是槍枝魅惑人的美感。

「我在這裡不完全是賣槍，比較算是在展示質地，展示槍給人的感覺，」他說。「我們的顧客主要是白手起家的人，而且是真正對極品有研究，包括槍跟車子。他們想要的，是獻給朋友看的時候會讓人發出『哇』一聲的東西，我們正是這樣的東西，我們是槍枝界的奧斯頓·馬丁（Aston Martin）。」

有位年約五十五歲的富人是常客，他狩獵已有一陣子了，諾伊維爾邀請客戶們來到比利時參觀工廠，他們從機場就有專屬司機接駁，還品嘗價值五百歐元的大餐慶祝成交；諾伊維爾拍拍自己的肚子，看得出來他搞定不少筆交易，不過有件事他不做，那就是跟客戶討論價錢，那麼做可就太「拙」了。

當然，不是所有顧客都一個樣。他在法國就賣不掉鍍金的手槍，因為「有點太珠光寶氣」，但德國人或美國人倒是買得挺開心。

「法國人跟英國人或許彼此不怎麼對眼，但他們都蠻知道自己喜歡什麼，連木頭的顏色都是，」他說。「法國人喜歡帶黃色的木頭，英國人喜歡深紅的。」這種量身打造的品味可是所費不貲，他賣的雙管霰彈槍動輒超過五萬歐元，但是對許多買家來說，錢絕不是問題。

「俄羅斯人有錢，他們想買一段歷史，」他說。「他們想買並行式雙管霰彈槍，因為這是沙皇擁有過的。」最近有一把為沙皇尼可拉斯二世製造的槍，在拍賣會上以空前的二十八萬七千五百美元賣出，俄羅斯人顯然是有備而來。

「他們希望大家看他們的槍，但又採取低調的姿態，他們不是『來看我新買的槍吧』，而是刻意放在住家的入口處，作為話題的引子。」

當然，歐洲人搜尋槍枝已經有好長的歷史，立陶宛、芬蘭、捷克和波蘭的全國狩獵協會近來都在慶祝成立九十周年，更古老的保加利亞獵人和釣客聯合會（Union of Hunters and Anglers）則是在二〇一三年度過一百一十五歲生日。一般來說，狩獵在歐洲大受歡迎，如今歐洲大約有七百萬名獵人，芬蘭的槍枝擁有率為全世界第三，過半數的槍枝許可是申請來狩獵，法國據估計有一百三十萬名獵人，西班牙有九十八萬名，島國馬爾他的獵人密度居歐洲之冠（恐怕也是全世界），每平方公里有五十位獵人。

在這方面，美國一如其他事情般有過之而無不及，擁護狩獵的團體聲稱每年有近一千四百萬美國人狩獵（有些人的數字更高達四千三百萬人，但有誇張之嫌），據報持有槍枝的人當中，百分之五十八用來狩獵，美國各地有十萬多個以狩獵為目的的俱樂部和組織，例如國際狩獵旅行俱樂部（Safari Club International）、全國野火雞聯盟（National Wild Turkey Federation）和野鴨無限（Ducks Unlimited）[71]。

無怪乎，狩獵自過去以來就充滿商機，早期在美國的拓荒地，鹿皮值一塊美元，一塊美元紙鈔「buck」的說法也是這麼來。[72] 如今美國獵人據說花三百八十三億美元在熱愛的狩獵上，

---

71. 至少二〇〇四年是如此，從此射擊愈來愈流行。http：//www.nraila.org/news-issues/fact-sheets/2004/nra-ila-hunting-fact-card.aspx

72. 這個名詞早在一七四八年就出現在康拉德懷瑟（Conrad Weiser）的記事中，寫到一七四八年他在「印地安人區」（現今的俄亥俄州）旅行時，「被搶走價值三百頭鹿的財物」。

高於Google的營收（至少狩獵團體的說客是這麼宣稱）。狩獵提供約六十八萬個工作機會，兩百六十四億美元的薪水和工資，大於整個佛蒙特州的經濟規模，且據報還在成長。二〇〇六至二〇一一年間，獵人的人數據說增加百分之九。

當然，看在這麼多錢跟樂趣的份上，美國政界也就卯起來大聲疾呼狩獵的好處與攜帶槍枝的權利，主張攜帶槍枝是安全且符合人道精神，對環境和經濟都有助益；但有些人顯然不苟同，根據「國際狩獵教育協會」（International Hunter Education Association）的歷史資料，美加兩國每年有一千多人被獵人意外槍擊，其中約八十人傷重不治。說「安全」有些牽強。

不過，從紐倫堡的工藝之美，幾乎想像不到危險和死亡，只有奢華和生活。這些槍枝被歸為另一種類型。這裡的攤位有些專門販賣做誘餌和標靶的雞和鵝，有些賣高檔護耳，有些則專門販賣槍枝保養油，還有多重牽引陶鴿的訓練系統，或打靶場的通風系統（只要三萬歐元就是你的了），一家來自紐西蘭，總部設在蘇格蘭的槍盒業者，用胡桃木為你精心製作一套存放槍枝的盒子，要價八千歐元，還有光學照準器和去內臟刀、厚底追蹤靴和全包式太陽眼鏡等。武器和獵人的配件，每個環節都是經濟學供需的縮影。

老派英國人羅賓·迪亞斯（Robin Deas）是這一切的最佳寫照。他讓我看他是如何專注經營槍枝狩獵文化的某個特定面向，因而建立起興盛的事業，那面向就是雙腳。七十三歲的他經營「粗絨布之屋」（House of Cheviot），專門銷售高檔半筒襪給狩獵階級，這種襪子是追蹤獵物時穿的，使用澳洲的美麗諾羊毛，在義大利紡成線，再運到蘇格蘭邊界的霍伊克（Hawick）

織成襪子，他用字正腔圓的英國腔告訴我，這些肉桂色、苔蘚色和蔓越莓色的襪子，每雙售價高達三百歐元。

「賣給總統和國王，蘇丹和皇后，」他微笑著說。我敢說這些人大多不希望全世界知道他們穿的襪子幾乎等於子民每周的工資，但狩獵經濟體的富裕可見一斑。

我繼續逛。這次來到一堆骷髏頭前，是東非的褪色戰利品、美洲豹追蹤獵物的巨大黃銅雕像，將木頭炸開再鍛鐵打造的斯洛伐克狩獵家具；義大利攤位則是銷售精緻的雉雞和狐狸銀飾，逛這些永無止境的攤位就像馬拉松。

慢慢地，一種幽閉恐懼的感覺向我襲來，強勢推銷和花言巧語的行銷充塞整個地方，狩獵的浪漫和開放空間感消失殆盡。這是個來看商品的好地方，奢華、量身打造，而且頂級。這也是人類學家研究歐陸菁英的絕佳所在，但卻不是了解獵人背後動機的好地方。

我抓著大把冊子和名片，疲憊地走回地鐵。但此行還是有收獲，因為我已經獵捕到想得的「引薦」。

＊　＊　＊

辦公室在我家鄉一個破敗地方的破敗街道上，我經過一間被違法小廣告覆滿的商店，經過對街上死氣沉沉的議會建築，繞過一排販賣廉價汽車健檢的小店，來到南倫敦人煙罕至的岔路。

這裡依舊和非洲大草原或中世紀巴伐利亞的美麗迷人大不同，但我從家往河的南邊旅行一小段，為的是要來見馬克・牛頓（Marc Newton），我是在IWA展非洲幻想專區認識他的，他是全世界最古老的槍枝公司之一——約翰瑞格比與公司（John Rigby & Co.）的總經理，我要求再跟他見面，他同意了，他知道我想談獵人的文化，而他是合適人選。

他監管這家令人敬佩的公司，這些年來因為槍枝火力強大而在大型獵物的獵人間赫赫有名，特別是在美國某一類誇張的獵人之間。對威士忌的酒客和王公貴族來說，這家公司是槍枝工藝之首選，在皇家認證下，過去曾經為三任喬治國王和愛德華七世製作過步槍。

瑞格比正在整修，我按電鈴時，電鑽和拋光機的聲響從門裡傳了出來；進了門，裡面的裝修逐漸成形，以後會跟外頭的工業塵垢形成明顯對比。在這裡立刻被帶到一個特權階級的世界，有透著光澤的深色皮，和用精緻水晶杯飲用的陳年好酒。

「這裡的每樣東西都有理由，我們要表現東非在殖民時期的氛圍，」馬克指著掛在牆上的黑斑羚頭。

馬克是個耿直純真的人，年紀輕輕在這歷史悠久的槍枝公司擔任主管，由於父親和祖父都曾經是獵場的看守人，因此從小就被教導狩獵的種種好處。

他直話直說。「直截了當說吧，槍的每一方面都有一堆爛道理，什麼槍讓人強大啦，槍賦予教訓人的權利，槍只是一個字，但卻述說一百萬個字，這是英文字當中最具爭議的字眼。」

我問，槍對他代表什麼意義。

「獵人愛槍，我們深深熱愛品質精良的東西，我們對狩獵樂此不疲，是因為跟平常成天被綁在電腦前面的生活很不同。好的狩獵步槍是轉變一成不變生活的門票，進入你在黑白照片中看見的風景，回到冒險時代。買了瑞格比的產品後，買到它代表的形象，也是進入那種生活方式的鑰匙，在某個禮拜五的夜晚將自己轉變成丹恩斯・芬奇・哈頓（Denys Finch Hatton）。」

芬奇・哈頓是十九世紀至二十世紀初，一位在伊頓公學和牛津受教育的貴族，舉他為例還蠻有意思的。他專獵大型獵物，當他先後和威爾斯王子與愛德華八世一同狩獵旅行時，曾經被要求爬上犀牛的身上，將國王的頭（以郵票上的人頭作代表）貼在犀牛屁股上，他遵照指示在兩邊的屁股各貼一張。一九三一年芬奇・哈頓墜機身亡，他的兄弟引用科利芝（Coleridge）的話刻在他的墓碑上：「他勤禱告，他愛人類，也愛鳥和獸。」我不確知大部份在周末拿起步槍的銀行家，是不是也有如此高貴的情操和浪漫情懷，但我了解馬克想表達的。

馬克賣武器，但他同樣想銷售一種生活方式，也就是南非大型獵物獵人用金屬和木頭打造的海明威式生活。至少這是個不錯的企業策略，因為即使每年只賣兩百五十支步槍，有些卻要價十萬美元起跳。產品線中最受歡迎的，要屬一九一一年設計的點四一六瑞格比，這支要價兩萬美元的步槍能擊垮大象。他告訴我，這一切都體現一種精神。

「這是真正親力親為的文化，」他說，「迷人之處在於，別人看我這個追蹤、射擊和屠宰獵物的年輕人，會覺得我野蠻而且大男人。但是同一群人看《國家地理雜誌》的錄影帶，影片裡的東西就突然變的『有文化』，於是我會問：『那我的文化呢？』」

當然，這裡是英格蘭，我不禁想到這是以特權著稱的文化。在這裡訂製的家具和真皮皮面的書，在在說明繼承來的財富或高額績效獎金。但我不是第一次在英國見到為自己狩獵權利辯護的人，人們動不動就聲稱他們的運動被誤解、甚至被迫害。

當我表示英國的狩獵文化不是人人皆可參加，電話中一位約克夏的獵人聽起來頗為不悅，即便他自己的網站上只秀出中年白人男子身穿橘棕色花呢套裝，坐在皮椅上享用打獵後的酒。他用威嚇的語氣告訴我，他在松雞射擊場上雇用的人來自各個階層，之後他譴責我把射松雞說成狩獵。

不過，很多人把狩獵視為英國仕紳階級的運動，一方面跟階級有關，也和動物福祉有關，換言之是身份的判準。肯特麥可王妃（Princess Michael of Kent）宣稱她也在體驗簡樸生活：「我比任何一位奶媽更會做針線活⋯我父親在非洲有座農場。你們有掏過雄鹿的內臟嗎？」

難怪當英國保守黨領導的政府，維持槍枝執照的費用在五十歐元，導致政府每年必須補助約一千七百萬歐元，看在左翼善辯者的眼裡是獨厚某個階級的做法；他們也從對松雞棲息沼地的補助款，從每英畝三十歐元提高到五十六歐元中看到特權運作。左翼評論者喬治・蒙比爾特（George Monbiot）當時寫道，「就回到愛德華時代烏雲罩頂的英國吧，當時的社會被那些以投資動產不動產的孳息度日的人霸占，城市中心保留給巨富，鄉下則是給被他們奴役的人⋯⋯我們的錢被用來補貼松雞和獵槍。」

但對我而言，類似議題與其說是衝著槍枝，不如說是針對英國的古老階級制度而來，於是我把和馬克的對話導回狩獵，問到大型獵物狩獵的爭議，蹲在被擊倒的花豹或印度豹旁拍照，會令許多人不寒而慄。

「凡是能獵殺這麼漂亮的動物，」他指著背後牆上的獅子皮說道，「又沒有強烈罪惡感的人，我感到罪咎。」

「不過，」我早料到他會說這兩個字，「肉是有用的。不到半小時，大象會被大卸八塊。兩年前我們射死一頭河馬，結果叢林裡冒出來一群人，把河馬剁成一塊塊，肉又回到當地人那裡。」

我可不吃這套說詞。獵鹿是如此，獵殺把人殺死的獅子也說得過去；但是僅僅因為想要殺而殺死一頭獅子，這我就不懂了。我敢說大部份殺這些動物的人，並不只是為了啃牠們的肉排。

幾個月前，我到過紐約。麥迪遜大道的繁華核心，展現由財富和身份構成的類似世界，我到義大利槍枝製造商貝瑞塔的豪奢店面，他們將旗艦店設在紐約而非米蘭，但走進用手工裁切的義大利石頭鑲嵌而成的厚重大門，立刻進入百分百的歐洲奢華世界：一樓專賣襯衫和外套，這些衣服上極盡能事鑲嵌大量帶釦與口袋；頂樓擺滿獵槍，上面的標價會讓你必須再看一遍以確定沒看走眼。不過，引起我注意的卻是二樓，牆上掛滿非洲的黑白相片，而放了一本本擺設用的大部頭狩獵書的書架上有一排DVD，其中一片掉了出來，片名是《伯丁頓捕印度豹》（Boddington on Cheetahs），這不是一部大衛・阿滕伯勒（David Attenborough）風格的影片，而是講述地球上最快速的動物，被內膛十二的槍擊敗的經過。這部片的旁邊還有《伯丁頓捕獅子》（Boddington on Lions）、《伯丁頓捕美洲豹》（Boddington on Leopards）。

伯丁頓的行為完全合法，但影片外殼的背面有類似連續鏡頭的畫面，會讓身為調查新聞記者的我，想來製作一個關於虐待動物的影片。感覺既沒有必要，而且殘忍。我的感傷會被譏為不諳世事的都市自由派，買這些DVD的人會辯稱，射殺熊或印度豹在理性上並無不同，只不過後者比較漂亮罷了。

但是當我和馬克握手道別時，我還是懷疑是否連他自己都不完全確信射殺獅子和犀牛的必要性。我當然不認為有必要，但或許是為了挑戰自己的偏見吧（如果那叫偏見的話），我做了個決定。我在飛回美國之前，開車往北穿過南非花團錦簇的花園路（Garden Route），來到東開普最偏遠的邊境城鎮。

* * *

旅店位在距離克拉多克（Cradock）約一小時車程處，這是個三萬五千多人的小鎮，主要是服務大魚河（Great Fish River）沿岸的農民和商人，克拉多克最初是軍事前哨，住家整潔樸素，商店的門面使用木頭材質，販售在這片艱困土地上生活的日用品。我來到南非東開普的西部地區進行狩獵旅行，這裡也是南非九省中最貧窮的一省。

克拉多克是進入維爾德（Veld）的前一個城鎮，這裡除了不見邊際的草以及供我獵捕的動物外，其他什麼都沒有。這個小鎮彷彿曾經充滿一群熱血打拚的人，如今住在這裡的人似乎想不起來當初打拚是為什麼。這是個被遺忘的地方。一九八五年，種族隔離最黑暗的時代，四名南非激進份子在這裡遭到白人保警槍殺後，或許自我信念也隨之死亡。我特地去參觀緬懷他們的紀念碑，但天空突然降下滂沱大雨遮蔽視線，我只好在龜速的車陣中走走停停，直到看見六十一號公路（Route 61）的標誌，於是我路邊停車，查看目前所在的位置。

這裡的地名道盡波爾人的過往，葛拉夫萊納（Graaff-Reiner）、哈夫梅爾（Hofmeyr）、史特爾克斯特魯（Sterkstroom）[73]。這片高低起伏、肥沃廣袤的區域和無垠的天空，是阿非利卡上帝的國度，原因很清楚，迂迴曲折的光在平原上搖曳，幾英里外的雨雲都清晰可見，我回到車上，行駛在空曠的道路，一團烏雲逐漸接近地平線。

這次雨下得更大，突然間雨水中出現一個牌子，寫著：「魚河」。我接受它的誘惑，車子繼續行駛十公里，經過八處牛欄後，終於來到目的地。

我開車開了幾乎三個整天，才從開普敦來到這裡，不過，「距離」是生活在這裡的最大特點，「里查荷姆斯狩獵旅行」（Richard Holmes Safari）的狩獵場兩側綿延約二十萬英畝，一直來到卡魯（Karoo）和東草地（East Grasslands）邊界。經過多次有關狩獵許可的交涉和電子郵

73. 譯註：波爾人是居住於南非境內荷蘭、法國與德國白人移民後裔所形成的混合民族。現在基本上已經不用「波爾人」，改稱阿非利卡（Afrikaaner）人。

件的往返，我最後同意到這綿延的山谷和小丘，來獵兩頭代表南非的「跳羚」，這是個艱難的決定，基本上我來狩獵純粹是為了這本書，因為我認為，想瞭解獵人究竟迷上狩獵哪一點，有必要親身來一回。唯一的條件是，無論獵到什麼，稍後將用來加菜。

我下車環視四周。在一處淺淺的山谷，看得見遠處山上的打靶場頂端；路上停了一排毛色光亮的椋鳥，站在高處滴著雨水的樹枝上，空氣聞起來很清新。不多時，狩獵旅行客棧的老闆冒著大雨出來迎接我們。

里察荷姆斯跟我預想的不同，我以為他會像雨王韓德森（Henderson the Rain King），有說都說不完的英勇故事；但他是個謹言慎行的人，外表與其說是獵人，不如說比較像會計師。當然他從骨子裡就是個獵人，無須靠裝扮襯托，他四歲擊落鳥，七歲射殺第一頭跳羚，經營狩獵旅行超過二十年。

在狩獵方面，他跟南非各地的許多人一樣，二十一世紀初，南非的獵物農場屈指可數，如今有超過一萬兩千處，其中一萬處可供狩獵，是偏僻地方的重要經濟來源；二〇一一年狩獵產業帶來七十七億南非幣，約合八億美元，其中三分之一的收入是一萬五千位從海外來獵殺戰利品的獵人，獵殺獅子可能要價七萬美元，近來獵殺黑犀牛的許可證，在拍賣會上更是喊到三十五萬美元。

不過，理查跟某些人不同，他只獵殺自由放牧的食用動物，不會為了毛皮而獵殺獅子或印度豹，而且只在南非獵捕過，妻子瑪莉安也是如此。他們也以客棧的名義，為藪貓、獰貓、非洲野貓和黑足貓成立保育信託基金。

客棧乾淨簡樸，荷姆斯的住家旁有一區專門用來屠宰和冷凍獵物的地方，再過去有幾棟給打獵客人住宿的茅草小屋，一邊是花木扶疏的花園，種滿紅色黃色等鮮豔花朵，還有如紫色星星般的非洲百合，和大朵大朵的橘色雛菊，彷彿是荒野中一處精心栽培打造的綠洲；繼續走就來到餐廳和廚房，冷藏庫擺滿伏特加和奎寧水，外頭有一個製作南非式烤肉的烤肉架。要等黃昏才有用獵物和蔬菜製作的晚餐，接著我精疲力竭倒頭睡著了。

當天晚上，我出來認識其他客人，有一對夫妻名叫約翰和桃樂絲·懷特，約翰年約五十五歲，是個大塊頭的美國人，桃樂絲比約翰年輕十五歲，來自阿根廷的戈多巴（Cordoba）。約翰則是明尼蘇達州的人，他的雙胞胎兄弟也娶了阿根廷老婆，他剛認識我就把這些事告訴我，因為他和許多美國人一樣，樂於把私事跟人分享。我喜歡他。他們已經付了打獵的費用，包括四隻跳羚、兩隻大羚羊和三隻鴕鳥，兩個人都因為來到這裡而興奮得脹紅了臉。

約翰像我見過的許多美國獵人一樣，是跟槍一起長大，祖父教他用點二二口徑步槍射擊，但是從他多年來在美國空軍負責駕駛洛克希德C–130載人離開巴拿馬、西班牙和格陵蘭看來，他是這幾年才又回到這份熱愛的活動上，現在他和桃樂絲打算獵殺鴕鳥，這是種非常難以接近的鳥類，而他們穿著成套掩護用T恤和長褲，在這個狩獵的天堂。

當天晚上的另一位客人名叫金·葛利夫（Jeane Grieve），他是本地的標本製作師傅，辭掉飛機工程師後從事這一行已經十年，金的客人幾乎全都是像約翰這樣的美國獵人，來這裡也是為了招攬更多生意。美國人喜歡將獵物做成紀念品，一九九九至二〇〇八年間，非洲被獵殺的五千六百六十三頭獅子當中，有三分之二最後被運送到美國，而說到戰利品，美國人喜歡大的。

「他們喜歡一整頭直立的動物，」金說，「其他各國的人，除了可能是澳洲人以外，都喜歡白骨。」我從沒遇見過標本製作師傅，對他這一行一無所知。於是我問什麼動物最難處理，他立刻回答，「豪豬。一整頭是最困難的，豬皮薄如紙，特別是背部，真的很難。」他說有時問題不在細節，而是處理動物的前置作業，整頭大象要花兩年才立得起來，他的公司必須把工作外包，因為大象實在太大。他的公司有個倉庫，裡面有上千隻正在處理的動物屍體，有個客戶一口氣就訂製一百四十六個直立標本，很多客戶請他們將獅子、大象、非洲水牛、美洲豹和犀牛等五種大型動物製作成直立式標本。

竟然會有人想把這五種動物全擺在家裡，令我露出些許震驚的表情，不過他對於被獵殺的動物倒是採取坦率的態度。「我看不出來獵殺斑紋羚羊或美洲豹之間有什麼不同，只要有適當管理就好了。」

熱騰騰的肉和馬鈴薯被端了上來，我們坐在長桌前暢飲南非紅酒，吃新鮮捕來的跳羚，滋味與飼養的肉差了十萬八千里，根本不能說是同樣的東西。話題自然來到狩獵。

每個人的想法多少有些放肆，對都市長大的我來說，是以前想都沒想過的。為何不弄個犀牛農場，可以每年鋸犀牛角，就像剃羊毛一樣？譴責獵捕稀有動物是沒有遠見的，任何一群動物中，一定會有年老的動物不再適合傳宗接代，既然如此為何不發給許可來獵殺這些動物？「反正牠們終究要死。」

「人類導致捕食性動物減少，」理查說，「現在有些野生動物需要被控制，反正牠們也是要被殺的，既然如此自然淘汰和被獵人獵殺之間又有什麼不同？反正又不能把野生跳羚運到屠宰場，就算可以，牠們在被運送的過程中會受盡驚嚇，以致不得不將牠們麻醉。」

他說，他們的保護區對保護野生動物的棲息地很有幫助，否則這些土地會被轉作農地。「畜牧業大多只栽培羊和牛，這是深具破壞力的。」狩獵旅行讓土地重現生機。一九五〇年代，南非平原有五十萬隻作為獵物的動物，如今有兩千萬隻，飼養來供狩獵和保育用，他說，這是槍的功勞。

我說，關槍什麼事？這些槍不都增加了人被槍擊的可能嗎？

「人殺人，」理查回答，「槍不會殺人。」從他的觀點，我明白他為何會相信農場上的兇殺少之又少，但我來這裡不是為了談論槍殺，至少不是談論殺人的事。況且時間也晚了，我得在日出前起床。

* * *

74. 有人更進一步想把十種小動物入袋（小羚羊、藍色、灰色和紅色的麂羚、南北羚羊、山羚、侏羚、非洲小羚羊和桑島新小羚）。

在我們腳下是一片平原，頭頂上的厚重雲層在一望無際的曠野投射長長的影子，亂草隨著輕風吹過而起伏，我將步槍緊緊抓在手上，透過照準鏡將晃動的十字瞄準器對準遠方的大羚羊，但牠們太遠。我們已經出來兩小時，卻依然無所獲。

這時，嚮導約翰・西雷谷（John Sihelegu）碰了碰我的肩膀，指向右邊。一隻母跳羚站在布滿岩石的小峽谷上，也許是七歲吧，她沒看見我們而且位在高處，和深藍色的天空形成對比，我們只看得到她的上半身，細細的茅草將她的腿和肚子遮住。

我轉頭，舉起步槍。這槍射得很尷尬，背後的紅色岩石戳著我的腰，我的臉感受到芬蘭製步槍光滑的木質槍托，接著我閉上左眼。照準器呈直線，十字瞄準線被壓低到嚮導要我瞄準的心臟，也是將她擊斃的最佳瞄準點，就在肩膀的下方。

我的手指輕觸扳機，倒吸一口氣。

槍子一出，她便倒地。平原上響起一陣慌亂的警告聲響，我們面前一群恐懼不知所措的獸群跨越赭石往峽谷衝，而發出噠噠的啼聲，五、六、七隻年輕的跳羚繃緊肌肉帶頭逃命，加緊速度往平原俯衝，我再次將子彈上膛。

所有跳羚逃的一乾二淨，除了被我打中的以外。她躺在高處看不到的地方，這時我注意到有一隻小跳羚，是所有往峽谷逃命的跳羚中的最後一隻，她停下來，尾巴在顫抖。她轉頭往深谷看了一秒，回頭找媽媽，接著也跟在其他跳羚後面離開。我的胃難過的糾在一塊。我站起身，抓著步槍，從突出的石頭開始加速跑上山丘，跳羚躺在那裡全身抽搐，她還沒死。我衝向她，劇痛和汗令她驚慌，她試圖站起來卻不能，她的肩膀已經沒力，站不起來。

嚮導說：「把她解決了吧。快點。把照準器放在三然後直接瞄準。」

我把照準器的刻度從六撥回到五……四……三，然後舉起步槍。我站在五英尺外，對準目標再次扣扳機，跳羚一陣劇烈顫抖後出現一個小紅點，接著她一動不動，結束了生命。

我只覺得難過。

嚮導要我去領戰利品。「拍照時間，」他說。這隻動物的皮孔滲出血流，她的肌肉顫抖，雙眼呆滯。我抬起她溫暖的身體，將她拖到一個白蟻窩上，在翻動身體時，我看到子彈對她做過的事。子彈留下了一個入口，但肩膀的後背部被炸開，在她的脊椎下方形成一個深洞，骨頭和肌肉盡皆暴露在不斷淌血的開放性傷口外。

我移動羚羊的後腿，將它擺在鐵鏽紅的土地上，嚮導要我抓住她的脖子固定位置，以便拍出最棒的照片。

「對，就是那裡。把帽子脫下，」他說。跳羚脖子的肌肉收縮了一下。照片拍得挺好，在我背後是一片碎雨雲，相片的顏色很鮮明，動物看起來也很有尊嚴，只是相片中的臉是我從未見過的——我的雙眼看起來就像殺手的眼睛。

我起身處理這隻被擊斃的動物，鋒利的刀子將她的肚子剖開，內臟像泥漿般散在碎石地上，她被抬起從山頂往下吊，她的頭垂向一邊，每往下一步，我就想到步槍的尖銳聲響，想到小跳羚回頭找媽媽，真不曉得這趟旅行對我究竟有什麼意義。

Chapter 11

性與手槍

到美國拉斯維加斯採訪「上帝」，名叫絲脫婭的A片女星↓性與槍↓用不同角度看事情↓巴西幫派份子，配戴槍和他的自我↓受害而非加害的男人們↓謎樣的巴基斯坦人↓受迫害的新聞記者以及配備武器男性的邏輯與危險↓美國華盛頓特區，和六個孩子的媽談自我防衛↓一位律師對統計數字的詮釋↓什麼自由派人士在紐約不太談論槍

正當地表最盛大的槍展（Shot Show）在拉斯維加斯舉行的同時，號稱全世界最大的成人商業活動「A片新聞娛樂博覽會」（AVN Adult Entertainment Expo）也在同一處舉行。這或許並不讓人意外。

兩個展覽我都去過。兩處的觀眾群沒有太大差異，都是單身白人男子，蓄鬍、拖著後腳跟走路、多半有點超重，格子襯衫上有些詭異的汗漬。此外，他們熱愛展覽的主題，後者的三萬名訪客是衝著「性」來到內華達州的這個沙漠城市，形單影隻尋找令他們瞠目結舌的事物，順便拍照留念。

還有其他類似的地方。成人博覽會跟槍展一樣有最新的配件，每個配件都是將基本概念發

揮到極致，有綁在腳上的人造陽具，還有和電話連接的震動器，還有用A片男星的陽具打模製造的自慰玩具，叫做閃肉燈（Fleshlight）。

不過，我不是被子彈按摩棒吸引而來參加這場性的盛會，我來是為了留著一頭烏黑秀髮的A片女星絲脫婭（Stoya），也是另類A片的皇后，我想跟她聊一聊，因為她基於未知理由，曾經以狙擊手的造型在一部最新的影片中出現。

我是在一個藝術網站第一次知道絲脫婭，她在《歇斯底里的文學》（Hysterical Literature）系列影片中演出，影片的構想很簡單，拍攝幾位紐約自由派女性朗讀小說的樣子，鏡頭下的她們則接受高速按摩棒的刺激，攝影機拍下每位女性進入性高潮的過程，絲脫婭在朗讀《姦屍形形色色》（Necrophilia Variations）中的死亡情節時到達高潮，這是一本專門論述戀屍癖的書，我想知道她為何選這本小說，於是便上網查了查，發現絲脫婭除了在紐約的藝術場景中扮演女神外，也是AV女優。

她是在一個特別的時刻加入美國的成人影片業。她不是典型的芭比娃娃，她穿衛斯伍德（Vivienne Westwood），而且留短髮。她自稱是個平胸妖精，但她顯然不靠外型取勝，拍的A片也先後獲得獎項。二〇〇八年她贏得美國最佳新人獎，二〇〇九年以「最佳女性團體性愛鏡頭」獲頒獎章；但是引起我的興趣的，是她二〇一四年在《榮譽守則》（Code of Honor）中的演出，贏得「主題電影中的最佳鏡頭」，因為絲脫婭在戲中扮演名叫「上帝」狙擊手。

於是，我來到拉斯維加斯等著採訪絲脫婭，我想知道扮演狙擊手到底有什麼性感可言，我無法理解，而某方面我認為「上帝」能告訴我。

她要求在博覽會外的硬石賭場見面，我來得早了些，這裡每間賭場地板都瀰漫像這樣銷魂的燈光，我看著一群頭髮金到不能再金的妞，腳踩著恨天高的高跟鞋搖搖晃晃走過。

我在見面前做過一點功課，我看過絲脫婭在《絲托婭什麼都做》（Stoya Does Everything）的系列影片演出，乍看標題令我想像裡面會是些不堪入目的性愛場面，但原來這些影片是專為絲脫婭的忠實粉絲拍攝，他們想看她做一些跟裸體無關的事，像是打彈珠、抓鬼、同人誌。她在其中一部影片中，參觀一處打靶場。

其中一段影片的開頭她說，「槍讓我非常緊張。」接著插入重金屬配樂，影片中的她穿上防彈背心，舉起一件T恤，上面寫著「殭屍退散」。接著她直奔打靶場，身穿軍服的男子將手槍拿到她面前，「好大，」她張開手指，用誇張的口吻說道。

她選擇那裡最小的槍，叫做蚊子。她看起來有些焦慮，很難分辨是不是裝出來的。但是在她開第二槍時，射出的彈殼出了岔子，打到靶場的隔牆後彈到她。「狗娘養的！」她心情低落地離開靶場。「有個彈殼，」她指著自己的胸部，「在我的襯衫裡，」之後慢慢抽一口菸，轉向鏡頭說道，「現在我一整個抓狂，不想再碰槍了。」

絲脫婭本人來到咖啡店。她抽著情有獨鍾的百樂門香菸，端出一本正經的微笑，一邊的耳朵上別了安全別針，瘦削的骨架套上黑色緊身衣，很有色情片的時尚感。不過，她說話字斟句酌且聲音很輕，而且她顯然懂得如何使人放鬆心情。她給我看她身上的衛斯伍德行頭（「我住紐約，但鞋子都在洛杉磯」），她談了一點她家的貓，又說到她在拉斯維加斯不為人知的恐怖經歷（「死亡的五英里」）。在色情大會隔壁這家燈光昏暗的咖啡店裡採訪她，感覺再正常不過了。

我說明我正在做的事。她一面聽，一面小口喝著用酒杯裝的咖啡，思考要怎麼回答。「關於成人娛樂，有一件事情是，」她說，「必須原本就是膚淺的。我的意思是，你在高潮的時候會想什麼呢？」

我噗哧笑出來。我在訪談時從不曾被問過這問題。她替我回答。「無意識，什麼都沒有。不是嗎？你在那時刻大概不會思索任何事情。所以，如果試圖弄清楚影片中的高深大道理，結果多半是自討沒趣。」她是要我別太認真看她扮演的角色，因為那只是愚蠢的A片。

「在做成人影片時，情節只占大約十五分鐘，其餘都是性，」她解釋。「所以必須在這麼短的時間內，表現你在這部電影中的原型，像是啦啦隊員、護士、烤蘋果派的媽媽。影片導演羅比滴（Robby D）最拿手的事情之一，就是讓拿槍的女生顯得很威武的樣子，所以扮演狙擊手跟我個人無關，全都是羅比滴的決定。」

之前我曾聽過有以女性狙擊手為原型的色情片，原來都是假情報。一九八〇年代的俄羅斯軍隊在車臣提到，有參加滑雪和步槍射擊兩項比賽的金髮亞馬遜族女戰士，被雇用作為狙擊手來對抗俄羅斯軍隊，他們稱這群女狙擊手為「白色褲襪」。二〇〇八年在南奧賽提亞（South Ossetia）和喬治亞、二〇一四年在烏克蘭，俄羅斯人再度遭遇女狙擊手，此外還有被稱為阿帕契（Apache）的女性越共狙擊手，據說她們曾經凌虐美國海軍使他們流血至死，阿帕契的「招牌做法」之一是將俘虜閹割，之後我才知道，知名的猶太裔美籍心理社會性治療師茹絲，也曾經被訓練為以色列擔任狙擊手。

這是顛覆女神槍手的形象，性、死亡和恐懼全部包裹在一起。將死亡和性帶給男性的神祕女殺手，這位名叫「上帝」的影子人物所散發的情色力量，讓我想到墨西哥黑道敬拜的死亡聖神（Santa Muerte），又讓我想到遇過的那位以色列狙擊手，當然後者的美麗令我驚豔，彷彿她的美與她輕易取人性命的能力之間是如此不協調，或許羅比滴讓絲脫婭扮演這角色，就是要找到這種魅惑力吧。

不過，實情完全不是這麼回事。

「我一點都不喜歡槍，」絲脫婭又點燃一根菸。「槍令我害怕。」

* * *

性與槍之間當然有關連。

從膚淺的層面理解，電影中穿著比基尼拿步槍射擊的女人屬之，一九八〇年代末安迪・希達利（Andy Sidari）在他空洞無意義的系列影片《子彈、炸彈和女人》（Bullets, Bombs and Babes）中，將以上形象做了最佳詮釋：他把性的慣用橋段七拼八湊，有《花花公子》玩伴女郎和《閣樓》寵物穿丁字褲揮舞半自動步槍的畫面。用肉體滿足男人的暴力幻想。

比較近期的如絲脫婭，槍成為硬調色情片的配件；乳房上有手槍刺青的「少女A片女優」印蒂歌．奧古斯汀（Indigo Augustine）似乎建立起一群死忠追隨者；此外色情網站上有許多影片的片名像是「小雞賣槍，我有槍可吸」或「法國女孩開完槍後盡情縱欲」，這種戀物癖要表達的與其說是片中的女性，不如說是自慰的人，但是透過性和性別的萬花筒來看事情，會讓我們稍微比較容易理解槍對男性真正的意義。

目前為止，我在旅行中遇到的女性並不多，而拿槍的女性更是少之又少，我在南非遇到一位女醫師、在宏都拉斯的葬儀社遇到一位女業務員，在瑞士遇到一位自殺防治慈善機構的女性工作人員，她們以各自的方式來因應槍枝造成的影響，但都不是耍弄槍枝的人。

手上握槍的幾乎清一色是男人。對此我不意外，美國男性擁槍的比率比女性高至少三倍，葡萄牙更極端，百分之九十九申請槍枝許可證的為男性。

為什麼呢？答案是歷史的影響，加上許多需要用槍的工作一面倒向男性所致，但也反映另一種現象，隨著女性解放和兩性平權的進展，槍枝似乎依舊和一百年前一樣，是男性暴力的工具。

這或許是因為，許多國家在現代市場經濟的結構下，「陽剛」特有的肌肉和體力優勢，遭到知性、創造力和足智多謀等「陰柔」特質挑戰。簡單來說，在已開發的知識經濟體中，資訊科技公司的電腦程式撰寫員和公關經理，收入遠高於建築工人和保全人員。熱門技術的轉移與製造業的重大衰退同時發生，在美國尤為明顯，一九六〇年，美國近百分之三十的工作機會屬藍領；如今約百分之十。儘管美國人口幾乎倍增，但現在製造業的工作機會，比五十年前約少了四百萬個。

衰退的結果全都被完整記錄。男性對自己在世界上的角色普遍感到不安（即使這種不安往往只是認知自己失去權力而非真正如此，畢竟男性平均收入依舊高於女性），對那些感覺自己地位鬆動，對瞬息萬變的世界不知所措的男性來說，槍是他們能緊抓不放的東西，能彌補自覺失去的男子氣概，又傳達力量、身份和權力的假象。

以下不是我的結論：槍枝製造商本身公然認可這種時代的思潮，他們的廣告充滿著生命力飽滿的陽剛氣，格洛克說，它的槍給你「活出生命的信心」，塔佛（Tavor）半自動步槍的廣告詞則是，「今天就用你的手達到權力平衡！」華瑟PPX的手槍廣告詞很簡短，「夠悍、非常悍。」

毒蛇（Bushmaster）自動步槍的製造商，把以上發揮到極致，他們辦了一場非常成功的「男人卡」活動，宣揚擁有一支槍「證明你是男人中的男人，最後的存活者，理應享有一切的權利和特權。」如果你是「愛哭鬼」或「懦夫」，朋友甚至可以收回你的男人卡。

就連「小型武器調查」也針對這個議題提供權威見解，他們表示男性往往利用槍來聲張自己在社會中的地位，「槍是很有威力的工具，年輕男性利用它彰顯男子氣概，無論是取得難以追求的物質或身份地位，或把排斥他們的社會推翻。」

對我來說，這些都可想而知，因為我在幾年前曾近距離目睹過真實事件，就在巴西某個清晨看到那位被殺的女性之後幾天。

* * *

聖保羅外圍的貧民窟一帶，有一區遭非法占據的正方形屋子，我們約在其中一間見面，這一帶的房子像是兒童的畫，街道糾結在一起，四周圍上波浪板和空心磚。他要我們別遲到，於是我們進入看似監獄大門的金屬門，來到屋裡等他。他走了進來，一名身材瘦削、精神緊繃的男子，動作像爬蟲類緩慢，他一語不發，做作地與我們握手寒暄，接著用懷疑的眼光環視四周。儘管天氣很熱，卻將頭上的全包式毛線帽拉得很低。

他拉來一張塑膠椅，示意要我們坐在一張搖晃的桌子前，或許他覺得多了這張桌子，會使今天的會面變得比較正式，感覺比較像訪談而不是違法的短暫交談。他很緊張，空氣充滿張力。接著他將手伸進襯衫，掏出我們想看的東西——他的手槍。他一開始偷偷摸摸展示，我們將身子趨前以便看仔細，這是一把美製點三八哈靈頓與李察森（Harrignton & Richardson）的槍，製造這把槍的美國公司，現在隸屬槍枝製造業「自由集團」（Freedom Group）旗下，看樣子超過三十年了。

我想跟一位持有非法槍枝的幫派份子見面，把過程記錄在我製作的影片中，奇怪的是我在薩爾瓦多和宏都拉斯的黑社會都找不到槍，但我在這裡總算找到我要的。

「我帶這把，」他的臂肌發達，上面留有過去暴力事件的痕跡，「因為它給我力量，讓我覺得高人一等，好像變得更強大。」

記者拉米塔．納法伊（Ramita Navai）想問他有沒有用這把槍殺過人，翻譯說還是別問吧，於是他接著說，「槍讓你變成大人物，警察、黑道份子、其他人都會聽你的。這東西真的會說話。」他再度掏出槍，這把槍很重，有五個彈倉，稜角被磨損，帶著深色的鐵鏽。他用單調的語氣慢慢說話，巴西式葡萄牙文的節奏和韻律，原本聽起來像是在某個宜人夜晚拿著冰啤酒在海灘；但現在聽來活像死亡威脅，彷彿眼鏡蛇發出的嘶嘶聲響。

槍使這個獐頭鼠目、個頭矮小的黑幫份子感覺自己像硬漢。打從很早以前、在很多地方就是這樣，有位美國的專欄作家甚至因此說出管制槍枝的最佳方法，就是針對槍帶給人的男子氣概舉辦一項宣傳活動，暗示凡是買半自動步槍的男人都有小雞雞。聽起來或許荒謬，但巴西的和平慈善機構「里約萬歲」（Viva Rio）就做過極為類似的事，該機構的說客安東尼歐．班德拉（Antonio Bandeira）教授曾在某次訪談中表示，「我們最成功的媒體宣傳之一，是以諷刺手法將性的不安全感和對槍的讚美連結在一起，然後由一位美麗的女紅星說，『好情人不需要槍。』」這是「里約萬歲」為了強化巴西槍枝管制所舉辦的遊說活動，就像這位教授說的，「研究顯示，二〇〇四年施行法律後的五年內，槍殺事件下降百分之八，救了五千條人命。」

我認為「里約萬歲」了解一件事，是其他地方許多槍枝管制說客所不了解的，那就是：光是施行槍枝法律，而不去扭轉人對槍的態度文化是沒有用的。而且必須正視心理學上不容懷疑的事實：如果從性和欲望的角度來探討人對槍的態度，或許會明白男人想擁有像槍這種陽具崇拜的象徵，其實有更深沉的理由。這項發現的靈感來自法國心理分析師傑克・拉肯（Jacques Lacan），心理醫師認，擁有槍是因為擔心失去男子氣概，也是對現代主義中都會美形男的反撲，當男性面臨失業、失去身份地位，終將失去身而為人的意義。[75]

任何威脅反而招致更深的恐懼，例如男人可能失去自己的槍。這或許解釋為何連最基本的槍枝立法，在美國都會遭到強烈反對。

只要仔細看就知道。佛羅里達州有一位槍的講師，把一段影片登載在主張槍枝管制的團體「媽媽起而行」（Moms Demand Action）的臉書網頁上，他在影片中用槍射擊上面寫著「媽媽起而行」的標靶，對著攝影機秀出子彈彈孔，說道，「母親節快樂。」一名叫「德州公開攜帶」（Open Carry Texas）的四十位團體成員，稱「媽媽起而行」是「長奶的惡棍」，他們攜帶突襲步槍出現在德州阿靈頓某餐廳外，「媽媽起而行」的四位女性成員正在餐廳用餐，這群男子站在外面，擺出令人不明所以的姿態，來自同一個武裝團體的成員後來在一處打靶場發動「瘋狂一分鐘」，將一具女性假人用亂槍掃射成灰燼。

零星事件可鄙到令你不解，但心理學或許幫助我們了解人為何會有這麼激烈且令人不安的情緒，也顯示槍枝辯論不光是針對槍，也和其他更深層的恐懼有關。

75. 史蒂芬・馬歇（Stephen Marche）針對這主題寫過一篇很好的文章，許多想法必須歸功於他：http：//www.esquire.com/features/thousand-wirds-on-culture/guns-are-beautiful-0313

從心理學角度觀察擁槍這件事，對我來說還有別的收獲，幫助我對理查在南非的狩獵旅店所宣稱的「槍不會殺人，是人殺人」的觀念提出反駁。

二〇〇六年，蓋爾斯堡（Galesburg）的納克斯學院（Knox College）幾位心理學家，針對三十位男大學生進行實驗，每位學生先提供唾液樣本，並拿到槍或兒童玩具玩十五分鐘後，再度提供他們的唾液樣本。接著這群男大生被告知可以任意將辣椒醬放入一杯水中，並告知他們這杯水要給另一位受試者喝，結果發現拿到槍的男大生，睪固酮的分泌量遠高於拿到玩具的男大生，而且放入水中的辣椒醬也遠多於後者。在這實驗中，「槍」似乎有轉變人的能力，其他研究也顯示了類似結果，據說暗中攜帶槍枝甚至會改變人表現在外的走路方式。

當然，類似實驗要重複幾十次才具證據力，但我可以這麼說：我見過警察、士兵、傳授防身術的訓練師和犯罪集團份子，在他們拿起槍的時候出現明顯變化；我也看過槍如何成為他們身體的一部份，槍管成了身體和意志力的延伸，替他們壯大聲勢，也讓我們這些沒有槍的人變得更卑微。槍改變了這些人及其處境，一如它改變在聖保羅的盛夏，坐在我對面這位竊賊的雙眼。

之後，我們坐上工作人員的車子開離塵土飛揚的貧民區，翻譯說她剛剛嚇死了，幫派份子的話介於偏執和憤怒之間，她努力理解他說的一些事，也擔心那個憤怒男人手上的手槍。

但情況就是如此，槍賦予人威權的優勢，而且是無法僅憑腦袋贏得的威權。光憑一把槍就能在所有爭論中獲勝，把「無名小卒」提升為「男人」。難怪這麼多男人愛它們。

男人對槍的愛如同許多愛情故事一樣，很快就走了調，這是交織死亡的戀愛關係。

* * *

除了紐西蘭、香港、日本、韓國、東加王國和拉脫維亞之外，死於武裝暴力的男性均多於女性。全球男性兇殺率幾乎是女性的四倍[76]，在巴西之類的地方，絕大多數（超過百分之九十）的兇殺被害者為男性，且通常是貧窮的年輕男子。世界衛生組織公布，哥倫比亞被武裝暴力殺死的男女比為十三比一，薩爾瓦多為十五比一，菲律賓為十六比一，委內瑞拉幾乎是十七比一。

男性在戰爭時的命運也差不多，一份全球死亡率資料的重要分析顯示，男性在戰爭的死亡人數永遠超過女性，此外死亡率最高的女性為女嬰，男性則是介於十五歲至二十九歲之間。這是因為女性往往受到疾病和營養不良等戰爭的間接影響，反之一群群年輕男性則是赴沙場送死，直接成為砲灰。

根據世界衛生組織的資料，男性往往比女性容易自殺，政府外的機構檢視槍枝自殺，發現他們檢討的每個國家中，男性自殺的頻率高過女性。

---

76. 比率是每十萬人九點七與二點七人。美洲是最高的（每十萬男性二十九點三人），比亞洲、歐洲和大洋洲高了近七倍（每十萬男性低於四點五人）。http：//www.unodc.org/documents/data-and-analysis/statistics/GSH2013/2014_GLOBAL_HOMICIDE_BOOK_web.pdf 第十三頁。

然而，槍對男性的影響所呈現的可怕數據，往往沒有經過任何確鑿證據的辯論，彷彿我們覺得這一切都是無可避免，彷彿男性就該孤獨痛苦地死在槍口下。

只要上Google查詢「針對女性的武裝暴力」（armed violence against women），會出現兩萬六千九百個結果，查詢「針對男性的武裝暴力」（armed violence against men），結果只有兩項資訊符合條件。[77] 槍枝暴力的加害者絕大多數為男性，然而不願面對槍枝對男性的影響，造成的後果卻是深層且令人不安。

多年來，華雷斯城（Ciudad Juarez）一直受鬼魅糾纏所苦，一九九〇年代，這個墨西哥北部邊境的城鎮以殺害女性的可怕事件聞名，數百位女性在這裡死亡，這些兇殺案往往和性脫不了關係，也助長一般民眾的想像，包括多莉艾莫斯（Tori Amos）的歌曲《華雷斯》（Juarez），羅伯托．柏拉諾（Roberto Bolano）的小說《2666》和FX的戲劇《橋》（The Bridge）。這座城市成了強暴和謀殺年輕女孩的代名詞，貧瘠的邊緣地帶到處可見粉紅十字架，紀念在墨西哥灰色塵土中發現的女性屍體。

但儘管女性的悲劇在華雷斯城一一被揭露，遭到殺害分屍的男性人數卻遠多於女性，二〇〇七至二〇一二年間，一萬一千四百人在這裡遇害，儘管只占墨西哥人口的百分之一，但這個邊境城鎮的兇殺案占整個墨西哥百分之九。二〇一〇年每天有十人遭到槍擊，同一年度有三千五百人死亡，使得華雷斯城被封為戰區外全世界最暴力的城市。

而且絕大多數死者都是男性[78]，但幾乎看不到哀悼他們的十字架；令人意外的是，在華雷斯城的所有兇殺案中，女性受害者的比例竟然低於美國的許多城市，一九八七至二〇〇七年間，在華雷斯城遭兇殺的女性占當地所有被殺者不到一成，相較在休士頓等美國城市，某特定年份被兇殺者有兩成為女性。此外在華雷斯城被殺害的女性當中，約四分之三屬嚴重的家庭暴力受害者，因此這些案件基本上都被破案，另一方面這些年間被謀殺的女性，只有約一百人被拍攝或用文字記錄下來。

茉莉・默羅伊（Molly Molloy）研究墨西哥如瘟疫般蔓延的毒品暴力，她在接受《德州觀察家》（Texas Observer）訪談時指出，「我讀過一些女性主義學者寫到關於『採收』年輕女性的文章，我要說的是，這個詞變得有點情色或帶有性的意涵，而有幾篇這類案件的文章更是走火入魔，替受害者增添情色成份，使她們比華雷斯城的女性更無助且無力。」

她的憂心在於，在男性遇害者為女性十倍的華雷斯城，遇害的女性遭到過度聚焦以致被盲目崇拜。說出鐵一般的事實並沒有抹煞當地每位遇害女性的痛苦經歷，但這些事實應該被說出來，因為每一位槍枝暴力的受害人都不能輕忽，無論性別。

那麼，為何華雷斯城的男性死亡案例似乎較不受重視、較少受媒體關注，甚至比較少博得同情？這就好像我們假設在墨西哥所有被槍殺的男性都比女性更加理所當然，但若因此被殺男

---

77. 截至二〇一五年一月。
78. 二〇一二年，拉丁美洲和加勒比海地區，百分之九十一的兇殺受害者為男性（十萬一千零四十一個案例），百分之九為女性（九千七百零四個案例）。http：//aoav.org.uk/2014/homicides-in-central-america-up-99-per-cent/

性都是緝毒員警或黑幫份子就顯得荒謬可笑，無數多年輕的墨西哥男子不顧危險在街角當通風報信者，他們的生命被輕易抹消，只因為他們在不對的時間出現在不對的地方，而且看到不該看的。許多「無辜」男人一如女性在華雷斯城遭到殺害。將焦點鎖定在女性屍體，視為暴力氾濫的華雷斯城中的受害者，並不足以完整反映這個絕頂重要的問題。茱莉說，「如果把華雷斯城的暴力問題，視為是年輕女性遭殺害的問題，而且如果你有能力解決這些謀殺案的話，那一切都不再構成問題，感覺比較安全，好像你做成了一件事，因為這麼一來你就不需要去正視這個城市的真正問題了。」

不過，忽視男性被殺的事實，可能因此找不到任何方法引導大家關注男性犯下的暴力事件，從而解決，且暴力事件可能永無止盡一再發生，不僅華雷斯城如此，世界各地皆然。

可是……可是，減少槍枝傷害不是單單禁止男性取得槍枝就能解決，畢竟槍可取走人命，也可以保護生命，而正如我在亞洲旅行看到的，男性強烈主張保護的，是非常原始的生命。

* * *

我來見一個別人推薦我見的人，我聽說是個十足的巴基斯坦槍枝熱愛者，非見不可，一個擁有大批槍枝來保護自己和家人的人。我問為什麼，答案是因為巴基斯坦的政府沒有能力保護他們，於是我打電話給他，他說，「好的，來吧。」

這次的拜訪純屬臨時起意，我來到拉合爾（Lahore），主要想探討恐怖份子暴力對該國一億八千萬人口的影響；除了好幾回合的媒體訪談外，我也著手參與慈善機構發起的活動，喚起世人注意頻遭自殺炸彈攻擊的人民的苦難。但是身在飽受謀殺和死亡所苦、一個被大男人主義和家父長主義滲透的國家，我覺得我有義務跟擁有槍枝的男人聊一聊，因為光是想到有個國家非常需要武裝自衛，就令我好奇不已。

現代攻擊步槍和手槍早就在巴基斯坦的中產階級男性間流行，他們買槍是因為對政府保護人民的能力失去信心，他們見過深得民心的政治領袖遭到暗殺，也看過伊斯蘭教徒的大規模暴動，和家常便飯的恐怖份子爆炸案，因此想為最糟的事做好準備。不只如此，巴基斯坦人擔心暴力綁架、勒索和搶劫等看不見的威脅，這裡的兇殺率比美國高百分之五十三[79]。同意跟我見面的那位先生比其他人更暴露在危險中，因為他是基督徒、是父親也是新聞記者，這些身份本身就容易招來麻煩。

因此，天色變暗許久後，車頭燈照射於拉哈爾某處熱鬧的郊區角落，我跟當地嚮導一起去見《今日巴基斯坦》（*Pakistan Today*）的新聞總編輯埃敘爾・強恩（Asher John），車子逐漸駛離拉哈爾繁華街道兩旁東倒西歪的商店和忽明忽滅的電燈，進入比較安靜的區域，到處都是

---

79. 二〇一一年巴基斯坦每十萬人有七點八人遭他殺，每十萬美國人有五點一人，英國則是一點零三人。此資料來自「聯合國毒品和犯罪問題辦公室」（United Nations Office on Drugs and Crime，簡稱 UNODC）二百零七國的他殺資料，以及二〇一一年全球他殺研究，趨勢、情境、資料。統計附錄（維也納：UNODC，二〇一一年）和歷史人口資料，「美國人口普查局」（United States Census Bureau，簡稱 USCB），國際資料庫（馬里蘭州蘇特蘭，美國人口普查局人口處）。

陰暗的角落和郊區特有的寧靜。身上裹著厚圍巾抵禦夜晚寒氣的保安人員在暗處瞪我們，車子的燈光照到他家門牌，寫著強恩之家，嗶嗶的電鈴聲響後，他走出來。

埃敘爾年約三十五，儀表整潔，頭髮稀疏，留著好看的鬍子，一副典型的父親模樣，身穿牛仔褲、格子襯衫和拖鞋，他以巴基斯坦的待客之道引領我進入樸素的家，接著端來可口可樂後，便坐在一顆鹿頭的底下等我發問。

首先，我想知道他為何成為大家口中那個懂槍的人。

「假如某人想槍殺你，用自己的槍反擊應該是合理的事，」他的回答是許多巴基斯坦人直覺會採取的做法。幽暗的燈光是因為電力不足，也是這一帶夜晚的特徵，為我們的交談帶來陰森與不安的氣氛。

「巴基斯坦的槍枝暴力相當平常，在鄉下可能會被槍射中。我們對有人中槍早就習以為常，而且不再關心。斬首就不一樣，會變成新聞，但每天都有人中槍。」

不過，他要怕的事比一般人多，三十六歲的他擔任記者十三年，而且跑的是危險的路線，主要報導褻瀆神靈的新聞，特別是用槍攻擊少數民族，包括像他這樣的基督徒。

「五個月前，有一次我被人從公司一路跟蹤，」他說，「我們想調查一位穆斯林的神職人員，他在神學院強暴多位男童，然後那夥人就找來了，他們說一切都是我們捏造的，信口雌黃說我們企圖中傷神職人員，說我們是褻瀆神靈者，即使我們手上有八、九位孩子報案。我必須開兩槍好把這群人嚇跑。」

外頭的燈光越過高高的磚牆閃爍，鐵窗在天花板上投射出像監獄牢籠般的陰影，我試著從男人的視點，想像一家子以這種方式生活的情形，彷彿底下沒有牢靠的東西得以確保安全。我猜對他來說，槍是他的靠山，讓他成為他想成為的保護者。

他拿來一把點四四口徑步槍，這把槍在巴基斯坦被改造成一把全自動攻擊步槍，他把槍交到我手上。我說，「我不曉得如何讓這東西是安全的。你都怎麼做？」

電話響起，他不經心地說，「這是安全的。」

但並不是。我用右手扳起扳機，看槍膛裡有沒有子彈，但在昏暗的燈光下看不清楚，而在我解開壓簧桿，子彈上膛的聲響引起他的注意。

「呃，這把槍上了子彈，」他突然說。晚個一秒鐘，我搞不好會把一整個彈匣的子彈射到他家客廳天花板。我想，如果需要槍提供保護，就沒道理不往裡頭裝子彈。他笑了笑便繼續說，好像什麼都沒發生過似的。

「這不只是嗜好，現在更是必需品。我會訓練我女兒使用步槍，因為我們有武器，而且是這一帶唯一幾位基督徒。所以每個人都要學會發射武器。」他談到村子發生過的暴力事件，以及姪子因為產權糾紛而遭到一位三十歲的世仇殺害，這件事至今仍是家族隱憂，爭議因為槍的存在而加劇。

他年僅十歲就用祖父的霰彈槍開過第一槍，剛滿十八歲便買了第一件防身武器，一把點三零口徑的手槍。從那時起，槍架上的槍便有增無減，如今他擁有約二十把槍，光是數字就讓人退避三舍。

「本地製的AK47要約六百美元，」他說。「俄羅斯製的要價約一千五百美元，中國製的一千二百五十美元。我還有外國武器。通常是從阿富汗軍隊偷來的，很多武器都從那裡來，像是M16、北約組織（NATO）製造的AK47、AK56都是。不過，最常用的還是本地製的點三四口徑手槍，巴基斯坦要什麼槍都弄得到。」

巴基斯坦北部的部落區，主要是以手搖車床的小規模手工生產製造槍枝，每年生產兩萬支槍，這是個雙面刃，武器一方面作為保護的工具，也形成永遠的威脅。

於是，這個男人的兩難，永遠是槍枝管制這副牌裡的小丑，在這個私刑屢見不鮮且槍枝暴力極度嚴重的國家，武裝自己以保護家人是合情合理的事，誰能拒絕這個說理清晰又仁慈的男人捍衛自家的權利？當警察腐敗加上宗教偏執，導致有戴著口罩的男子跟蹤你回家，這時槍就不只是嗜好，而成了生存的手段。

然而，在警力可靠且裝備完善的社會中主張自我防衛的權利，麻煩就來了，維護自我防衛權利的同時，也必須在擁有槍枝前經過嚴格審查。但是，這位男子是身在虔誠穆斯林土地上的異教徒，他在一個說真話可能喪命的國家擔任新聞記者，而且處在名譽殺人和種族滅絕到處可見的文化中，擁槍似乎是他僅剩的唯一選擇，至少是捍衛家人的唯一選擇，也是身為男人經常感覺自己有義務做的事。

儘管如此，如果你身在一個看似井然有序的社會，卻依然對自己的安全有疑慮，就像那些以為只有手槍和左輪槍能保障自身安全的美國人，這時你會怎麼做？

為了回答這個問題，我認為有必要探討女性和自衛的議題，因此從巴基斯坦回國幾周後，我又來到美國，這次打算前往美國政治中樞華盛頓特區去見一位槍枝擁護者，這個人相信，槍枝管制本身就是性別歧視。

＊　＊　＊

我比約定時間早來到西華盛頓特區的這家咖啡店，喝著熱飲，把初期的感冒症狀壓下來，店外喬治城整齊的街道一路延伸。這裡是M街，彷彿沒有夠多的政治人物、演說家和名流，能夠用他們的名字來替街道命名十次以上似的，在這座凡事都跟政治扯上關係的城市，或許選擇這樣的街道名稱反而大受好評。

我來見蓋兒．特拉特（Gayle Trotter），她遲到了，而我想不起她的長相，只好走近一位戴著深色眼鏡的女士，問她是不是蓋兒，換來是她杏眼圓睜與恐懼的眼神。我退回原位，坐著聽五張桌子外禿頭鬍鬚男的聊天內容。

如果從「性」的角度來看槍，就得找蓋兒聊才行，因為這位六個孩子的媽曾經針對攜帶槍枝的權利是女性自衛權到國會作證，她的論點引來興趣，當一位參議員對她提出質疑，她立刻還以顏色，「你是個大男人、高個兒，你不是那個被家庭綁住的女人，也不是那個沒有能力守護自己的孩子、不能離開孩子，不能去尋求安全的女人。」

接著她辯稱，對女性來說攻擊性武器最重要的是外觀，女性握著一把大槍，會讓人覺得這把槍能殺人，而不是迫使她去殺人。

「年輕媽媽為了捍衛寶寶而握有攻擊性武器時，這個武器就成為防衛性武器，當她知道自己擁有的槍看起來很嚇人，就會變得更勇敢。」

某種程度，這是我聽過贊同槍枝的言論中最具說服力的，基於女性鮮少成為槍枝暴力的加害人，以這種方式保護自己免於傷害，於理似乎說得過去，有人甚至因此設想只容許女性攜帶槍枝的槍枝管制方式，儘管這種想法顯然行不通。

蓋兒連聲道歉地到來，她四十歲出頭，是個臉型方正的苗條女性，在華盛頓土生土長，擔任律師十八年，這份職業已經成為天職。在她八歲時，她那孚眾望且為全國步槍協會（National Rifle Association）一員的律師父親，送給她一本《布萊克的法律字典》（Black's Law Dictionary），並題字「期望妳會決定追求法律專業」。他顯然得償宿願，如今他是她的執業合夥人。

蓋兒說話如連珠砲，以致分不清到底是焦躁，還是正在快速思考，她清楚、甚至過度清楚地表示她不是崇尚暴力的人，接著我不確定為什麼，她兩度告訴我，她不是素食者。

她也是個好奇心重的人，問我為什麼會為了這本書去打獵？「那不就像第一次的性經驗嗎？無法跟一輩子都在打獵的人比較。」

她帶有律師的語氣，總是在別人的論點中尋找弱點，因此我讓我們的對話保持在嚴謹的狀態，並且問她為什麼告訴那位國會議員，不讓女性持槍就是違反女權。

「對我來說，槍確保女性的自由且平等，」她說，「沒有槍就只能依賴政府或老公，或身邊比較強壯的人來提供那樣的保護，老一輩的女性都說，『我們跟男人平起平坐，因此需要在社會上取得該有的地位，』但有時她們也是推動槍枝管制最不遺餘力的一群，將人身安全交給政府或周遭更有力量的人手上。」

她對於需要考量這些方面的自我防衛有自己的論點，即使媒體經常以不成比例的篇幅報導女性遭受的槍枝暴力，但美國女性被槍殺的機率依然比其他已開發國家的女性多十一倍[80]，而且幾乎沒有採取制止行動，美國只有九州規定凡曾經因為跟蹤狂而入監服刑的人，出獄後不得購買槍枝。二〇一四年，據估計美國有近一萬兩千名被判有罪的跟蹤狂，在聯邦法律下依然被准許攜帶槍枝。

「女性應該能選擇用她們安心的方式來防衛自己，沒理由不讓女性擁有手槍或AR15或任何款式的槍，」她說。她對背景查核也有不同意見。「如果我開始遭到某人威脅，會立刻想行使我選擇捍衛自己的權利。」

她在國會的發言引發喧然大波。「我在推特、臉書上受到威脅……我個人最喜歡的一句話

80. http：//edition.cnn.com/2014/07/29/opinion/giffords-gun-violence-congress/ 在美國，女性家庭成員和親近的人遭槍械攻擊而死的可能性，比用其他武器高了約十二倍。

是，『我要用X–Box把你打到死。』」

但她有支持者。她的觀點被其他帶頭發起擁護槍枝運動的人傳播開來，全國步槍協會的執行副總，也是曾和她在首都聽證會中同一小組的韋恩．拉皮爾（Wayne LaPierre）說：「暴力強姦犯應該遇到的，是帶著槍的美女。」

不過，蓋兒的言論中有漏洞。許多研究結果顯示，家中有槍讓女性陷入比男性更大的風險。一份針對全巴西遭殺害女性所做的研究，發現二〇一〇年四成女性在家中遇害，男性受害者僅有百分之十五，此外這群女性中有百分之五十四是槍殺身亡，加拿大女性遭配偶殺害的比率，是男性遭配偶殺害比率的五倍。

因此，美國女性的處境相當可怕。一份針對全球二十五個人口超過兩百萬的高收入國家的研究發現，美國「家戶擁槍的程度最高，女性被殺的比率也最高」。這項發現被描述為「異常值」。美國一份研究顯示，女性被同住伴侶虐待致死的可能性，會因為那位伴侶能取得槍枝而增加五倍，一份美國科學文獻的評論做出如此結論，「有具說服力的證據顯示，槍是女性在家中遭到恐嚇和被殺害的風險因子。」

看樣子槍反而是問題，而非解藥。說到「危險的陌生人」，美國女性在槍枝友善的州比在槍枝管制較嚴的州更容易遭到強暴。我們知道，在美國家中有槍，會使在家遭殺害的整體風險提高百分之四十一，但是驚人的在於，女性的死亡風險竟然增加兩倍之多。

蓋兒用武力捍衛家人只會適得其反。但是，儘管統計數字昭然若揭，每個人的心裡依然對自衛念茲在茲，槍枝製造商說服女性相信有槍會安全許多，史密斯威森推出史密斯小姐（LadySmith）槍時，廣告主打女性主義：「拒當受害者」，正是藉由槍來壯大自己的典型語言。

現在你買得到口紅色調的粉紅攻擊步槍，買得到設計師設計的豹紋和蛇皮槍袋跟皮套，也買得到放槍的女用內衣，還可以從www.gungoddess.com之類的網站訂購新奇的T恤（有一件印著：「自由的人不需要請求准許攜帶槍枝」）。

從愈來愈多的女性射擊俱樂部和課程，如「帶子彈的寶貝」、「武裝完備的女性」中，可以看到用武力壯膽的意義，此外美國女性擁槍的比率也從二〇〇五年的百分之三十二增加到二〇一一年的百分之四十三。

當你知道在二〇一〇年美國的暴力犯罪事件明顯降低到幾十年來的最低水準，擁槍比率的上升就值得玩味。「如今被謀殺或被搶劫的機率，比在一九九〇年代初期少了一半。」《紐約時報》報導，「尤其小鎮的謀殺案件數大幅下降，在人口少於一萬的城市，去年的數字更暴跌超過百分之二十五。」

這當然要從兩方面解讀。第一是美國女性的武裝，降低了暴力的整體威脅，第二則是女性武裝自己，來對抗一個正在減少的威脅。而介於兩種結論之間的，是爭辯不問性別而能持有槍枝的權利，而這個辯論同時牽涉文化與統計學。

* * *

紐約的現代藝術美術館（Museum of Modern Art，簡稱MOMA）是個開始的好地方，只有這裡會用緊張不安且藝術性的方式，來詮釋槍對現代文化的影響，換言之。不管怎麼說，門票要價二十五美元的美術館，最好有我想看的。

門票錢當然無法讓你買到許多忠告，我走過玻璃和鋼鐵的極簡主義內裝，總算找到了詢問台，幾位身穿黑色套頭衣的志工在那裡，還有位男子說他來自上東區，我問這裡有沒有和槍有關的畫作，他建議我上網查。

但我沒辦法上網，於是我決定到各展場逛一圈，我是從華盛頓回國的途中來到這裡，因為我以為這裡會有列支敦士登的作品《塔卡塔卡》（Takka Takka）中機槍瘋狂掃射的圖像，或是安迪．沃荷的絲印作品中，那幅貓王手拿槍擺姿勢的畫[81]，但這裡都沒有，就連「美國現代」的展覽都見不到步槍或手槍的蹤影，即使有多到數不清的中西部遠景，並且以陰影的方式呈現街角咖啡店。

於是，我經過幾位正在複製大作到素描本上的學生，看到日本的年輕情侶站在羅斯科（Rothko）用藍色和綠色構成的巨大屏幕前，走回藝廊的樓層尋找槍枝的圖像，最後終於來到一幅菲亞．桑米斯（Vija Celmins）的畫作《握槍的手之一》（Gun With Hand #1）[82]單薄且帶威脅性的畫面，全部大概就只這樣了。這幅畫的題目精準說明畫中代表的意思，而且就如我看過的那麼多槍，讓你將自己的偏見和假設投射到它樸實無華的圖像。但這在美國文化心臟的中樞，只是個圖像罷了。

然後我突然想到，儘管美國公布槍每年奪走三萬條人命，但槍的議題卻多半被東岸的自由派菁英忽視，美國大眾媒體不乏關於槍的報導，但是在歌劇、藝廊和設計美術館中，便找不到槍的蹤影[83]。

不僅MOMA是如此，波士頓藝術美術館（Boston Museum of Art）拒絕展出槍枝，因為他們不認為槍是高等藝術，英國泰特現代藝術館（Tate Modern）的所有館藏，只有三件藝術品中出現過槍，紐約大都會美術館收藏的兩百多支槍，全都是一九〇〇年以前製造的，所表現的是其偉大的工藝技術和裝飾價值而非功能，彷彿現代槍枝在館長意識形態下的世界觀過於醜陋、太具功能性，也太「街頭氣息」。

當然，這是有理由的。美術館從以前就靠各界捐款，館藏是建立在美而非功能的基礎上，把槍納入館藏有其安全顧慮，況且許多館長會認為槍最好擺在軍械博物館，而不是美術館。

81. 《雙面貓王》（Double Elvis）的絲幕畫共有二十二幅，其中一幅於二〇一二年在紐約蘇士比以超過三千七百萬美元售出，低於蘇士比預測的五千萬美元。

82. 後來我才知道，MOMA 也有皮諾．巴斯卡利（Pino Pascali）的《機關槍》（Machine Gun），和吉諾．薩佛尼斯（Gino Severinis）的《軍火火車快飛》（Armoured Train in Action），但兩者我都沒見到。

83. 許多觀察要完全歸功於芭芭拉．愛德瑞吉（Barbara Eldredge）重量級論文 http：//museummonger.files.wordpress.com/2013/01/barbaraeldredge_thesis+shortversion.pdf

不過，在這現象背後的，似乎是擔心如果把槍放在設計或文化美術館而不是軍事博物館，某種意義來說就是把槍枝合法化。就如MOMA的資深館長寶拉・安東尼利（Paola Antonelli）在訪談中表示：「展示槍枝等於為槍枝背書，背書它的致命力量，背書它的暴力潛能，也是在替邪惡背書。」[84]

然而，儘管館長對菁英品味進行控管，槍對文化的巨大影響依然不容否認，早在很久以前，槍的隱喻就偷偷潛入你我每天的閒聊中，短暫流行被稱為「flash in the pan」（意思是當火藥燃燒但子彈沒有發射時），形容某件事情雷聲大雨點小為「fizzle out」（槍口裝填的步槍在點火失敗時，會發出嘶嘶聲響），還有「bite the bullet」（傷兵在接受手術時用牙齒咬住子彈）[85]，「keep your powder dry」（維持火藥的乾燥）[86]、「take potshots」（採取近距離掃射）[87]，或者「bullet points」（子彈點）[88]等。

從大眾文化的角度，槍似乎無所不在。「國際電影資料庫」（International Movie Database）排名前五十的電影，幾乎都有使用到槍的情節，美國主流電影中的槍枝暴力程度，從一九五〇年以來增加一倍之多，如今保護級電影（PG-13）的槍枝暴力，已經超越了限制級電影。[89]

這些電影經常在述說單一的故事，一個充斥美國大眾文化觀點的故事，也就是：「唯一能制服帶槍壞蛋的，就是帶槍的好人。」從布魯斯威利的《終極警探》（John McClane）到克林伊斯威特的《黃昏三鏢客》（Man with No Name），美國故事不外是特立獨行的男子將事情攬過來解決，而且經常是在槍的協助下。暴力在這類故事中通常是必要之惡，某人必須被槍殺，社會才能恢復原本的平靜。

問題是，這些娛樂和電影情節造成了後果。

好萊塢對槍枝文化的影響不容小覷，當美國電影的黑道份子使用槍管鋸短的獵槍，現實生活的黑道也這麼做。一份針對美國四個州的研究發現，百分之五十一被監禁的未成年人擁有過槍，當攻擊步槍出現在一九八〇年代的《藍波》和《邁阿密風雲》時，這種武器在美國的銷量也隨之大增，我看過有幫派份子將手槍橫過來瞄準，這是很糟糕的瞄準方式，因此當我知道最初是電影為了讓槍和演員的臉同時在鏡頭上被看到，而將手槍橫過來瞄準時，並不感到意外。

---

84. 二〇一二年十一月二十九日（Paola Antonelli）他接受芭芭拉・愛德瑞吉訪談。http：//museummonger.files.wordpress.com/2013/01/barbaraeldredge_thesis_shortversion.pdf 第二十八頁。在那之後寶拉可能改變了些許想法，因為她近來在 MOMA 辦了一場名為「設計與暴力」的展覽。http：//designandviolence.moma.org/about/
85. 譯註：指忍受痛苦或不舒服的處境。
86. 譯註：指準備好採取必要行動。
87. 譯註：指無情重砲抨擊。
88. 譯註：指分成幾個要點來陳述事實。
89. 根據一份由俄亥俄州立大學和 Annenberg 公共政策中心研究人員的研究，這份研究檢視九百四十五部電影，包括一九五〇年至二〇一二年的每年票房前三十大電影，研究人員發現平均而言，槍枝暴力每小時出現在保護級和限制級電影中超過兩次。http：//variety.com/2013/film/news/report-gun-violence-in-pg-13-movies-higher-than-r-rated-films-1200818892/

但是不可告人的在於，槍枝公司非常了解好萊塢對其業績的影響，因此設法和負責道具的業者打好關係，據報「史密斯威森」曾經聘請一家專精產品定位的「國際推銷公司」（International Promotions），將該公司的槍推到銀幕上；二〇一〇年，一家專門替產品找到定位的「品牌管道」（Brandchannel），因為格洛克的槍出現在該年度百分之十五票房頂尖的電影中，因而頒給該公司終身成就獎。

槍在美國傳媒的長期曝光造成深遠的後果。研究一再探討，兒童暴露在暴力媒體下會提高侵略性，「對健康有顯著影響」，這點經過美國前六大小兒科醫療院所背書。槍在電影的浮濫使槍枝正常化，許多人更加確信沒有槍就活不下去。另一份研究發現，「影片中出現武器，可能放大暴力電影中侵略情節的效果。」

不過，造成影響的不僅是電影。當報導指出，桑迪胡克大規模槍擊事件的槍手蘭薩在地下室瘋狂玩電腦遊戲「決勝時刻」（Call of Duty）時，媒體便緊咬是電玩助長暴力，「第一人稱射擊遊戲」的人氣確實極為驚人，高度逼真地描繪大規模槍殺，也讓遊戲公司賺進大把銀子，「決勝時刻」光在二〇一三年的某一天內，就賺進超過五億美元。

其他遊戲甚至出現娛樂和廣告結合的品牌夥伴關係，其中最明顯的，要屬電玩「榮譽勳章」（Medal of Honor）執行製作和槍枝公司瑪格波（Magpul）的合作。

暴力和電玩影響的關聯性似乎比暴力和電影的關係更微妙，美國心理學會在一份檢討報告中做出結論，表示電玩對兒童有很多好的影響，資料顯示電玩帶來一些好的衝擊，也顯示「俠盜列車手」（Grand Theft Auto）或「決勝時刻」可能有助降低犯罪率，原因可能是透過玩遊戲而排遣暴力衝動，或者因為這些遊戲占掉大量時間導致青少年無暇惹事；但可以確知的是，沒有確鑿證據顯示電玩造成暴力。

另一件可以確定的是，唯有經由性別和文化的角度，才能適切看待擁槍者，因為性和環境形成的意識形態，使人一開始就覺得自己需要槍。

但是只要有性的地方，就會有錢。利益跟著享樂，如同夜晚跟著白晝。因此我再度轉移焦點，著手做一件調查記者一定會做的事：跟著錢跑。

第五部 經濟效益

整個槍枝產業都蒙上神祕的面紗，只有少數幾家股票公開上市，大部分都沒有義務公開詳細帳目或年報。這一行不像菸草、製藥或金融等產業會有吃裡扒外者，因此有些人甚至稱槍枝產業是「最後一個不受規範的消費產品」。

Chapter 12

商人

《軍火之王》和全球市場↓地表上最大的槍枝展，內華達州拉斯維加斯↓販賣愛國主義和恐懼↓和AK47經銷商與武器商交談↓槍最後是怎麼落入人權侵害者的手裡↓法國巴黎，歐洲最大的武器大拜拜↓踢到中國鐵板，被俄國人霸凌↓烏克蘭↓隱蔽的武器港口十月鎮（Oktyabrsk）和奧德薩的陰謀

據說槍和軍火的合法國際貿易額，每年約八十五億美元，讀到這裡令我很訝異，因為低於我原本的預期。但是，即使衝突死傷可能有高達九成是槍所造成，槍枝銷售額卻不到全球武器交易的百分之十。90

這數據也顯示我的另一個錯誤認知，而這可能來自《軍火之王》（Lord of War）之類的電影，尼可拉斯・凱吉在片中飾演墮落腐敗的美國烏克蘭軍火商，為非洲戰爭提供無數多武器，我一直以為許多槍是非法走私到世界各地，其實絕大多數的交易（多達九成）是從合法移轉開始的。

幾乎所有槍枝都是從合法經營的工廠中誕生，在運送這些剛生產出來的槍枝過程中，通常要經過一些官僚的公文流程，只有到後期才淪落到走私販子和非法業者的違法供應鏈，從而被

送進暴力和絕望的醜陋角落。

相較毒品的全球貿易額（三千兩百一十億美元）或人口買賣（三百二十億美元），槍枝的合法交易似乎是受規範且有節制的，至少你我在看見槍落入不對的人手裡造成巨大破壞之前，都是這麼認為的。

不過，槍枝買賣的市場不斷成長。二〇〇三至二〇一三年間，全球手槍和左輪槍交易額成長逾兩倍，聯合國的資料顯示，二〇一三年，全世界有九十四個國家交易近三千一百萬支槍和零件，光是美國一年就進口價值約八億美元、出口四億美元的槍枝，這還只是國際貿易，如果把國內交易的槍算在內，槍的數量就更多，而且又多了好幾百萬美元，一九八六至二〇一〇年間，美國人將九千八百多萬支槍賣給自己的同胞，如果把國際和國內市場相加，美國對槍枝貿易的影響力顯然不僅是獨霸，而是動見觀瞻。少了美國，世人與槍的關係以及槍的數量將大大不同。事實很簡單：各大槍枝公司都是靠憲法第二條修正案來維持獲利，持有槍枝的權利不僅是原則，而是肥滋滋的生意。

*　　*　　*

90. 二〇一一年全球武器交易的總額，據估計至少四百三十億美元。真正的數據可能更高。http://www.sipri.org/research/armaments/transfers/measuring/financial_values ；http://www.smallarmssurvey.org/file-admin/docs/A-Yearbook/2001/en/Small-Arms-Survey-2001-Chapter-04-EN.pdf

在美國，每年有超過五千場槍展，其中規模稱霸全國甚至全世界的，是拉斯維加斯的槍枝秀，這場巨大的盛事在沙漠博覽中心（Sands Expo Center）舉行，這些年來規模不斷成長，如今占地超過六十三萬五千平方英尺，有一千六百個參展單位，樓層面積相當於紐約甘迺迪機場的第五航廈，只不過裡面塞滿的是槍。如果太陽底下有個地方可以讓人弄懂槍這門生意，肯定就是這裡了。

就在我和A片女星絲脫婭見面的前一天，我弄到一張門票得以進入這個展覽界的巨獸。當天早上，我決定從飯店走去會場，我在賭城大道上的MGM大飯店（MGM Grand），訂到一間最便宜的小房間，但因為這裡是賭城，我被透視圖法的原理欺騙，騙我的是視點的神奇之處，MGM是美國最大的旅館，它讓一切事物的距離似乎都比真實距離還要近。在飯店一小時，視線所及還是徹夜狂歡後爛醉如泥回到旅館的男女，接著氣氛一轉，一群板著臉的鬍鬚男與我前往同一個地方，他們穿卡其褲、黑色馬球衫，頭戴造型棒球帽，帽沿的陰影遮住眼睛。

我們的步伐漸趨一致，於是我跟其中一位聊了起來，他叫傑克。他穿的T恤背面寫著：「我度過二〇一三年的槍枝管制大恐慌，最後弄到這件T恤……二萬發點二二長步槍子彈、五千發五點五六、五十個PMAG彈匣、十個下彈匣、三個裝填壓榨機……和憤怒的配偶。」他來自愛達荷州，經營軍火公司，最近花了一千多美元就買到一台裝填機，又花了去年大半時間組裝子彈的各個零件，包括彈殼、底漆、火藥和彈丸，然後就做起生意來。由於比工廠裝填的彈藥便宜三分之一，因此公司營業額達四十三萬美元。距展覽開始還有十分鐘，但我已經嗅到錢的氣味。

我們走進賭城大道上如夢似幻的地方，這裡是庸俗版的山寨威尼斯，只是少了靈魂或汙水，傑克穿過粉紅色的水泥列柱橋和理髮店的旋轉燈，一馬當先通過門扉，我隨後跟進，賭場就在我們和會議中心之間，地上鋪著鮮豔的地毯，混亂的花樣是為了刺激視覺，讓你一直處在清醒狀態，你多清醒一分鐘，他們就多一分鐘從你口袋挖出錢來。這裡沒有窗戶，賭城想讓你看到的星星，只有舞台上打過肉毒桿菌的女人。

吃角子老虎的叮噹聲在幽閉的空氣中響個不停，有些觀展者來到這裡試手氣，愈來愈多人加入人流，人潮就像鮭魚群般湧入，一路排到通往入口的樓梯口。

這裡有六萬七千名訪客，一九七九年第一次槍枝大展時，觀眾人數是五千六百人，但全都是靠槍吃飯的人，一般訪客謝絕參觀。他們代表的，是這個創造二十五萬個工作機會、產值約六十億美元的產業，美國販賣槍枝的商店多於加油站，有近十三萬家聯邦許可的槍枝業者，約為麥當勞家數的十倍[91]，業者絕大多數都是白種中年男性，只要看這裡的群眾就知道，人潮中

---

91. 在這當中，五萬一千四百三十八家為零售槍枝店，七千三百五十六家為當鋪，六萬一千五百六十二為收藏家。http://abcnews.go.com/US/guns-america-statistical/story？id=17939758。最大的經銷商為沃爾瑪。二〇一一年，這家零售業者為了振衰起敝，於是決定在全國各地的三千九百八十二家店面的過半數增設槍枝銷售業務，包括幾家位於市區的分店。該公司目前在各店家販賣四百型的槍枝，買氣一直相當旺盛，光是二〇一二年，ＦＢＩ就從沃爾瑪收到近一千六百八十萬件背景查核的要求。關於麥當勞的數據，請參考 http://www.theguardian.com/news/datablog/2013/jul/17/mcdonalds-restaurants-where-are-they

看不到一張黑色的臉龐。[92]

我從某個攤位的撲克臉男性手中拿來一張通行證後進入會場，放眼望去的廣告、旗幟、商標和展示館全都跟槍有關，十三英哩長的走廊，從家庭式的小店家乃至國際性的槍枝大財團都有，有些槍枝製造商的名字令人想起牛仔和自由鬥士、專制暴君和人民解放者，像是柯爾特和卡拉什尼科夫、史密斯威森、黑克勒與柯赫（Heckler & Koch）。

這場展覽以其規模的比例而被分配到大型展場，展區如同我的旅程被畫分為不同階段，依序是獵人和運動員、警察和軍隊。一位腳踏車手從我身邊經過，他肥滋滋的脖子上刺了納粹圖騰的刺青。我想知道有沒有為犯罪者開闢的專區，於是右轉進入展場的主幹道，來到和執法部門相關的展區。

十二年前，策展人員次將這個類別納入，當時展場占地七千平方英尺，如今是當時的二十四倍。身穿SWAT小組制服的假人站在四面八方，大量旗幟展示頭戴鋼盔，眼露兇光的人，每一側都有商標和行銷的教條，比如「火炬照明公司」寫著，「具服務和保護功能的照明工具」、「為抱持崇高目標而訓練的人」感覺像是肌肉發達的祈禱者。

我走向一個賣SWAT設備的攤位。「把成就與破壞拋諸腦後，」旗幟上寫。身材壯碩，來自俄勒岡州的槍枝業者正在試穿防彈背心，腰部兩側贅肉溢出猶如屠夫宰殺的肉，他說桑迪胡克的屠殺事件後，歐巴馬提出檢討槍枝問題，於是一種狂熱就在全國蔓延，到處盛傳政府將嚴格控制私人擁有的手槍和步槍。

「人們一窩蜂找上我的店，歐巴馬真是美國最佳的槍枝推銷員，」他說。「當時我代理銷售的槍，從原本的五百美元賣到兩千美元。」

一位豐滿的女性走著走著便撞上我，寬大的身軀使我倒退幾步。她的紅色T恤上寫著「我帶槍，因為警察太重」，T恤上的字母被背部的肥肉撐大，我回過頭，但那位槍枝販子早就跟別人聊開了，生意強強滾。在「黑鷹」（BlackHawk!）和「戰士系統」（Warrior Systems）等公司的攤位，信用卡和訂單你來我往地好不熱絡。

我走到柯爾特的展示亭，也是美國槍枝文化的歷史遺跡，人們安靜地在好幾隻黑色衝鋒槍外環成階梯狀，這些是極普遍、極具爭議性、自動裝填的攻擊性武器，設計來給平民使用的軍用步槍，這些槍有著科學感的名字，如LE901-16S、AR15A4等，他們以精準的技術將它舉起，盤算著要為自己的店進幾把像這樣的槍。

生產者也是。史密斯威森在二〇一一年的年度報告中指出，這種「現代的運動用步槍」在國內可望擁有四億八千九百萬美元的非軍用市場；二〇〇七至二〇一一年間，根據全世界最大槍枝企業自由集團的資料，美國的民用步槍銷售額每年成長百分之三，攻擊性武器的成長則是百分之二十七，因此前十五大槍枝製造者當中，有十一家生產這種槍也就不足為奇。

---

92. 加州大學的 Garen J. Wintemute 於二〇一一年針對美國領有許可證的槍械零售業者和零售商進行調查，回答者的年齡中數為五十四歲，百分之八十九為男性，百分之九十七點六為白人。http://www.ncbi.nlm.nih.gov/pmc/articles/PMC3579296

產業一再表示，這些半自動武器是供打獵和打靶練習用，但許多民用的攻擊性武器廣告中，卻充斥死亡以及對死的恐懼。「生存對不同的人意謂不同的事，」柯爾特早期一則廣告中寫到，這間公司如此鼓勵大家，而其他公司也差不多，某種攻擊性步槍的標語說著，「比光速還快」，另一個全粉紅色的廣告，是宣傳名叫「報復」的步槍望遠照準器。

「死亡」在整場展覽中，是個如影隨形的獨特賣點，殺戮的行為在這裡被行銷和推銷。賣槍枝滅音器的Gem-Tech說，他們是「六十二哩的安靜外交」，其中一支廣告的標語是「我們唯一的痕跡，就是倒在敵人站過地方的屍體。」另一家公司的廣告，顯示一把狙擊步槍從柔軟的草地邊伸出來的圖片，「別低估安靜男人的決心，」文案寫著。

單獨的圖像或許看過就忘，但當我看到一排排類似廣告後，慢慢興起荒唐的感覺。利益中帶有殺意，一家銷售毛線衣的公司，將寫著「射一槍死一個」字樣的毛衣，套在咧嘴微笑的骷髏上，還有公司以類似基督聖殿騎士的肖像製作廣告，十字軍戰士的頭骨旁邊，有個座右銘寫著「以此標記，我們征服一切」，聖十字架成了狙擊手瞄準目標用的十字線。另一個廣告上有個陰暗的人形，前額竄出一副鹿角，左手拿一個滴血的杯子，一副神祕學定阿萊斯特·克勞利（Aleister Crowley）的造型，但這些全都是白色且完整無缺的頭骨，不同於我在聖佩德羅蘇拉看到被子彈射穿，肉呈綠色帶有斑點的頭骨。

身穿黑色T恤的約翰·荷利斯特（John Hollister）剃了個大光頭並且留白色山羊鬍，跟這個另類的世界很搭，但他來這裡不是買東西，他是在喬治亞州一家專門銷售滅音器的「先進軍備公司」（Advanced Armament Corporation）工作，「我們代表一種生活方式，」他指的是在一對呈交叉狀、裝了滅音器的AR15上方的頭骨商標。「以前我們曾經宣布只要把這圖像刺青到身上，我們就給你折價一千美元，結果第一個禮拜就有兩百五十人去刺青。」

照理說這是反文化的行為，但即使如此都和這裡的大多事物一樣，被企業資本主義的邏輯盜用，約翰說他公司信箱的簽名檔寫著：「美國槍枝文化的終身會員」。然而，把工作化為生活熱忱的，不只是約翰一人。

利益導向的槍枝文化，也存在「邪惡集團」（Wicked Groups）的經理艾德·史專吉（Ed Strange）的心中，艾德跟約翰一樣留了長長的山羊鬍且愛穿黑色衣服，手臂上有各種刺青的拼接，他用槍把的「壞男孩」來行銷這家位在密西根的公司，凡是想在槍上製作個人專屬圖樣，他們都可以為你量身打造手槍的把手；除了接受各種訂製的圖樣外，主要販售項目還是以美國國旗或頭骨為大宗，他最大的顧客是花賣命錢的美國士兵，或是追求個人熱情的執法官員，而且這些人幾乎清一色是白種男性。「在這一行，我想不出任何一家非裔美人的公司，」他說。

不過，頭骨的行銷手法令我不安。死亡似乎變得抽象且甜蜜，成為血腥的時尚配件。此外，有死亡的地方必定有性。一家滅音器業者的標語是「大聲做愛，小聲打仗」，性感行銷並不隨時代改變，幾個攤位展示身穿低腰褲的女人叼香菸的畫面，衣不蔽體的展場女孩在雜沓的人群中在月曆上簽名，一家捷克的槍枝公司讓背槍的模特兒穿上比基尼泳裝和一雙翅膀，稱他們是「守護天使」，槍枝製造商格洛克更要求區域銷售代表到亞特蘭大的脫衣俱樂部挑選最漂亮的女孩，在展場推銷該公司的新款手槍。我來到這個亭子要求訪談，裡面擠滿一群人，正對著格洛克歷來最受歡迎的手槍靶場瞄準，我想問他們關於這個行銷策略和許多其他事，但他們只說會再跟我聯絡。

愛國主義也出現在這裡。廣告再三把你拉回自由的概念，「自由軍火」（Freedom Munitions）一再重複的標語令人生厭：「自由從這裡開始」。衛星電話網路販賣叫「自由計畫」，一千四百九十九美元的槍枝保管箱叫「自由模型」。星條旗被濫用到不值錢的地步，舊日的榮光被用來推銷各種東西，從狙擊手的光學眼鏡乃至「殺他們、烤他們」的軍火用品。

這裡的伊斯蘭恐懼症還真不小，我看到三家標靶公司，販賣真人大小的假人標靶，全都穿著全套回教的傳統服裝，「任務優先戰術」（Mission First Tactical）攤位的玻璃隔間貼著一張美國士兵在沙漠低頭鞠躬的海報，在他身後站了一名身穿穆斯林傳統服裝的女性，圍繞在他們四周的是「我是戰士」和「我永遠把任務放在第一位」的句子。

當然，還是有許多衣服不用骷髏頭和十字架裝飾，家庭式店家對槍枝銷售採取比較深思熟慮的做法，但那不是我要找的溫和及節制，美國的槍枝暴力一點都不溫和，槍枝暴力的次文化吸引我的目光，我在這裡看見用死亡、信仰和旗幟作為行銷手段的迷戀。

肌肉發達的基督教國族主義背後，是不折不扣的企業現實，不具備愛國情操的現實。無論你用多少美國國旗來包裹槍枝，都無法忽略一件事實，那就是在這場展覽中的前五大廠商，有三家不是美國公司。

有個不斷被我看到的圖像，將這種二分法做了最佳詮釋。那是掛在各處紀念AK47設計師米蓋爾．卡拉什尼科夫（Mikhail Kalashnikov）的相框照片，他在前一年過世，其中一張照片圍了一個用血紅玫瑰製作的巨大花圈，上面寫著，「我們時代最偉大也最具影響力的槍枝設計師之一，」令人不禁駐足沉思。在這美國的心臟，用極盡豪奢之能事來紀念某位槍枝設計師，他的作品奪走如此多美國人的性命，卻沒有人對此提出抗議，六十年前這會讓你被拖去麥卡錫聽證會前，如今被AK47傳奇困擾的，似乎主要是卡拉什尼科夫本人，他在死前曾經寫信給俄羅斯正教會首席，表達對參與二十世紀最可怕的殺人機器感到悔恨，但在這裡卻一切如常。

這一切令人好奇。是不是因為槍的魅力太大，使得代表共產主義和反美國物質主義的AK47如此輕易被大眾接受？為了回答這問題，於是我約了「俄羅斯武器公司」（Russian Weapon Company）的董事長湯瑪斯．麥克羅辛（Thomas McCrossin）見面，他曾經和卡拉什尼科夫公司（Kalashnikov Concern）談成一筆交易，取得該公司在美國的經銷商，也因此有機會每年將二十萬支AK47渡海賣到美國，我想問他做這門生意的形象問題。

他帶著狐疑的神情向我打招呼，這位壯碩的中年男子身穿灰色西裝，將手伸出來給了我很糟糕的一握，也就是強將自己的手放在對方的手上面，作為主導的那位。我讓他這麼做，因為這是個拙劣的心理遊戲，而這舉動也透露他是什麼樣的人。我們坐在一間灰色隔間的辦公室，就在排放步槍的架子旁邊。

現在回想當時見面的情景，我還是很難解釋他跟我說的話。我們的對話充滿「私人投資者」、「合併」、「獨家經銷」等沉重的字眼，我問到他的目標營業額，他推了推下巴說，「順其自然吧。」接著，他談到市場規模回歸常態，外力介入的成長以及步槍的「運動化」版本。或許是因為辦公室沒有窗戶、他說話平淡無味，或者我困於時差，對話彷彿是乘著蒼白的燈光在霧濛濛的溜冰場溜冰，是不精確、模糊且閃躲的業者說法。這些步槍已經造成血淋淋的事實，但卻被輕描淡寫成單調無趣的推銷術語，接著他表示還有會議要開，於是再度用主宰的方式和我握手，我離開這家公司，一面像是除去汙垢般地擦著手。

幾乎是立刻，我無意間逛到一個樸素許多的攤位，它在許多方面符合我一直在尋找的，這裡可能有人能讓我多了解一個仍然被掩蓋的世界，而沒有公關經理卡在中間。這是一家從事武器外銷、經銷、運輸和交易的公司，換言之，涉及槍在整個地球上的流轉。

不同於展場中其他攤位的全套配備，這攤位顯得陽春許多，只有一張辦公桌和一面旗子，上面寫著「颶風蝴蝶」。這是華裔美人傑森．黃（Jason Wong）經營的小公司，傑森穿著熨燙整齊的藍襯衫，理了個小平頭，看起來一副保險經紀人或查帳員的樣子，但其實他在賣槍。他的事業幫助不願意或沒能力自行外銷的槍枝製造商，把槍賣到國際。

「我取得外銷許可，我收購各廠商的產品，然後運出去，」他背靠椅子說。那是當一個人對自己所做的事感到心安時會做的動作。「我賣出價值約五百萬美元的槍，我們這行不受不景氣影響，因為我們賣到全世界，這是個成長的產業，不會消失。」

許多方面，他的工作是無聊的。像是準備運送、取得最終使用者證書，以及取得文件來證明買家是槍枝最終擁有者；而不是計畫把槍轉給強盜集團或恐怖份子巢穴的人。傑森當過律師，這點倒不讓人意外，這一行需要耐著性子專心一意，能分辨DSP83和BS711之間的差異，他宣稱在DSP5的外銷許可方面成功率高達百分之九十七點八，我不懂那是什麼意思。

不過，他賣的決不是中規中矩的平凡東西，因此必須應付來自國務院、美國海關和國土安全等機構的嚴密監控和檢查，還必須面對大眾對他工作的觀感。

「別人聽到我的工作都會害怕，他們會問，『你看過《軍火之王》嗎？』我說我沒看過，也沒興趣看。我只賣給好人。」他說。

他出口超過二十五國，「我們有禁運國的清單，」他說，「我們不能出口到敘利亞、北韓、伊朗、象牙海岸，所以我就賣到瓜地馬拉。人民買槍是為了避免未來發生內戰，聽起來或許像是搬石頭砸自己的腳，但如果只有政府有槍，那你們用什麼打仗？」

我問他怎麼有把握是「好人」拿到槍，畢竟颶風蝴蝶出口的槍枝有可能落入不對的人手裡，當蝴蝶揮動翅膀，當然會在世界的彼端造成颶風。

「『移轉』是個曖昧的字眼，有發生嗎？有的，如果發生的話，通常是經過美國政府認可。很多事都在一般人沒有察覺之下發生，基本假設是，把槍運輸入敘利亞是一群壞人幹的事，但談到敘利亞，就要論及俄羅斯與西方世界的關係，而不單是美國政府簽發出口許可，把槍枝賣給敘利亞的叛亂份子。我認識幾位同業，曾被要求在美國許可和外國政府的資金挹注下，合法供應武器給叛亂份子，美國政府一直很有興趣知道如何把武器弄到外國，他們必須找到像我這樣的人。」

「像我這樣的人」，這句話道盡仲介這一行。企業的、舌燦蓮花、西裝革履而且口風緊的人。介於武器製造機的搥打聲響，和被憤怒的人用來報復的武器之間，那個不沾鍋似的世界。在乾淨、鋪著地毯、照明充分的辦公室工作，穿著將水洗好的襯衫，指甲剪得短短的，決不會扯著嗓門說話。克利夫·斯特普爾斯·路易士（C.S. Lewis）說，「地獄是像警察國家的官僚制度，或徹頭徹尾進行骯髒生意的辦公室。」

到頭來，格洛克從沒有回覆我關於訪談的事。真可悲。我想問他們在決定賣什麼槍、賣給誰的時候經過什麼程序，我想進一步了解格洛克生產的武器，如何被兇惡官僚政治下的警察國家取得，以及他們是否能說服我，讓我相信這不是徹頭徹尾的骯髒生意。

我心中存疑。

* * *

二〇一二年九月一日，一位亞買加警察大隊的警官斯麥托（Corporal Dwayne Smart）殺死拉蒙特（Kayann Lamont），他企圖以「說髒話」這個理由逮捕她，這在亞買加是有罪的。因為拉蒙特抵抗，目擊者宣稱斯麥托對她的頭部開兩槍，據傳他接著開槍射傷她的姊妹，事後有人表示他本來是準備再度裝填子彈把她幹掉，只是被另一位警官阻止。結果發現拉蒙特死時懷孕八個月，斯麥托被以殺人罪起訴。

讓我關注這個醜陋事件的，在於拉蒙特是遭到格洛克警用手槍擊斃，這把槍很有可能是這個加勒比海國家在二〇一〇年透過格洛克的子公司或代理商買進。你會說那又怎樣，槍枝公司製造殺人的槍，不是再明顯不過的事了嗎？但格洛克有一點不同，這家總部在奧地利的公司，已經成為全世界警察首選的配槍，問題是，「這家公司究竟有沒有想過，槍究竟都賣給了誰？」

這家槍枝公司在美國遠近馳名，他們自誇高達百分之六十五的美國警察，將格洛克手槍放在「他們和問題之間」，由於據報美國在二〇一三至二〇一四年間，有近一千五百人在和警察互動時死亡，因此幾乎可以確定有些人是死在格洛克的槍下。而且還不只美國。

格洛克手槍顯然找到門路——或許連它自己都不知道——進入幾個在人權記錄上有重大問題的國家，像是伊拉克、白俄羅斯、亞塞拜然和以色列。這件事引起我特別的關注，我想問格洛克的是，他們或其子公司在簽約前，對該國侵害人權的問題有過多少考量，舉例來說，當他們把槍給亞買加警察時，是否知道該國警察一再被指控不走司法途徑濫用私刑？

畢竟拉蒙特只是亞買加保安大隊二〇一二年在事件中殺死的兩百一十九人之一，亞買加的人權團體一再疾呼，要軍警對槍的使用負起更大責任。

我想談的，也不只是極具爭議的亞買加警察，二〇一三年菲律賓國家警察據報買了近六萬隻格洛克第四代（Generation 4）手槍，一年後又買了一萬四千支槍，而菲律賓的人權記錄糟糕至極，當地警察之腐敗，以致在收到新的槍時，國家警察的總長還得提醒警察們，凡是把自己的槍拿去典當，將會觸犯刑法被起訴。難道格洛克完全無視於這些腐敗和暴力嗎？

或許吧。新一批送往馬尼拉的貨物，一如預期很快鬧出人命來，二〇一四年一名警察下班後在拉特立尼達本格特省（La Trinidad Benguet）的某酒吧外對三名男子開槍，擊斃其中兩名，使用的正是格洛克警用手槍。

當然不光是格洛克確信自己遵守嚴格的出口控管，其他歐洲槍枝公司也被抓到把槍出口到人權記錄有問題的國家，供該國警力使用。

二〇一四年，德國武器製造商西格紹爾（Sig Sauer）有近六萬五千把手槍經由美國被賣給哥倫比亞警方，而被當局找上，哥倫比亞當時被列入德國政府禁止出口國家的名單。二〇一四年一月，德國警察也從西格紹爾搜到文件，暴露該公司透過有問題的管道，將七十把槍賣到哈薩克，德國報紙《南德意志報》（Suddeutsche Zeitung）寫到，這件事「管控完全失靈」。「德國武器一再被發現出現在衝突區，武器製造商也都一再對此表示意外。」

另一家德國槍枝製造商黑克勒與柯赫也被控在二〇〇六至二〇〇九年間，提供九千五百支G36步槍到墨西哥的禁制市場，德國政府曾經表示，只要黑克勒與柯赫的槍最終不流到墨西哥的奇瓦瓦州、賈里斯科州、奇亞帕斯州和貴瑞羅州，就可以把槍賣到墨西哥，因為有強烈證據顯示，這幾州的警察執行過「失蹤」和司法外處決；但是墨西哥國防部表示對步槍的種種狀況並無所悉，才會把槍枝運送到禁止的區域去。

值得玩味的是，格洛克、西格紹爾和黑克勒與柯赫全都在法律許可的範圍內經營事業，歐盟的法律規定武器出口應該考慮「出口國對人權的尊重程度」，問題是「對人權的尊重程度」沒有明確界定，因此槍枝公司聘請的律師便堅稱客戶恪遵法律。

但是，槍展證明要問直截了當的問題並獲得答案是困難的，比見到薩爾瓦多的暗殺刺客還難，比遭槍擊還難。一般人通常看不到銷售的詳細資料，而槍枝公司通常跟軍警建立緊密的關係，讓原本欠缺的透明度更加不透明；換言之，有時不可能針對武器的移轉進行有效監控，往往要等到有人被某筆交易的槍擊斃，才知道發生過武器買賣。

許多槍枝公司將總部設在歐盟國家，因為這裡普遍缺乏透明度，儘管歐盟成員國有義務將武器的移轉資料提交歐盟，但是這份資料的質與量卻大有問題。法國、德國和英國在某些年度未能送交完整資料，格洛克的母國奧地利在過去九年間，有六年沒有提供公開資料給歐盟武器登記處，歐盟以外也一樣糟，美國政府沒有公開格洛克從子公司出口五萬九千九百零四把槍到菲律賓的資訊，因為公開「可能對相關的美國公司造成競爭傷害」。

如果無法請槍枝公司回覆我，我想我只好主動出擊。由於得不到回答加上不透明，於是我弄到一張記者通行證，前往另一種讓我好奇的槍枝展——軍用武器大展。

* * *

「歡迎來到地獄，」展覽專刊的夾頁寫著。在法國六月初的夏季高溫中，這句話似乎很中肯，會議中心看不到盡頭的灰色地毯和高高的聚光燈，先是吸乾你的時間，然後是你的靈魂。一排排的人們拱著背坐在辦公隔間盯著筆電看，或者朝著你猛瞧，每個隔間都用薄薄的圍牆隔開，展示著比隔間更薄的競爭敵意，這裡是全世界最大的防衛和保安大展（Eurosatory），有超過五十國和一千四百三十個參展單位，販賣著人類所能想像最先進的武器系統。

出了戴高樂機場，我搭乘地區電車前往會場，其他電車正在罷工，因為這裡是法國。車廂中人滿為患，令我訝異的在於巴黎不是清一色白人，這裡擠滿來自布吉納法索、加彭、幾內亞等國的非裔法國人，從許多人身上看到無數多戰爭衝突的痕跡，有些人難為情地穿著花俏的Congolese La Sap外套，有些則在腰間圍一條顏色鮮豔的布，口裡嚼著玉米片和炸香蕉，而擠在他們之間的，全都是將公事包緊緊抱在胸前的白人武器販子。

不過，等我來到會場，這座用玻璃和鋼鐵打造的鉛黃色雄偉建築時，看到的黑色臉龐只有身穿代表自己國家軍服的那些人，而且沒有一個人在販賣武器，販賣武器的全是白人。

我預期的武器買賣大會應該有些緊張感、一些地緣政治的敵意，但這場展覽存在的理由卻祕而不宣，那就是讓各國政府可以嚴厲攻擊或捍衛自己的主權利益。討論會依不同國家的展館畫分，旗幟在灰色隔間上方的高處飄搖，感覺像聯合國而不是戰爭的序曲，洞穴狀的大廳看不到國際現實的惡意攻訐，以色列的攤位上沒有憤怒的巴勒斯坦人在扔石塊，俄羅斯和烏克蘭保持合理距離，展場上看不見台灣，在場的中國則是沉默的強權，伊朗人、北韓人和蘇丹人根本不見蹤影。

在場的是戰爭用品，而且很多很多。戰爭非常花錢，二〇一三年全球軍事支出據估計高達一兆七千四百七十億美元。整齊排成一列的軍人帶著賺錢的意圖踱步通過，感覺自己是最重要的人物，將軍在前，幕僚軍官緊跟在後，他們聚精會神看著大量卡車和坦克車、肩立式火箭和載具發射的飛彈。在這裡，選擇不知凡幾，有各式各樣的後勤補給裝備，有攜帶型廁所、發電機、成套廚具或快速撐開的帳篷，總之是戰鬥沒有預期到的必需品。商人們用不帶感情的口號推銷著這些商品：「在地需求、全球解決方案」、「明日已經到來」。在賭城，行銷手法讓美國的道德觀蕩然無存，廣告少了星條旗、自由和上帝便顯得乏善可陳，「可靠」、「績效」和「保護」談的是一成不變的採購程序；而這裡有些就直白到粗野的地步：「主宰戰場」、「你無法選擇使命，但可以選擇裝備」、「把危險的工作變得安全！」

有些公司為行銷這些東西而大費心思。飛彈製造商免費分送名牌護唇膏、盔甲公司生產給泰迪熊穿的迷你宣傳夾克，有一家向影片《鐵血戰士》的經銷商借來一具人像，在這裡最有外交手腕的敵人會是外星人，因為你永遠不知道接下來該侵略誰。

當然，如果你看得夠仔細，會發現展場中暗藏每個國家的陳腔濫調和刻板印象，法國軍隊炫耀自己的軍糧——加上肉凍、起司火鍋和卡蘇來砂鍋後，完整到令人無可挑剔。奧地利軍隊每天一點整吃中飯，菜色有蒸香腸配一杯啤酒。

撇開各國的美食不談，有個標誌替整個展覽做了最佳註解，「將每位士兵與戰場網絡連結」，數位時代積極認真地來到戰區，走到哪裡都看得到無人機或監視錄影機，或是不在場就能殺人的方法，遙控戰士的風靡程度無人能及，這些武器系統配有PlayStation控制器而不是搖桿，因為前者才是二十一世紀年輕鬥士們習以為常的東西。

此處還有一種正在迅速成長的槍枝創新，例如只要在步槍連上iPhone，遠方坐鎮的指揮官就收得到戰爭的連續影像，又或者是聲音偵測器幫助士兵辨識槍聲從哪個方向來，狙擊手的數位照準器能確保你只有在「正中目標」時才開槍。

不過槍還是槍，新的附加科技只是更加凸顯出現代戰爭如何快速使手槍和步槍變得無用武之地，槍在火箭和無人機旁顯得微不足道而淪為古老的戰鬥技術，而這或許是因為小型武器的花費遠低於一些軍用坦克車的緣故。

這場展覽也說明另一件事。如果撇開家庭企業，就看得出槍枝如何從全世界一小撮最有權勢的國家氾濫到各地，這裡充分反映我在研究過程中讀到的：不到二十國的出口量，占全球槍枝交易的百分之八十，槍枝買賣最多的國家通常是美國、中國和俄羅斯，由於我已經近距離觀賞過美國小型武器業者，因此只剩兩個展場要看。

中國館門可羅雀。燈光在地板投射奇怪的紫色光暈，感覺像廉價的上海夜總會，沿著矮櫃擺了一排裝甲車和補給卡車的模型，模型上方是取名叫「天龍」之類的武器系統的照片，這攤位屬於中國「北方工業」（Norinco），為中國四大國營槍枝製造商之一，然而自從天安門事件後，法國政府就不許中國來此賣槍。儘管這是件好事，但以我自私的立場來說，卻讓人失望。

中國從很久以前就是槍枝的大出口國，二〇一〇年賣了價值約八千九百萬美元的槍到全世界，至少四十六國近年曾經進口過中國的軍用槍，而以非洲最多[93]，但是中國政府對槍枝銷售也總是諱莫如深，公布的外銷數據對於主要生產國來說總是太少，這是因為他們的槍經常作為大生意的一部份而削價售出，不是沒有銷售記錄，就是當作禮物贈送。

儘管如此，中國這道難以跨越的高牆後面究竟發生什麼事，有些報導對此提出看法，二〇一一年，聯合國報告批評中國過度相信蘇丹政府保證他們提供給蘇丹的武器將不會被移轉（事實上是轉了）到達佛（Darfur）；二〇一一年利比亞發現的文件則顯示，中國武器製造商的代表曾經和格達費（Muammar Gaddafi）的密友會面，據傳他們在未經國家的許可下，企圖將價值約兩億美元的武器賣給當時正遭到聯合國武器禁運的利比亞[94]，此外從中國運到利比亞特殊安全局的槍沒有上報利比亞的聯合國使節團，而是在貨品貼上「備用零件」和「化學產品」，而門羅維亞的聯合國使節團被告知這是賴比瑞亞總統強森–希爾利夫（Johnson–Sirleaf）的客房所要用的家具。

不過，中國北方工業的展館沒有人能回答任何問題。「請把問題寫在電子郵件裡寄來，」是我唯一得到的答覆。於是我繼續參觀。

93. 亞洲有幾國從中國進口槍枝，其中巴基斯坦和孟加拉最多，近年賣到拉丁美洲的槍枝增也有加。中東、埃及、約旦、黎巴嫩和卡達也於二〇〇六至二〇一〇年間自中國進口槍枝，伊朗自從兩伊戰爭以來也是中國槍枝的一大買家，但近來的報告指出，在那之後中國減少對伊朗的武器銷售。

94. 中國官員承認這場會議真有其事，一位格達費政權的代表於二〇一一年七月到北京拜訪中國的武器公司，討論武器合約。

下一個是俄羅斯人經營的展館，二〇一二年他們靠外銷武器和軍事設備就賺進超過一百七十六億美元，其中槍械占約一億五千七百萬億美元，主要賣給美國、印尼、德國、巴西和賽普勒斯。不同於中國的是，展館有許多俄羅斯人，男的高壯且單眼皮，女的身材苗條，足蹬高跟鞋、身穿緊身制服。武器製造商「烏拉爾」（Uralvagonzavod）的工作人員製作裝甲車模型並在展場開來開去，其中一輛叫「終結者」，他們在這輛車的砲塔上綁了一面俄羅斯國旗，還瞄準來賓的足踝，要大家讓路。當時正值俄羅斯人即將入侵烏克蘭。

兩把俄羅斯槍吸引我的目光。這兩把槍被放在注滿水的玻璃缸裡，一把手槍、一把半自動，槍的下面有個牌子寫著：水下小型武器系統。我上一次是在里茲兵工廠聽過這樣的設計。不多時，身著緊身套裝，名叫安潔莉娜的女性走來，她做作地微笑，問我想做什麼，我試著用和善的態度解釋這本書，她來自「中央研究機構精密機器大樓」（Central Research Institute for Precision Machine Building，簡稱TNIITMash），這是國家資助的槍枝研究單位，總部設在莫斯科，生產的槍枝沿襲蘇維埃時期，擁有精確且官僚味十足的名稱，例如Gyurza SR-1M和VSS Vintorez「特殊狙擊手步槍」。我想知道能不能拜訪他們的工廠，她去請示意見。

行銷主管安娜走了過來，不同於安潔莉娜的是，她一副陰森森、疑神疑鬼的樣子，弱視的雙眼和佝僂的背，無損她散發的好鬥氣氛，她的穿著活像《007電影》中的反派角色羅莎·克萊柏（Rosa Klebb）。

「我們不太可能准許外國記者進入我們的營業處所，」她說。接著兩位男士過來擠到我身邊，用力推我。他們的手指沾上尼古丁，口中氣味不佳，如果這裡是莫斯科暗巷可就慘了，但我們在巴黎，於是我搖了搖手指，請他們別激動。他們狠狠瞪了我一眼。

我離開那裡，接著在角落看到卡拉什尼科夫公司的攤位，上回在賭城，我沒機會來了解他們的美國業務代表，於是我問能不能在這裡找人訪談，幾名肌肉男立刻擠到我身邊，我只能嘆氣。我猜這就是俄羅斯式的外交吧。訝異的是對方竟然說好，安德烈・克利申科（Andrei Kirisenko）會抽空幾分鐘見我。

安德烈是職業射手，也是該集團董事會的首席顧問，他高頭大馬，身高超過六尺四吋，腳上的野戰平底帆布鞋比剛才那些雇來的保鑣穿的鞋還大，我想知道他們把卡拉什尼科夫賣給誰，但他沒說，反倒是說了比較多無關痛癢的「現代化」和「產品優越性」，於是我問關於新科技的事，「槍的下一個重大轉型會是什麼？」

「槍是根據物理原理，」他說，「大家都想要《星際大戰》裡的槍，但除非能突破物理原理的限制，否則是不可能的。」這是個外交辭令的回答。俄羅斯人的態度似乎是，如果不會爛掉就不去修理，也難怪ＡＫ步槍憑著它的代表性而賺進大把鈔票，前人種樹，後人還有得乘涼呢。

於是我問，他是否擔心卡拉什尼科夫會被世界各地的軍事組織使用，包括人權記錄很糟的在內。

「當然，我們知道犯罪份子使用我們的武器，但你也可以用我們的武器把壞人除掉，」他愈說愈激動，「我們的武器是全世界的武器，是和平的武器。」他摩擦粗大的手指。「女孩是弱勢，所以男生應該保護她們。我對於能用槍保護她們感到驕傲。」

在美國，槍似乎都跟上帝、自由和個人主義有關，在這裡，權力才是槍的真正意義，但無論美國還是巴黎，追逐獲利才是硬道理，至於上帝、權力、旗幟和自我，只是各種賣槍的手段罷了。

遠處是烏克蘭的攤位，到處都是藍黃相間的條紋，牌子上寫著「我們讓烏克蘭強大」。我想，如果俄羅斯人不直話直說，或許烏克蘭人會吧，於是我正準備走過去，但這時鐘聲響起，原來是本日的展覽時間結束，錯過了這次機會。

不過從某種意義來說，其實是無所謂的。我早就打算前往烏克蘭，主要因為那裡似乎不斷被暗示把武器賣到烽火漫天的國家。

* * *

二〇〇一年二月二十四日，安納斯塔西亞號（MV Anastasia）在加那利群島的拉斯帕爾瑪斯（Las Palmas）遭到攔截，據報西班牙官員登船審問船長，過程中發現船上裝載了六百三十六噸攻擊步槍、軍火等未經申報的武器，這艘船被依正常程序沒收，至少要等到安哥拉政府確認船上物品是他們要運送的，船隻才被准許繼續航程。二〇〇一年安哥拉正在內戰，五十萬平民失去寶貴性命。[95]

二〇〇七年耶誕節的前四天，掛著安提瓜和巴布達旗幟的貝盧加堅忍號（MV Beluga Endurance），據報攜帶一萬支AKM攻擊步槍和四十二輛T72型坦克車，停靠在肯亞蒙巴薩（Mombasa）的白色海灘，船上武器將運往南蘇丹，一年前，北方軍和之前的南方叛軍在南蘇丹的馬拉卡勒（Malakal）鎮發生激烈衝突，數百人被殺。

二〇一〇年三月六日，據報BBC羅馬尼亞號攜帶一萬把AK步槍，排除萬難來到剛果共和國四面環山的港口馬他地（Matadi），幾個月後，北基伍省發生大規模強暴事件，聯合國大使、發言極具煽惑力的瑞典人瑪戈特 瓦爾斯特倫（Margot Wallstrom），同時譴責叛軍和剛果民主共和國軍隊。

目前為止全都是壞事。三艘船在不同的時間和地點，合法將槍枝運到戰火蹂躪的國家，而且都是從烏克蘭啟程。

不過，追溯船隻航行的路線並不容易，「挪威小型武器移轉倡議」（Norwegian Initiative on Small Arms Transfers，簡稱NISAT）將小型武器的買賣路線繪製成圖後發現，幾乎沒有記錄顯示被運送的貨物曾經離開過烏克蘭，NISAT沒有二〇〇一年從烏克蘭出口的詳細資料，二〇〇七年沒有記錄顯示曾經運送武器到南蘇丹，當年只有四萬支機關槍前往肯亞、一千支步槍到查德。NISAT只有記錄到在二〇一〇年將一萬把機關槍和三千把步槍被運往剛果民主共和國。

95. 一九九三年，美國總統柯林頓說：「安哥拉的狀況對國際和平和安全構成威脅。」武器移轉至安哥拉也要遵守聯合國安理會的八六四號決議案，有關禁止特定移轉的規定。

純粹是透過大範圍的資料搜索和交叉比對，才追蹤到這些貨品。但這不是頭一回了，烏克蘭對出口物品的三緘其口，早就引起各國政府和武器交易觀察家的關切，但卻苦無方法深入一探究竟。二〇〇六至二〇一一年，價值約一億一千七百萬美元登錄在案的槍枝從烏克蘭出口，但這在離開黑海海港的茫茫「槍」海中，或許只是一小粒沙子。

小型武器的數量在世界各地激增，烏克蘭顯然扮演要角，華沙公約組織解散後，蘇維埃軍事單位離開占領地，就在他們返回莫斯科的途中，無數多槍被任意棄置供人拿取，有高達二百五十萬噸的軍火和多達七百萬小型和輕型武器，被留置在至少一百八十四個補給站，在人口一百萬的大城市奧德薩，約一千五百輛軍火運送車被丟棄。

總的來說，每位烏克蘭士兵留下約一百支槍，於是這個不久前獲得解放的國家便開始卸下資產，接下來的六年間，據報有價值一千一百萬美元的小型武器銷售額來自烏克蘭，這數字很可能只是實際輸出金額的一小部份。此外當烏克蘭獨立，該國的武器產業必須重新思考接下來該把武器供應給誰，烏克蘭的武器生產量曾經占蘇聯約三成，國內有大約七百五十家國防產業的業者，有一百五十萬張嘴巴靠這行吃飯，這種不勞而獲的「祖產」和技術精良的從業人員，說明如今烏克蘭是全世界第四大武器出口國，營業額約十三億美元。

該產業創造高效率且保密的出口制度，這是由槍枝製造商、代理商、貨運公司、海關官員和海外金融服務業所構成讓人看不透、摸不著的關係，也是我買了票去那裡的原因。

* * *

尼可拉耶夫市（Nikolaev）南邊六公里處，在布滿石頭的休耕地和混濁、流速緩慢的窩瓦河流域間有個鮮為人知的海港，一圈圈倒鉤刺鐵線將它與外界隔開，再用人造林掩人耳目，而一旦走近就會瞥見防禦的掩體，衛兵從瞭望塔甚至更遠的地方監視你的一舉一動，從對的位置甚至可以辨認出起重機，以及用厚土築成、吸收爆炸衝擊的護堤。但如果靠得太近，就會遇上板著撲克臉的武裝人士，那裡有一個入口，但我卻無從進入。

說真的，我從不期待能夠進去。這不是喜歡窺伺的人該去的地方，但是從烏克蘭運往各地的小型武器有個共通點，就是都從十月鎮（Oktyabrsk）出發。而且不光這三個，據報武器屢屢被運往數十國，其中如蘇丹、緬甸、委內瑞拉、剛果共和國、伊朗和安哥拉等許多國家有暴力鎮壓的不良紀錄，而這些貨品就是從這個港口出海。

如今據估計每年有高達四十艘滿載武器的船隻離開這些私人碼頭，連他們的網站上，都提供軍用貨物準備裝上船艦的畫面。

十月鎮的過去大有來頭。多年來，這裡是俄羅斯最高機密的海軍設施，一九六二年莫斯科就是從這裡將飛彈打到哈瓦那，引發古巴核子飛彈危機。此外儘管位在烏克蘭，但就如《華盛頓郵報》報導的，十月鎮「功能上受俄羅斯控制」，由俄羅斯前海軍上校主持，並且由和克里姆林關係密切的寡頭政治執政者擁有。

和俄羅斯之間可能的連結引起我好奇，因為東部的烏克蘭人被捲入與親俄羅斯派的克里米亞人之間棘手的政治僵局，為什麼有那麼多武器會從烏克蘭核心區，一個由俄羅斯主導的港口運送出去？我發過電子郵件給幾家船運公司要求訪談，想對這類貿易有更多了解，但又跟上次賭城的槍枝公司一樣，沒有人回覆我。但既然許多公司都把總部設在十月鎮以西兩小時車程的奧德薩（Odessa），拜訪他們似乎最可能對這類武器出口得到更多說明，於是我決定往那裡去。

＊　＊　＊

攝影師的聲音差點被噴水池的水聲蓋過，新娘被風吹送的水花濺濕而尖聲叫了起來，她的頭髮緊貼在頭上將五官往後拉，使面容看似嚴厲，她走過來要我從長凳起身以便她拍照，伴娘們一律穿著代表烏克蘭國旗的藍黃色衣服，全都對我行注目禮，我無意害她們拍不成照，便移往別處。

以看見婚禮作為拜訪奧德薩的起點，感覺蠻合適的，很多人都說，在這裡能找到心愛的人，我上網搜尋這裡專門運送貨品到海外的運輸公司時，總會不斷跳出來一堆年輕新娘的廣告，保證孤獨的心可以被填滿。

但是，愛不是這裡盛行的唯一一種關係，所到之處都見得到企業和貿易結盟的標示，機場查驗護照的櫃台上方有三個運輸服務公司的廣告，其中一則是卡車和飛機翅膀形成的和諧畫面，另外兩則強調海外金融服務，而以速度和審慎做為賣點。

以往奧德薩靠買賣穀物成為俄羅斯帝國第四富裕的城市，現在出口的貨品變得多元，女性和槍成了新賣點，我對那位搔首弄姿的新娘微笑了一下，便一路往碼頭走，幾名日本觀光客剛下郵輪，正在由導遊帶著四處逛，我通過他們，聽見他們的嚮導正在解釋奧德薩是個什麼樣的移民都市——不用說，歐洲人多於俄羅斯人。我繼續走，通過一處所有水泥階梯都損壞的陰暗公園後，就來到碼頭。

晨光灑在黑海上，海灣對岸有一排鐵鏽色的金屬船正緩緩卸貨，這裡不同於十月鎮，看得到起重機將無數多貨櫃吊起，高懸在溫暖的海風中，金屬被扭曲發出刺耳聲響，其他起重機則在一旁待命，它們就像無聲的機器人，呆立在博斯普魯斯女王（Bosphorous Queen）之類名號響噹噹的船旁邊，只不過這位女王早就失去皇室的光彩，船身微傾靠著碼頭，在刺眼的陽光中漸漸腐朽。

從這裡看不出奧德薩的槍枝貿易，於是我轉身掉頭上了這座城市的正式門戶波將金階梯（Potemkin Steps），通過一群正在鼓勵觀光客跟白尾老鷹合照的大隻佬，總算來到波尼娜街（Bunina Street）十號。

這個地址是奧德薩最知名的運輸公司卡爾比（Kaalbye）的所在地，這家公司以運送價值不斐的軍事貨物為榮，美國海軍軍事海運司令部曾委託這家公司把幾艘反水雷艦運到日本、一艘海岸巡防艦運到賽普勒斯，而他們的船艦當然是從十月鎮運送貨品出岸。

我通過奧德薩迷人但正在敗壞的新古典街道，來到位於這個地址的海事商業中心（Maritime Business Centre），這是用玻璃和祕密建造的十層樓高建物，三名男子站在門廳，其中一位的臀部有一把手槍。我詢問問卡爾比運輸在何處，他們指了旁邊一間小辦公室，那裡坐著一位身穿T恤牛仔褲的小姐，在我走進去之際對我投以燦爛的微笑，我解釋曾經寫郵件給公司但沒有接到回信，於是她帶我通過武裝警衛，來到走廊盡頭一座不起眼的電梯。

她掏出鑰匙，按了頂樓的按鈕，電梯的門關上。電梯的門再度開啟時，迎面是俗氣的海神波賽頓和水星赫米斯的鍍金人像，它們站在兩片俗麗的彩繪玻璃鑲板前，鑲板的圖樣為古代海洋地圖，兩片鑲板中間是厚重的雙重門，推開門是接待室。進入後感覺像是步入愛麗絲夢遊仙境的書房般，七扇門分別通往不同密室，門和門之間的木頭飾板牆上掛著拙劣的海景畫，銀色球體對面的玻璃櫃有一艘中世紀初的大型帆船，企圖增添些許欠缺的精緻品味。

接待處厚重的大理石桌後面，坐著一位頭髮精心梳理的女士，用奇怪的眼神瞪我。她穿的紫色套裝應該比較適合雞尾酒會，我上前表明想見其中一位董事，她貌似和悅地告訴我，大家都在休假，很抱歉，愛莫能助。

既然訪談不成，我留下電話後便被帶出去，但是沒有一位董事打電話給我，反倒是接到他們律師的來電，他叫安德魯．傅利曼（Andrew Friedman），「專門針對涉及外國腐敗措施、出口管制和包商腐敗等相關調查提出辯護」。

「我代表卡爾比運輸，」他說，「我代表這家公司在美國的訴訟事宜。」

「是的，我能幫上什麼忙嗎？」我滿頭霧水。接受我的訪談還需要律師？

「因為幾篇有關他們的文章，還有些懸而未決的訴訟案件，因此他們拒絕評論。美國有一家研究機構寫了一篇報導……」

「是關於什麼？」我打斷他的話，問道。我有點火。

「武器運輸。」

「哪個機構？」我說。我聽起來一定很像渾蛋，但他惹我在先。

「只要上網搜尋就知道了，」他說。

他提到的研究機構叫C4DS，是位在華盛頓的調查單位。C4DS宣稱，二〇〇一年一批武器運往安哥拉、二〇一二年從俄羅斯運往敘利亞的不明貨物、二〇一二年從俄羅斯運往委內瑞拉的武器，都和卡爾比有關。我說我不確知那些事與我有何關係，我想訪談卡爾比有關合法軍備運輸的事，僅此而已，我沒有任何證據顯示他們在從事任何不當的事。

「他們會拒絕評論。」

「那為什麼需要律師來打電話跟我說這件事？」我說。

「我無意威嚇你。我是應客戶要求才打這通電話……而不是相應不理了事。」

原來這通電話只是禮貌性告知不接受訪談。對了！我們正在控訴某人，用這種方式給人威逼的感覺。話說回來，當你開始關注武器的國際運輸時，對手都不會是省油的燈。

就是這樣了，我想弄清楚槍枝如何合法買賣，最後卻讓一位律師的電話畫上句點，看來當我開始關注非法交易時會遇到什麼牛鬼蛇神，只有老天才知道了。

Chapter 13

走私客

烏克蘭的地下墓穴和罪犯↓索馬利亞的無政府狀態，在摩加迪沙（Mogadishu）的市場採購AK47↓北愛爾蘭的人權侵害——政府如何涉入槍枝的走私↓憲法第二條修正案的影響無遠弗屆↓墨西哥的華雷斯城（Ciudad Juarez）請求不要再有美國槍枝出現

二〇一三年十一月初，希臘海岸巡邏隊在東愛琴海深藍色水域的伊米亞群島附近，攔截到一艘懸掛獅子山國國旗的貨輪Nour–M，據說船上有兩萬支卡拉什尼科夫攻擊步槍和三千二百萬發子彈，這艘船幾天前從烏克蘭出海。

根據船長胡森．耶爾馬茲（Huseyin Yilmaz）的說法，Nour–M的最終目的地是利比亞的海港的黎波里，他說船上是利比亞國防部採購的貨物，一切都是正大光明。但是，希臘媒體的報導卻不是這回事，他們根據水上交通系統的記載，說明這艘船的目的地是敘利亞的塔爾圖斯港（Tartus），船長在導航系統中輸入敘利亞，而在船遭到盤查後，才把目的地改成利比亞[96]，如果屬實，這艘船就違反了武器禁運的規定。

真相如何，和全世界眾多走私案一樣難以知曉。讓人好奇的是，Nour–M在被逮到三十天

內，就遭到羅德港外的暴風雨襲擊而沉到海底深處，希臘當局也從未說明這兩萬支步槍的下落[97]，但如果事情如同當局和媒體懷疑的，Nour-M其實是走私武器到黑海，也就坐實烏克蘭長期涉入國際非法活動的不良記錄，而這些活動絕大多數都是在奧德薩的街道上發生。

十九世紀前半，俄國沙皇設置的自由貿易區，因為商業往來熱絡而帶來許多利益，使這個美麗的海港日益富裕奢華。以往奧德薩被稱為自由港（Porto Franco），不久便成為非法商品的全球貿易中心，或許也是唯一的中心。瓷器來自中國，花香香水來自法國，烈酒來自希臘，毛瑟槍和步槍也多得驚人，因為凡是非法娛樂的走私品所在之處，就看得到槍的蹤跡，可能是用來保衛走私品的龐大利益，或者槍本身就是走私品的一部份。

財富跟著來。人們遠從奧地利、法國、義大利和西班牙來到奧德薩定居，為自己創造更美好的生活，如果走私是達到目的的手段他們就會去做，而且還做的真不錯。當沙皇考慮收回對黑海省的金錢挹注時，他們便進貢三千顆希臘最高級的橘子到莫斯科，希望沙皇回心轉意，

96. 希臘海岸巡邏隊的聲明是，「武器和軍火的真正目的地尚未被證實。」船長以及船員七人，包括兩名土耳其人和五名印度人被捕，值得注意的是，希臘媒體取得資料的資訊系統也警告他們的資料並非官方，不能被用在商業或導航，因此無法在缺乏官方報告的情況下貿然斷言。

97. 值得玩味的或許是，有網路聊天室暗示希臘當局考慮將沒收的步槍送給希臘國家防衛隊（http://www.militaryphotos.net/forums/showthread.php？232274-Greece-stops-ship-carrying-20-000-Kalashnikov-guns）。如果屬實，那安理會被告知沒有步槍時，就是受到誤導。或許希臘在金融危機下，政府認為這麼做可以輕易取得武裝軍備，又或許打從頭就沒有武器，當局和媒體都沒有說對。

每顆橘子用羊皮紙包裹，上面寫了一串奧德薩港對沙皇的好處，水果賄賂奏效，奧德薩保住特權地位，更以其眾所周知的建築之美和非法享樂的黑暗故事，搖身成為俄國人民難以想像的城市。因此，從這裡每一棟新大樓和所有見不得光的娛樂，可見得賄賂和走私帶來多大的好處。

讓我了解這座城市的祕密身份的是留了一頭短髮、人小鬼大的歷史系畢業生瓦倫蒂娜・德契伐（Valentyna Doycheva），今年二十八歲，在奧德薩非法物品博物館擔任導覽。瓦倫蒂娜帶我參觀博物館中最樸素的展場，她說奧德薩的地下墓穴為全世界最長，在我們的腳下像內臟般深入各處，這些墓穴被用來儲存該城市突然暴增的走私品，博物館本身只限於這棟連棟建築的地下室五個小房間，裡面排滿裝著走私物品的玻璃櫃，例如塞了古柯鹼的鐘，或是裝有融化毒品的蜂蜜罐。這是尋求開明真理的高貴機構，當犯罪成為當地的風氣，就需要勇氣才能夠站出來指出對與錯，而設置一座專門放置非法物品的博物館，則需要更多的勇氣。

尤其當你領悟走私和組織犯罪的文化至今依舊在這城市的靈魂深處。共產主義解體以來，烏克蘭一躍成為非法商品的集散地，更是後蘇維埃時期的武器走私中心，這是個準犯罪城市，政府對走私行為的涉入之深，可不只是睜一隻眼、閉一隻眼而已。

「如今，」她說，「我們有從俄羅斯來的槍，當然是非法的。這些槍是各個犯罪集團帶進來的，現在烏克蘭有很多犯罪集團，真是可悲。」

烏克蘭政府當然難辭其咎。一九九二年某委員會結算該國的軍事用品價值八百九十億美元，到了一九九八年，其中三百二十億美元的軍事用品被竊或遭到轉賣，安德魯・費恩斯坦

（Andrew Feinstein）在其著作《影子世界》（*The Shadow World*）中寫到，「（該委員會的）發現極具爆炸性，導致調查突然被強行終止，十七大冊調查報告消失，成員被恐嚇不得出聲。」

大規模偷竊的背後是一個新的人種，也就是所謂的「死亡商人」[98]，當冷戰結束，維多・鮑特（Victor Bout）和李奧尼德・敏尼（Leonid Minin）等武器走私販立刻伸出魔爪，買下大量烏克蘭的武器，再轉賣給獅子山國的「革命聯合前線」（Revolutionary United Front）和哥倫比亞的「FARC軍事組織」，在敏尼這種人的仲介下，武器被賣給武器禁運國利比亞的查爾斯・泰勒（Charles Taylor），敏尼將九百萬發子彈和一萬三千五百支AKM步槍分兩批空運到首都門羅維亞，記錄上卻寫著前往布吉納法索（Burkino Faso）。

然而如今情況變了。專家見怪不怪地向我透露，死亡商人已成歷史，他們說，一種不同型態的走私販子已然成形，甚至經常受到政府公開認可。某武器中間商說，「我不曉得是否還會有另一個維多，他的崛起可說是天時地利人和，算是運氣好吧。維多剛好生在政府倒台的時候，加上他有人脈。今天已經沒有蘇聯跟大量的過剩武器。如今不適合那麼做。」

今日全球的槍枝非法買賣依然方興未艾，且可能範圍更廣。但時間點發生在生產時，從製造者身上偷走槍枝，或者如巴基斯坦，在普遍沒有登記在案的槍枝業者中生產。較後段的非法

---

98. 由於烏克蘭的死亡商人名氣極大，因此尼可拉斯・凱吉在《軍火之王》飾演的角色被設定為烏克蘭裔的美籍軍火商，即使該角色的原型的是俄國籍的以維多・鮑特。

買賣，是從警察單位或軍事兵工廠把槍偷運出去，或者趁敵對派系發生衝突時趁火打劫。[99]

「有時商品會在運送過程中遺失，」一位黑海的槍枝製造商向我表示，「當你知道小型武器被用船艦載運時，就要特別注意。如果有飛機可以直飛，就不應該海運，代表其中必有蹊蹺。」

他接著告訴我一個故事。曾經有個時期，他以為他賣出去的一批武器要運往約旦，結果卻標記前往利比亞，要不是船運公司不小心寄了一份海運提單到他的公司，這批槍就會被送到那裡去，船運公司宣稱貨櫃裡全都是一箱箱的肥皂粉，不是九釐米手槍。

當然，追蹤槍枝非法流向的源頭困難到無法想像，槍不像一整批軍需品或地雷，槍還能供警察、軍人和休閒娛樂使用，因此無法禁止槍枝的製造和販賣，而如果政府和走私者沆瀣一氣，追查就難上加難。

幾個月前，我遇到「聯合國常規武器處」（Conventional Arms Branch）的處長丹尼爾・普林斯（Daniel Prins），他領導的部門負責防止武器非法買賣，同時不侵害合法的使用和交易，二〇〇六年聯合國公布全球每年四十億美元的槍枝交易中，有四分之一屬違法，使他的工作困難重重。

「舉個假設性的例子，」我們坐在紐約一家小餐廳，距聯合國位於第一街的灰色玻璃大樓不遠。「如果你是武器掮客，拿的是烏克蘭護照，在賽普勒斯工作，銀行帳戶開在維京群島，而你替一批美國製的槍枝擔任掮客，這批槍要從波士尼亞運到蘇丹……如果從執法機關的角度處理這件事，該從哪裡著手？該遵守誰的法規、誰的法律？是這個人當時所在的賽普勒斯的法律嗎？」

他說話謹慎，但隻字片語中帶有無奈，使他的話顯得沉重。「俄羅斯人告訴我們，他們沒有武器掮客的問題，因為在俄國只有一家公司被准許擔任武器掮客，但是全世界不是有五、六家武器掮客嗎？我們得到的答案是，呃，是啊，但不在俄羅斯。」

現在回想，我不知道他在紐約的辦公室裡，是不是對所有做著俄羅斯骯髒生意的烏克蘭商人已經絕望。

「全球化就是只要一支手機、一台電腦，就可以在任何地方工作，辦理裝運事宜並且安排非法運送，作法完全不同以往，」丹尼爾說，「這年頭，武器掮客不需要跟武器在同一個地方。」

這也就是奧德薩對如此多走私者深具吸引力的原因，那裡可以避開管制，奧德薩政府會視而不見，至少只要把他們的口袋塞滿，他們就視而不見。奧德薩綠樹如蔭的街道，因為犯罪份子而顯得黯然無光，當地天氣溫和宜人，美貌的女性以柔軟的大腿和貓般的眼睛在城市的廣場昂首闊步，這裡有夜總會和餐廳讓釀造私酒者大賺其錢，而在這金玉其外、敗絮其中的城市各

99. 一九九二年，當軍火商蒙澤・艾爾卡薩爾（Monzer al-Kassar）想將武器運送到克羅埃西亞時，便向波蘭供應商出示一份由葉門人民共和國簽發的證書，即使葉門共和國已經不存在有兩年了。http://www.newyorker.com/magazine/2010/02/08/the-trafficker

處，很容易便接觸到供應鏈、空殼公司和可疑的代理商隨時製作假文件。在這裡一個不經心便會犯下邪惡的事，卻看不到造成的後果。

奧德薩讓我明白，當政府容許自己的港口和企業成為大規模犯罪網路的延伸，當官員容許民間走私的腐敗行徑時，下場會是如何。但我想儘管如此，至少奧德薩還製造了秩序的假象，我見過一些秩序蕩然無存、走私者猖獗的地方，不是政府造成，而是根本沒有政府。

* * *

從肯亞進入索馬利亞的唯一航班是救難機，我們是機上僅有的乘客。飛機低飛穿越索馬利亞一望無際的叢林和灌木林，在我們下方是空寂和無邊無際的沙地，只有叢林和偶而出現的牧人與牛群。接著飛機急轉彎，朝著分裂的首都摩加迪沙一路向外延伸的沙地和岩石急速下降，這裡臨時被充作國際機場。在這地表最無法無天的國家，既沒有邊防機構，也沒有航廈大廳。

一鑽出飛機，六名索馬利亞人就來接我們，他們乘坐一輛破舊的接駁卡車，每個人都配戴機關槍。其中一位倚著栓在車頂的高射砲，當時氣溫攝氏三十九度，然而感受更深刻的，卻是那緊張的氣氛。

我屬於BBC小組的成員，由記者賽門・里夫（Simon Reeve）領軍，製作名叫《危險區的假日》（Holidays in the Danger Zone）系列報導，基於這裡的槍枝數量龐大，取這名稱相當貼切，因為每個人手上都有武器，大約三分之二的索馬利亞男性至少擁有一把槍，有些研究估計槍枝總數高達七十五萬支。[100]

公開買賣槍枝在這裡也見怪不怪，此行來到索馬利亞的目的之一，是參觀最大的槍枝市場，那裡有超過四百位武器業者，將走私的AK47賣給任何買得起的人，我們的影片是要拍攝當政府和整個基礎建設崩潰時，國家該如何存活。多年來受內戰所苦的索馬利亞，是不受統治狀態下極盡混亂的最佳範例。

由於伊斯蘭好戰份子和為所欲為的軍閥在這歷盡摧殘的國家作威作福，我們擔心會發生綁架甚至更糟的事，因此請了幾位保鑣，他們口裡嚼著阿拉伯茶的茶梗子——當地生產的天然準安非他命——用布滿血絲的雙眼定睛注視我們。我們爬到這群攜帶機關槍的男子旁邊任憑烈陽燒灼，車子滑行過塵土，來到讓我們安全棲身的旅館，途中他們說，我們是首都唯一的幾位白人。

只要看看街道，立刻明白法律以及通常被視為理所當然的汙水處理和垃圾清運等，在這裡都付之闕如。好戰份子集團的步兵站在破敗的街角，小毛頭的嘴上還沒長毛，卻老早就拿起半自動槍。到處都看得到雙方交火留下的暴力痕跡，我絞盡腦汁卻想不出這城市究竟有誰是值得為之一戰。

100. 根據亞隆・卡爾普（Aaron Karp）二〇〇七年的研究。還有「小型武器調查」二〇〇七年的《完成計算程序：民兵槍械—線上附件》（*Completing the Count:Civilian Firearms-Annexe Online*），《槍與城市》（*Guns and the City*），第二章，附件四，六十七頁。二〇〇四至二〇一一年間，聯合國監督團體公布近五萬個案例，涉及小型軍火和輕型武器在索馬利亞的移轉。

這裡沒有路燈，被棄置的屋子像骷髏般靜默無聲，路面坑坑巴巴，旅館外有一隻四腳朝天的牛，屍體在高溫中逐漸膨脹，幾天前牠被人用槍擊斃，屍臭味連嘴巴都感受得到。

這間旅館有四位住客，我、賽門和隨行的研究人員夏希達・吐拉加諾瓦（Shahida Tulaganova），他是個好動熱情的烏茲別克反對份子，也是新聞記者，會說流利的俄文和阿拉伯文。還有一位住客是日本政府的特務，我溜到他旁邊，問他來這裡做什麼，他說他是地圖繪製師，我笑著說，十九世紀的間諜就是這麼自稱的，他再也沒跟我說話。

我被帶去的客房小如修道士的僧房，牆壁用廉價塗料漆成白色，到處可見黴菌，房裡有一張床，床單被單還沒乾。我躺在濡濕的床上，試著安撫逐漸高漲的恐慌，那是在空降到一個好像每個人都想槍擊你的地方時，會產生的情緒。

天色漸暗之際，我們在旅館的庭院集合，四周是高聳的門和高牆，牆的頂端撒上碎玻璃。這時問題來了。我們從倫敦出發前，答應每天給每位保鑣五十美元，但這群人希望每天多五十美元來買茶桿子，一開始我拒絕，因為我不認為ＢＢＣ的收視戶會願意我們付錢給攜帶武器的民兵買毒品，但後來我被拉到一旁，情況很清楚，不付錢的下場就是這群武裝保鑣不再保證我們的安全，重點在武裝，而威脅是很明確的。

二〇〇四年的索馬利亞並不安全，假如你是白人而且不是穆斯林，就更加危險。兩年內就有兩位我認識的記者在那裡被槍殺身亡，ＢＢＣ記者凱特・珮頓（Kate Peyton）在我們之後到那裡，她在我們下榻的飯店外被槍殺，瑞典籍的攝影記者馬丁・艾德勒（Martin Adler），則是幾個月後在國家運動場外的群眾暴動中被擊斃，在這種地方可不能省幾塊錢。

我同意了「顧問費」，並且告訴他們要怎麼用這筆錢是他們的事，跟BBC無關，雙方談妥後，我們便走進去吃羊肉餐和義大利麵，也安排好參觀走私市場。

第二天，我們在祈禱的招喚聲瀰漫整個城市之際上路，保鑣們秀了一下用嘴巴耍弄茶桿子的伎倆，沒多久便來到十字路口，對面車道來了一群重裝備的槍手，是敵對軍閥的同夥。兩個護送車隊經過，他們立刻拿槍指著我們，空氣中充滿步槍扣板機的刺耳聲響，兩輛車的人開始像狗似地對著彼此咆嘯，接著其中一位保鑣將高射槍對著他們，突然結束對峙的僵局。我們加速離去。說到槍，活下來的才是老大。

恐懼漸漸消退，取而代之是不可思議的感覺，路上是一輛輛漆上鮮豔色彩的卡車，喇叭聲震天價響，擋泥板塗上令人眼花撩亂的紅色黃色，我們跟在這些卡車後面，經過對面拖著米和玉米的驢子，最後來到一個地方，成熟的西瓜在外頭任由高溫曝曬，路兩旁有幾家藥店販賣五顏六色的藥丸，繼續走便來到蒼蠅漫天飛的肉品市場，人們用鋒利的刀子削下深紅色的肉，厚厚的白色脂肪掉到地上，這裡沒有政府，這是交易的最基本邏輯。

我們下車，走過一堆高大的仙人掌，如果往灌木叢裡仔細看，會看到隱約有一架美國黑鷹直升機的輪廓，這架直升機是一九九三年在出一次知名的任務時被擊落，當時海軍的海豹部隊沒能逮到派系首領穆罕默德·法拉赫·艾迪德（Mohamed Farrah Aidid），反而引發索馬利亞人的憤怒而遭到槍彈的猛烈攻擊。在這之上有一排骨瘦如柴的男孩瞪著眼睛看，他們的家在很早以前就被子彈射穿而留下燒焦的黃褐色痕跡，在他們之外就是摩加迪沙惡名昭彰的巴卡拉（Bakaara）市場。

無論你需要什麼，這堆茅草屋和其中見不得人的交易都能滿足你。毒品？沒問題。護照？只要花四十美元，身材乾癟、染了一頭紅髮貴氣逼人的索馬利亞商人「大鬍子先生」就會幫你做好，多花十美元就幫你弄個外交官護照。AK47嗎？要幾支？

我們繼續進入一幕幕陰鬱絕望的景象，走過喀喀聲響的木屋，往槍枝市場前進。之前就有人警告我們不準拍攝，到了這步田地我已經不打算據理力爭。幾分鐘前，我在拍攝市場外圍的借貸銀行時，就被一位身材瘦削卻兇猛的警衛用扣了扳機的半自動槍對著我，而這裡的槍又更多了。

我們經過一個攤位。一排排中國製步槍擺在半明半暗之中，以前這裡賣俄羅斯的AK47，那是從舊蘇維埃集團的軍事武器存放所一點一滴流出的，之後烏克蘭人、阿爾巴尼亞人和羅馬尼亞人將半自動槍運到非洲而賺進數百萬美元，如今輪到中國代理商來這裡淘金。

本周AK47的售價約八百六十美元，比五個月前上漲百分之四十，這還只是AK47的七點六二釐米低階款，彈匣五點四五釐米的步槍更貴。

這些事值得注意，因為槍枝市場的武器價格充分反映國家的安全度，漲價等於預示戰爭的發生，聯軍於二〇〇三年進軍伊拉克前，AK47的基本款才賣八十美元，經過三年的血腥騷亂，這些槍的售價翻十倍，來到八百美元。

槍枝價格也說明近期發生的可怕事件。衝突後的地區往往充斥廉價武器，二〇一二年二月，FN FAL在利比亞只賣五百美元，一年前衝突最高點時曾高達數千元之譜，暴力和武器價值之間的公式如此精確，你幾乎可以根據鄰國黎巴嫩的子彈售價，來推估敘利亞的暴亂程度。

不過，影響槍枝售價更大的，往往還包括謠言、存貨的取得方便度，以及賣家隨便掰的任何理由。聯合國引用的AK47售價只有十五美元，但我從沒聽過那麼便宜的價碼，反倒是全自動的中國式五六卡拉什尼科夫可以賣到一萬美元。

比價錢更可以確定的是，這裡賣出的槍總有一天會流落到遙遠的他方。索馬利亞賣出的槍七轉八轉到了獅子山國，之後被賣到利比亞，最後在象牙海岸被用來殺人。槍的長壽代表你永遠不知道它會被走私到哪裡、走私給誰，這是當政府提供武器給叛軍或用來推翻政權時，幾乎沒有充分思考的。

對這個無政府市場的一瞥，顯示一種非常特有的走私型態，專家稱之為「蟻式交易」，小量武器的運送積少成多，可能累積成大量且火力強大的軍火庫，我想對那市場有更多了解，包括槍是從哪裡買來、賣給誰，但是留在這裡問問題實在太危險，於是大夥決定繼續行程，除此之外我們還得買索馬利亞護照。

我在這短短幾天看到的，是無法無天的索馬利亞的模糊輪廓，走私販子在不受政府控管的情況下為所欲為，但是當問題出在政府管控太多時又是如何？當走私武器的是政府呢？我在離家近很多的地方找到答案。

*　*　*

從我八歲以來就沒回去過北愛爾蘭，距今已三分之一個世紀，根據兒時的記憶，那是個非黑即白的地方，烏雲罩頂的土地，街道盡是身穿灰白外套、繃著臉面表情色的人，但是那天我既沒看到雲，也沒見到灰色，罕見的太陽照耀著大地，在開車進入貝爾法斯特的途中，田野像祖母綠的拼布般一路延伸，感覺得到綠色之濃烈。

前來接機的，是在「國際特赦組織」（Amnesty International）服務的葛瑞妮．提加特（Grainne Teggart），她是個勤懇認真的女士，我為這本書做研究的半途、也就是我從索馬利亞回國幾年後，她邀我過來，在貝爾法斯特最大的社群節慶談一談人權的調查。車子行駛在國道上，沿路是一個個裹得大大的稻草堆和灰白色的農舍，兩旁長滿灌木叢和山楂樹，這時她談到以前在這塊多事土地上的種種暴力事件。

不多時，我們便看到地名為佛思與古教堂的路，我們位於西貝爾法斯特，要不是有倒鉤刺圍繞的牆和慘無人道的歷史，否則聯合王國旗（Union Jack）和代表新芬黨（Sinn Fein）的顏色倒是給了街道節慶的氣氛。

這陣子的太陽是全年最熾熱的，理著大光頭的白種男性將雙手交叉在髒汙的背心上，在覆著沙礫的街道上休息，葛瑞妮指著他們上方一群一動不動、身穿黑色制服的準軍事部隊，手上抓著同樣黑的步槍，他們動輒對人施以懲罰，而且從來都不好過。槍擊穿膝是一種惡性懲罰，過去在這裡是如此常見，以致一位當地的外科醫生不得不來到這個恐怖運動的最高指揮階層，向他們解釋如何用槍擊膝蓋又不導致終身殘廢。在那之後，這夥武裝份子施以懲罰的目的是傳達訊息多過摧毀他人的人生，也使殘廢的人數大為減少。

談話順利進行著。最後一位社運人士也是作家的安・卡德沃拉德（Anne Cadwallader）舉手，問我關於英國政府為準軍事組織統一黨黨員（Unionist）提供武器裝備的事，我說我對此所知甚少，她表示願意提供一些資訊，後來果真很快寄來一封郵件。

安述說了赤裸裸的事實。她提到反獨立份子北愛爾蘭志願軍（Ulster Volunteer Force）是如何和北愛爾蘭皇家警察部隊（RUC）和北愛爾蘭防衛軍團（UDR）合作，以所謂「北愛爾蘭中部謀殺三角」（Mid-Ulster Murder Triangle）為根據地組織幫派。她說他們必須為一九七二至一九七六年間超過一百二十人的死亡負責，許多人是被從英國軍隊的軍火庫房拿來的武器打死的。

她寄來的一份政府文件，詳細記載了一九七二年十月，武裝份子在阿馬郡（Armagh County）的聯合英國軍事基地魯根（Lurgan）發動突襲，搶走八十五支高速步槍和二十一支衝鋒槍，之後一份軍事情報報告，記錄北愛爾蘭防衛聯合會（Ulster Defence Association）又用這些武器犯下數起殺人案，而北愛爾蘭軍「極有可能」是那次突襲的共謀者。一九七〇年代初的短短十八個月間，英國軍隊就記錄了反獨立份子犯下的十七起武器竊盜事件，而且這些事件被懷疑是集體共謀下的結果。

使暴力變本加厲的不僅是武器的盜竊，恐怖份子的槍枝供應無虞，英國政府顯然也「功不可沒」。

一九九四年六月，六名男子在位於唐郡（County Down）拉根島（Loughinisland）的一家酒吧，遭到反獨立份子槍殺[101]，二〇一二年這六名受害者的親屬告國防部和北愛爾蘭的警察廳，指控英國當局在一九八〇年代末，協助將三百支槍和三萬發子彈等走私進入貝爾法斯特，至少是故意視而不見。

這些武器當中，捷克斯洛伐克SA Vz.58攻擊步槍被用在唐郡酒吧的攻擊事件中，同一款武器據報也被用在一九九三年的另一次攻擊行動，當時一輛廂型車載著天主教的畫家到貝爾法斯特工作，有位五個孩子的父親被殺，另外五人受傷。

根據為高地酒吧（The Heights Bar）屠殺事件受害者打官司的律師團表示，武器的庫房是由南非種族隔離時期的槍枝銷售公司Armscor售出，一九八五年，一位為英國情報機構MI5滲透到北愛爾蘭防衛聯合會的英國特務前往南非後，該公司和反獨立的準軍事組織就敲定這筆生意，這位特務專程前往南非完成槍枝採購的簽約事宜，而國防部後來才坦承這次旅費都是由英國的納稅義務人買單。就在統一黨恐怖份子從位在波塔（Portadown）的北方銀行偷走三十萬英鎊後，這筆交易於一九八七年六月拍板定案，據報那筆錢被用來購買武器，而這批槍也在次年十一月從黎巴嫩順利運抵貝爾法斯特的港口。

走私的槍枝造成嚴重後果。就在貨物上岸後，反獨立份子的殺戮案件驟增，在這批槍運達之前的六年間，反獨立份子約殺死七十人，在那之後的六年間則有兩百三十人被射殺，許多是無辜的旁觀者。而就在這批槍運達的幾個禮拜內，北愛爾蘭防衛聯合會的槍手麥可·史東在西貝爾法斯特彌爾頓墓園的一場愛爾蘭共和軍（IRA）的葬禮中槍殺三人，當時史東配戴一把點三五七麥格農（Magnum）左輪手槍，和一把布朗寧的九釐米半自動手槍，後者和從南非帶進來的手槍「屬同一款」。

不過，這一切的問題在於，所有關於酒吧槍擊事件的證據，都是在遵守爭議性的英國祕密司法法案條文下聽到的，該法案容許英國政府的律師將證據保密，只在不公開場合下揭露給法官，而且不能被其他律師檢驗或質疑；因此我們心中或許有諸多疑問，但真相就像黑幕重重的槍枝走私一樣，永遠無從得知。

當然愛爾蘭共和軍也走私槍枝並且殺人，甚至將武器帶進棺材。但我更感興趣的是，反獨立份子的殺人事件顯示英國政府當局有涉入槍枝走私，從這件事似乎窺見一個極度令人憂心的事實，那就是：政府出資買武器，以助長暴動和恐怖份子。

可想而知，歷史上政府提供武器的行為充滿陰謀和干預，二〇一二年，沙烏地阿拉伯據報曾經出資，從一個由克羅埃西亞掌控的前南斯拉夫儲備武器機構，購買「上千支步槍和上百支

---

101. http://www.theguardian.com/uk/2012/oct/15/uk-arms-northern-ireland-loyalist-massacre。《衛報》報導「關於拉根島殺人事件的調查方式引起嚴重關切，後來警察視察官調查結果，認為警察未能採取某些嫌疑犯的指紋或DNA樣本，警方承認逃跑車輛這個關鍵證據被毀損，沒有證據顯示任何官員尋求或給予許可做這件事。」

機關槍」，經由約旦運給自由敘利亞軍（Free Syrian Army）；維基解密公布的外交電報顯示，據稱一個由莫斯科主導的策略，要利用組織犯罪集團來「從事所有俄羅斯政府不方便出面做的事」，包括私運槍枝給庫德族，企圖「顛覆土耳其政府」。[102]美國提供武器給叛亂集團由來已久，從敘利亞的反叛份子一直到塔里班的記錄斑斑可考。曾經有一段時期，三十多萬名阿富汗戰士攜帶的武器，就是由中央情報局（CIA）提供的。

還有一批武器不是國家刻意放水（至少看似不是）而外流，是遺失和被竊。二〇一四年七月，據報七十四萬七千支美國國防部送給阿富汗國家軍隊的武器中，百分之四十三與帳冊記錄不符，這一批包括步槍和機關槍在內的武器價值約二億七千萬美元，龐大的損失部份歸因於「序號不見，運送和收件資料不正確，以及重複記錄」，但是歐巴馬總統對此可能並不意外，美國駐阿富汗軍隊的首領，也是海軍陸戰隊將軍約翰．艾倫的簡報中指出，總統被告知阿富汗最大的問題不是警察執法不力也不是軍隊無能，而是腐敗。照艾倫的說法，那是「對阿富汗生死存亡的策略性威脅」。

不過，助長這種嚴重錯誤的不光是腐敗，或許是因為美國堅信「賦予人民攜帶槍枝的權利」是統治的唯一方法，因而給了阿富汗人遠超過需要的武器，他們送給當地人八萬三千一百八十四支AK47，同時要求阿富汗軍隊改用M16等北約（NATO）武器，總的來說，送給阿富汗的武器中，有超過十一萬支被認為「超過所需」。

美國當然否認必須為不負責任的捐贈行為負起任何責任。「阿富汗政府有責任……判斷他們的武器是否超過所需，」國防部官員在報告中寫道。不過，報告也承認美國的槍枝極可能最終落入塔里班手中。可以確定的是，死亡的塔里班戰士身上發現「與美國軍隊致贈阿富汗政府軍一模一樣的」彈倉。

這種事不僅發生在阿富汗，五角大廈送給伊拉克公安部隊的十九萬支步槍和手槍也下落不明。[103]「小型武器調查」作出如下結論：「武器透過私人的軍火掮客，被運到人權問題持續惡化、監管不周和儲備武器的安全性整體不足導致極可能被移轉的地方。」

真實情況是，這些武器讓美國的槍枝生產者賺進大把鈔票，而其中一部份的武器現在落入伊斯蘭恐怖集團的軍械庫。伊斯蘭好戰份子使用的槍械中，包括赫斯特國營工廠（FN Manufacturing）和柯爾特防衛（Colt Defense）製造的美國M16A4攻擊步槍，以及毒蛇國際槍械（Bushmaster Firearms International）製造的XM15–E2S半自動步槍。

美國對槍的喜愛所造成的後果，不僅是人民擁槍權這種國內的議題，在伊拉克和阿富汗，這種對槍的喜愛影響人民對於如何重建國家的道德觀，彷彿透過武器的重量就可以消滅反對

---

102. 西班牙國家法院檢察官岡薩雷斯（Jose Pepe Grinda Gonzalez）作出該項指控。岡薩雷斯負責調查俄羅斯以外最資深的黑手黨人物札卡爾．卡拉謝夫（Zakhar Kalashov）。

103. http://www.washingtonpost.com/wp-dyn/content/article/2007/08/05/AR200708051299.html;http://www.gao.ogv/new.items/d07711.pdf。國防部和伊拉克戰爭多國部隊，對於伊拉克保安部隊接收的美國提供裝備帳冊記錄無法完整核實。這要歸因於並非所有軍備都有中央記錄、人員不足、沒有蒐集文件以確認收到軍備以及運送來的軍備數量。

者、鎮壓偏激言論，並且散播民主的種子。

這讓我不禁在美國政府用大量武器對付犯罪問題（SWAT小組的文化），和用大量武器來建設國家之間畫上平行線，憲法第二條修正案把內政議題轉變成國際策略，我在參觀過賭城的槍展不久後前往墨西哥，發現第二條修正案在那裡造成更嚴重的後果。

＊　＊　＊

「不要再有武器」，一塊橫跨美洲大橋的大型金屬告示牌寫著。牌子旁的路通往兩處，一頭帶領你深入墨西哥的華雷斯城，另一頭則帶你翻過里奧布拉沃（Rio Brava），進入美國的城市艾爾帕索（El Paso），這個告示牌不是給北上的墨西哥人看，而是給那些把槍枝走私到墨西哥的美國人看。

儘管不像其他橋會設置收費站，但由於車流量大，使得等待查驗護照準備進入美國的車輛回堵到薄霧中。墨西哥男人穿著發黑的工作服默默擦拭車窗，法蘭克林山脈綿延到遠方的美國，無精打采的星條旗被來自南邊的沙漠強風吹得一面倒，路旁兩隻閃耀著藍絲絨光澤的大尾擬八哥鬥得正酣。

告示牌上銀白色的字，是用墨西哥當局沒收來的損壞武器製作，二〇一二年二月當告示板揭幕時，當時的墨西哥總統卡爾德隆（Felipe Calderon）請「親愛的美國人民」幫助終結墨西哥境內「恐怖的暴力」。二〇〇七至二〇一二年間，墨西哥共發生十二萬起殺人案，兇器多半是槍，而且很多是美國槍。

「最好的做法，」卡爾德隆在風中提高音量說道，「就是停止將自動武器流入。」

你會明白他這麼懇求的原因。墨西哥幾乎沒有槍械製造產業，他們有非常嚴格的槍枝法律，整個國家只有一間賣槍的店，但是流入墨西哥的美國槍卻多到令人咋舌，據估計每年有大約二十五萬三千支槍被走私進入墨西哥[104]，而這些槍的來源並不難理解，因為在一千九百五十一英里長的邊境另一頭，開了六千七百家領有執照的美國槍枝販賣店且獲利驚人，一份研究發現，百分之四十七的美國槍械商店在某種程度上要靠墨西哥的需求。[105]

美國參議院的報告，對以上現象造成的結果做了總結。墨西哥毒品組織卡特爾握有的槍枝百分之七十來自美國[106]，有些卡特爾的首領吹噓他們的槍全都從美國買來，更增加以上統計數

104. 二〇一〇至二〇一二年間，私槍的估計數字在十萬六千七百支至四十二萬六千七百二十九支之間，比一九九七至一九九九年間私槍數量增加百分之一百八十七。

105. 引自聖地牙哥大學跨境學會（University of San Diego Tran-Border Institute）的資料。數字在百分之三十九點四至百分之五十二點七之間。

106. 資料來自聖地牙哥大學跨境學會。二〇一二年，美國司法部的菸酒槍械爆裂物局公布，墨西哥當局在二〇〇七至二〇一一年間沒收並交給ＡＴＦ超過九萬九千支槍當中，六萬八千支來自美國，但關於這些數字有些爭議。一方面，美國政府責任署（US Government Accountability Office）估計，墨西哥使用的槍枝有百分之九十甚至更多是來自美國，另一方面，有些人表示在墨西哥犯罪現場發現的武器當中，只有百分之十七源自美國，兩萬九千件在墨西哥的犯罪現場收回的槍械中，兩萬三千八百八十六件無法追溯至美國，第二種論點有誤導之嫌。兩萬九千件槍械中許多根本沒有可供追溯源頭的線索，因此我們無從得知這些槍械究竟是不是來自美國。此外遭到消滅的序號、不完整的銷售紀錄以及私下購買，使得追溯槍枝源頭更加困難，因此ＡＴＦ的數據似乎合乎邏輯且可被接受。請參考 :http://www.bbc.co.uk/news/world-latin-america-20825061

據的可信度。槍顯然愈來愈成為大毒梟們的武器首選，據報一九九〇年代，墨西哥的殺人事件有百分之二十使用槍，如今當地殺人事件超過半數被指使用槍枝，美國北部邊境的對岸加拿大也是，當地用來犯案的槍枝當中，百分之五十是走私槍。

墨西哥當然有足夠證據來證明北美洲的槍枝販賣和墨西哥槍枝暴力間的因果關係，二〇〇四年當美國針對半自動武器的聯邦禁令失效，墨西哥毗鄰解除禁令的亞利桑那、新墨西哥和德州的幾個郡，槍擊死亡的案例增加百分之三十五，但是鄰接加州南邊的幾個墨西哥郡，殺人案件的發生率持平，原因是加州依舊維持對半自動武器的禁令。

在美國聯邦攻擊性武器禁令期間，每年跨越南部邊界的武器約八萬八千件，禁令結束後增加百分之一百八十七，據估計邊境以北解除武器銷售的限制，導致墨西哥的殺人案至少增加兩千六百八十四件。[107]

美國鬆散的槍枝法律不光影響墨西哥，美國政府於二〇一三年追蹤在波多黎各的槍枝，發現百分之七十六是在美國製造或進口到美國，貝里斯的槍枝則有百分之六十一是這種情形，牙買加的美國槍據說像芒果從樹上掉落般地掉進首都金士頓（Kingston）。

我看著準備進入美國境內的一輛輛破車，南下的車道空蕩蕩，那裡的官員就只是揮手叫車子開進墨西哥，對南下車輛的檢查鬆散加上卡特爾組織對槍枝的需求，必定為走私業者創造完美的風暴，於是問題來了：這些槍一開始究竟是怎麼落入走私業者的手裡？

法庭記錄讓我們一窺完整的運作模式。二〇〇八年位於佛羅里達州潘布羅克公園

（Pembroke Park）的「美國靶場與槍」（American Range & Gun），將大批槍械賣給了一位神祕買家。幾天前，買家向業者維多．尼德曼（Victor Needleman）表示，他認為他將通不過槍枝的背景檢查，這位潛在買家說他年輕時曾經「惹上一些麻煩」。尼德曼說沒問題，只要用別人的名字買就可以了，這個非法的程序叫做「用人頭買」。

其實這位買家從來沒有惹過他說的麻煩，他是替美國菸酒槍枝爆裂物局工作的線民，他向尼德曼表明想把槍運到中美洲[108]，尼德曼說這也不成問題，他以前就曾把槍賣進瓜地馬拉。他沒有吹牛，因為有幾樁買賣後來都被追蹤到幫派的槍戰火拚，因而造成數人死亡。尼德曼甚至大言不慚地說，有位顧客一次就買了二十五把AK47。

之後不久，這位線民帶著一位「朋友」來到店裡，還付了兩千一百二十美元，作為十四把半自動手槍的訂金，他的朋友非法填寫文件，當他們回店裡取槍時又多訂二十把格洛克，然後尼德曼就遭到逮捕。這是罪證確鑿的案例，尼德曼被判入獄近六年。

合法的槍枝業者進行如此不當買賣，只是冰山的一角。問題其實更普遍。二〇一二年一份調查發現，數百名擁有槍枝的平民每年在網路上販售上萬支槍，而沒有做任何背景的查驗，而

107. 美國攻擊武器的禁令解除之後四年的二〇〇四年，在墨西哥被沒收的六萬件非法槍械追溯源頭自美國。

108. 墨西哥和中美洲市場的人頭購買所帶來的影響，在ＡＴＦ拙劣的「快又狠」（Fast and Furious）釣魚行動攪和下而難以看清。美國當局跟丟了一千四百支用來「布樁」的槍械，他們原本是希望藉由這些槍械能追蹤到毒販的，但最後這些槍成了墨西哥幫派份子如錫那羅卡特爾等地軍火。

在槍展中總是有私人賣家「偶爾賣一賣槍」，或者把「個人收藏」拿出來賣，兩者的區別看似主觀，但影響卻相當顯著。在美國，聯邦發給許可證照的業者被要求在槍展上進行查驗，但私人賣家就不受約束，對此表示關切的人們估計，高達四成的槍枝交易沒有經過類似查驗，美國政府的一份報告因此斷言，槍展是槍枝走私進入非法市場的第二大來源。[109]

當然，有許多街談巷議的證據，暗示美國民眾應該對這些漏洞感到憂慮，真主黨（Hezbollah）的成員阿里·布梅倫（Ali Boumelhem）因為試圖將美國槍走私回黎巴嫩而被監禁，他持續在密西根的槍展買武器；愛爾蘭共和軍的康納·克萊斯頓（Conor Claxton）去南佛羅里達州的槍展買槍，再走私回北愛爾蘭；就連蓋達組織的發言人都曾針對槍展的漏洞發表談話，他鼓勵美國的回教聖戰士「去當地會議中心的槍展，就可以帶著全自動攻擊步槍離開，沒有背景查驗、更可能的是連身份證件都不用出示，你還等什麼？」[110]

美國人對墨西哥邊界的憂慮，並不是什麼東西會運往南邊，而是對北上的東西感到不滿。我曾在亞利桑那州東南邊花過一段時間研究「民兵計畫」（Minutemen Project），這是二〇〇五年成立的激進份子組織，使命是監控跨越國界的非法移民，其中一位邀請我低飛過邊境，當我們快速掠過乾旱的矮樹叢之際，幾乎能感受到他們的恐慌情緒。這些名字叫恰克或吉姆的人，把來自墨西哥等地的經濟移民——俗稱「濕背人」——視為對他們安全和自由的嚴重威脅，但是我們從空中偶而看到衣衫襤褸的非法移民，只是一群鬼鬼祟祟的可憐人，既沒有攜帶武器，更稱不上危險。

民兵計畫之類的人堅持己見，在一段YouTube的影片中，指揮官戴維斯（Chris Davis）要民兵成員「武裝起來」，「是時候拿回國家主權了…怎麼做？只要看到非法移民，就拿槍瞄準他的雙眼之間，對他說：『退回邊境對岸，不然就用槍射你。』」

他們都沒看出這件事的諷刺之處——在國界以南遭到美國槍械殺死的可能性，遠高於在國界以北遭到持步槍的白痴射死。他們都沒有聯想到這群拉丁人躲避的，正是美國槍助長的槍枝暴力，光是二〇一三年十月到二〇一四年六月間，就有超過五萬兩千名沒有大人隨行的墨西哥和中美洲兒童想跨越這條國界，艾力克・麥克吉里斯（Alec MacGillis）在《新共和國》中寫到，「中美洲進入美國的移民潮，部份是被從美國進入中美洲的槍枝助長。美國業者在漏洞百出的槍枝法律和強有力的遊說團體協助下大賺其錢。」

我接下來想探討的，正是槍枝說客這個新興團體。他們讓小型武器的交易順暢，為槍枝在世界上的地位美言（有時候則是醜化）。

---

109. http://www.atf.gov/sites/default/files/assets/Firearms/chap1.pdf。另一份支持槍枝的研究做出的結論是，槍展跟展後幾周的死亡事件幾乎無關，例如該份研究認為加州槍展的規定比較嚴格，卻沒有降低當地槍械相關的死亡案例。但有多項研究顯示，槍枝犯罪很少是用犯罪發生不久前買來的武器犯案，光是觀察槍展方圓二十五英里內的犯罪事件，便忽略了非法槍枝市場的地理位置，大約三分之二的槍械犯罪是使用該州以外或距離犯案現場很遠的地方買來的槍械。

110. http://www.washingtonpost.com/opinions/closing-the-terror-gap-and-the-gun-show-loophole/2011/06/06/AGTKubKH_story.html。或許最受矚目的非國際性案例，是哥倫比亞中學的大規模槍擊事件，兩名歹徒來到科羅拉多州亞當斯郡舉行的坦那槍枝展（Tanner Gun Show），用現金買了兩把霰彈槍和一把高點（Hi-point）半自動槍，而且沒有被問問題，沒有填寫文件。第四把槍也是跟一位私人賣家直接購買，這位私人賣家則是在坦那槍枝展上，跟一位無照賣家買來的。

Chapter 14 遊說團體

在莫三比克瑪塔布參觀奇怪的動物藝術品，會見一位反槍的社運人士和前兒童兵↓正當武器交易公約生效之際病倒在紐約↓美國的說客和活力早餐↓檢視全國步槍協會的場面話↓擁護槍枝的遊說團體如何利用人們對麻薩諸塞州桑迪胡克的恐懼，遂行其目的↓與紐約州橘郡的殭屍見面↓在倫敦政經學院，深入觀察美國人對槍枝的心理狀態

時間是二〇一四年的六月二十五日，也是國定假日。莫三比克靠海的首都馬布多（Maputo）街道多半空蕩蕩，一棟棟貌似堅固的世紀末大樓在做工精巧的木門後靜靜聳立，除了幾個提前吃午餐的人把餐盤放在桌上發出的零星聲響。幾個人在濕氣凝重的屋子外下棋，枝葉茂密的樹影投射在棋盤上。

平和的氣氛迥異於一九七五年的今天，葡萄牙人在那天撤離，他們體認殖民主義的氣數已盡，在離開前搗毀車輛，將水泥灌進水井，種種舉動埋下無政府和暴力的種子，不到十年間，演變成腥風血雨的內戰。

由於擔心莫三比克那些不久前被解放的領導者們對共產主義產生遐想，於是羅德西亞

（Rhodesia）和南非著手製造這個鄰國的動亂，他們發動名為「莫三比克全國對抗」的游擊隊運動，將這運動和傭兵跟意圖反叛的莫三比克人包裹在一起；但是南非白人和羅德西亞人無意統治這裡，他們只想搞破壞，將道路炸得肝腸寸斷，數以百萬計的地雷散布各地，槍枝多到淹腳目[111]，各種暴行更是令人髮指，大人小孩被凌虐致死，人民陷入飢荒，一百多萬人被殺。

我走過低矮別墅的陽台、開心果綠和蘭姆黃的牆壁，又走過三位沒有配戴武器並在打盹的警衛，進入被紫色赤素馨花環繞的院子，藝術家們在輕聲的抒情搖滾樂音下繪畫，這裡是藝術中心，也是合作社。我來是想看一種對槍枝暴力的反應，我想看的東西在後頭的一間房間，裡面裝滿各種不可思議的東西，有一隻捲曲、佝躺著身子的蟲，還有一隻頭尖尖、看似兇猛的狗，但這些都不是一般的動物，牠們的身體是用步槍的木質槍托做成，腿則是從AK47取下的零件，其中一隻的長尾巴是用一把半自動步槍的彈簧圈，另一隻則是將扳機的防護穿洞做成眼珠。

這些是四十七歲的馬布多人馬庫洛（Makulo）的作品，屬於慈善組織資助的專案計畫，該計畫是收集內戰遺留的老舊武器，慈善機構發給槍枝主人十字鎬和鋤頭，他們稱之為「用槍桿換犁頭」。這裡的藝術家把殘忍的槍變成引人暇想的雕像，鏟子與雕像——這是一種可行的槍枝管制。

111. 「人權觀察」（Human Rights Watch）的陳述：「定時會以空運從南非補給，就這點而言裝備優於莫三比克軍隊。」詳見 http://www.hrw.org/sites/default/files/reports/Mozamb927.pdf

馬庫洛穿著被油彩弄髒的工作服，儘管酷熱但頭上戴了一頂厚重的毛帽，脖子上掛了串貝殼。「我喜歡創作藝術，」他的英文結結巴巴，「能讓我放鬆心情，讓我忘記戰爭、打鬥等一切。」他懷抱著自由派說客的願景：用藝術打倒暴力。「把槍銷毀用來創造美麗的東西，是停止暴力的方法。」

有人也做過類似事情。墨西哥的藝術家把槍變成樂器，做成犁頭來種樹，紐約人把槍做成手鐲和袖口鏈扣，AK47成了自由派菁英配戴的手錶，一只要價十九萬五千美元。但是正當我欣賞雕像時，這裡的和平卻一波三折，近來「莫三比克全國對抗」的軍隊開始在中莫三比克殺人，戰爭的鬼魅再度閃現。

第二天，我和阿比諾・弗其哈（Albino Forquilha）見面，他跟許多莫三比克人一樣儀表整潔。四十五歲，身穿米白色西裝、眼神和善的他也來這裡，參加推動終結地雷的會議，他負責遊說清除莫三比克境內的地雷，但他主要的關注還是槍，用盡畢生的時間，銷毀戰爭留下的槍。

我們來到會議廳隔壁的餐廳，坐在一張發出吱嘎聲響的桌子前，隔壁房間有世界各國的外交官，面前擺著國家的名牌，正在用耳機聽著翻譯，為去除地雷和大量軍火而詳加計畫；這裡除了我們以外，沒有人談論槍或北方發生的事，但是阿比諾懂槍，他小時候當過兒童兵，年僅十二歲就被迫加入反叛份子而不得不殺人。

「幾個孩子試圖逃走，於是指揮官把我們叫來，說他們全都要處死，」他輕聲說道。於是他對著七個孩子的頭部射擊。

他不喜歡槍。「槍代表我是錯的，而這些槍使我把我的想法強加他人身上，」他說。二十年來，他全心全力清除國家的槍，透過遊說實現無槍的國家，他的工作涵蓋面甚廣，這些年他的慈善機構收集了近一百萬支槍，也曾經接受日本、德國、美國、挪威、瑞士和瑞典等地資助，摧毀像山一般高的鋼製槍口和木質槍托。

「大部份的槍都是俄國製，這裡有南非和美國槍，但俄國槍還是大宗。」數量多到莫三比克人甚至把AK47畫在國旗上。「以前我們曾經用大爆炸的方式銷毀部份槍枝，一次就炸毀超過兩千把。」

但要做的事還很多。「據估計還有一百多萬件武器，莫三比克還需要收集很多武器。」但是他奮力要完成的畢生工作，卻因為其他國家停止支持他停擺了。

「現在我們沒有資金來重啟這項計畫，這是個問題，」他說。「清除地雷很花錢，多過銷毀小型武器的花費。」

他說的沒錯。二〇一二年，全世界有超過三千六百人因為戰爭遺留的地雷和爆裂物而死傷，也是自從開始記錄地雷受害者人數以來最少的，部份原因是當年有六億八千一百萬美元被用來支持掃雷行動[112]，這也是馬布托洋溢一片愉快氣氛的原因，有金錢做後盾的政治決心發揮

112. 這是給過的最大金額。二〇一二年其中三千兩百萬美元用來救助受害者，一千五百萬美元用在擁護掃雷。

了作用，用錢來解決地雷的災難。

世界各國遏止小型武器造成的死亡，就沒有如此破釜沉舟的決心。我曾經為了計算全球大規模槍殺事件，向歐洲某國申請補助款，這是個有節制的提案，但我的申請卻遭到拒絕，有些國家的確有提供金援來解決槍枝造成的傷害，但花在銷售槍枝的金錢，遠多於用來解決它們造成的痛苦和苦難。

儘管如此，還是有一小群反對暴力的說客窮盡畢生心力，對槍枝的無所不在提出質疑，在經費不足且充分體認這是個艱鉅任務的情況下依舊勇往直前，希望把槍枝改革的議題推上議程。但是，對他們而言這往往是個薛西佛斯的任務，槍可以是獵人的工具、警察的權力和士兵的生命，槍的複雜度與各方意見的分歧，使它成為最難規範的武器，人們能設想沒有核武的世界，但是沒有槍的世界，就等於沒有人的世界。

之後，我在佛朗哥莫卡比卡諾文化中心（Centro Cultural Franco–Mocambicano）這棟藍色、橘色和淺粉紅的醒目建築物，又看見另一尊塑像，這是用阿比諾的團體收集來的歐洲舊槍打造而成，塑像捕捉胸部中彈的死亡瞬間，在即將進入夜晚之際，它投射醜陋陰鬱的形體，猥褻的手槍在兩腿之間代表勃起的陰莖，那是人死時無謂的男子氣概。

該機構正在戶外放映電影，我透過有百年歷史的鐵柵欄向外窺看，影片是《海底歷險記》（20,000 Leagues Under the Sea）。清晰的英語在黃昏的暖空氣中響起，說話的人是尼莫上校。「為了造福人群，」他用警告的語氣說，「良善的事物一定要繼續，不斷地壯大。一定要有力量！」

聽起來沒救了。

＊　＊　＊

我沒有力量。看著房間靠天花板的角落那潮濕斑駁的油漆和慢慢滴著水的水龍頭也沒用。嘔吐感侵襲著我，全身骨頭的痛更像落井下石，我下榻在位於第一大道上這棟正緩緩老朽的飯店十二樓，聯合國大樓近到從窗戶就看得見，但我在燈光昏暗的房間裡蜷成胎兒的樣子，全身裹著被汗濕的被單，連打開窗簾的力氣都沒有。我不知道是得了天花還是流感，總之它吸乾了我的意志力。

三百公尺外的地方在創造歷史，而我並不在意。

當時是二〇一三年三月下旬，聯合國大會即將通過新的協議——武器交易公約（Arms Trade Treaty，簡稱ATT），聯合國成立以來就致力於降低武器對全世界的衝擊，第一個決議案是關於武裝解除，當時廣島的震撼依然像蕈狀雲般依附世人的良心，如今各國駐聯合國的代表和官員、慈善機構的工作者和說客組成的團隊，正忙著把握最後一分鐘積極請願和協商，武器交易公約的措辭攸關重大，卻必須在有限時間內達成共識。

想要規範全球的武器交易談何容易。樂施會和國際特赦組織之類的團體表示，武器交易公約可能減少武器被走私到對民兵採取恐怖暴行的非法政權和叛亂團體[113]，他們說，終結武裝暴力並非一蹴可及，但畢竟是個開始。我在烏克蘭、墨西哥和索馬利亞等走私猖獗的地方看到的行為，需要時間來改變，而這是改變的方法之一。

事實上，公約直到最後一直遭到正反勢力的拉扯，部份遭到伊朗、敘利亞和北韓同聲譴責的阻撓，但是二〇一三年四月二日達成協議。

聽起來充滿希望，但無論志氣多崇高，卻完全無法保證這份公約對全球槍械會有什麼影響，一位說客向我表示，「我們一定要謹記，武器交易公約的能力是有限的。這份公約不是禁止武器轉讓，而是規範武器的移轉。而且只有移轉，沒有針對武器到達目的地後，國內的管制……進展需要時間。」

取得關鍵國的同意也是個大問題。二〇一五年初，全世界前十五大槍枝製造國只有六國簽署且正式認可這份公約。[114]

武器交易公約不是第一次企圖解決槍在全球帶來的災難，雖然公約涵蓋的武器甚廣，從坦克車到飛彈等都包括在內，但聯合國也曾試圖在槍枝造成的傷害上多所著墨，而其中最有希望的，是二〇〇一年聯合國施行的行動綱領（Programme of Action）[115]，目的是鼓勵各國政府對抗非法槍枝的問題，該行動綱領試圖確保儲備的武器沒有遭到竊取，多餘的槍枝被銷毀，標註和追蹤槍枝的制度就緒，規範最終使用者的證照等以管控走私者的交易。全都是崇高的理想，只是進展一直很遲緩，二〇一二年前十五大小型武器生產國當中，奧地利、比利時、中國和北韓等四國沒有向聯合國遞交槍枝報告書[116]，有人問到各國和行動綱領之間的關係，是否就像「沒有愛情的婚姻，以不關心和無所謂的態度通過動議，缺乏熱忱或新鮮感。」

聯合國槍械議定書（UN Firearms Protocol）[117]也面對一樣的問題，和上次一樣，在全世界前十五大槍枝生產國中，只有比利時、巴西、義大利和土耳其簽署並正式認可。[118]

因此，問題似乎不在合約和協定的內容，而是得不到關鍵國的支持。在全世界前十五大武

---

113. 該公約涵蓋所有主要的武器，包括戰鬥坦克、火砲、戰鬥機、戰艦和飛彈，還有槍。

114. 在前十五大戰鬥用槍枝出口國，巴西、土耳其和美國已經簽署武器交易公約，但尚未正式認可。印度、中國、北韓、巴基斯坦、俄羅斯聯邦、和加拿大連簽都還沒簽，奧地利、比利時、德國、義大利、瑞士、英國是槍枝生產大國中簽署並且認可的。http://disarmament.un.org/treaties/t/att;http://www.un.org/disarmament/ATT

115. 全名是「防止、打擊和消除非法小型武器和輕型武器各方面非法交易之行動綱領」（Programme of Action to Prevent, Combat and Eradicate the Illicit Trade in Small Arms and Light Weapons in All Its Aspects）

116. 巴西、加拿大、德國、印度、義大利、巴基斯坦、俄羅斯聯邦、瑞士、土耳其、英國和美國等前十一大生產國確實有提出報告。http://www.poa-iss.org/Poa/NationalReportList.aspx

117. 這是針對槍枝的非法散播採取具體行動，例如消除非法製造，確保政府設置槍枝序號的資料庫，確保槍枝公司有適當的安全措施，以杜絕人們從生產線偷竊武器，確保被銷毀的槍枝真的被銷毀，以及和其他國際機構分享槍枝走私的資訊。

118. 簽署但還未認可的國家包括奧地利、加拿大、中國、德國、印度和英國。連簽都還沒簽的包括北韓、巴基斯坦、俄羅斯聯邦、瑞士和美國。http://www.unodc.org/unodc/en/treaties/CTOC/countrylist-firearmsprotocol.html；http://www.smallarmssurvey.org/weapons-and-markets/producers/industrial-production.html

器生產國中，只有義大利全力配合這三個最重要的槍枝相關公約[119]，或許原因在於對許多國家而言，規範全世界的槍枝會導致該國政府面臨排山倒海而來的關切，畢竟槍枝被用在許多合法的地方，國家有權捍衛自己，個人的自衛權永遠被提出來討論，正如巴基斯坦的埃敘爾．強恩或華盛頓的蓋兒．特拉特所主張的。只不過，這些對權利的捍衛，應該跟「槍愈多則殺人案件愈多」的大量確鑿證據一併權衡輕重加以考量。

就連美國鷹派的新聞評論員也說出一些事實，「絕不能輕忽解除武裝造成的嚴重後果，耳根子軟的北方人同意南方擁奴集團，認為黑人不該擁有槍枝，美國的改革派也同意史達林和毛澤東，認為只有政府應該擁有槍。」

我曾被蒙上眼睛，走在菲律賓南部潮濕的小徑，去跟爭取獨立的叛軍團體見面，也曾坐下來和難民營的武裝衛兵交談，這些衛兵的存在是阻止大屠殺的唯一方法，槍似乎是防止人權悲劇的唯一工具，也是可能造成人權悲劇的一大威脅，這種左右為難在在讓我留下印象。

擁有獵槍的權利也一直讓聯合國的槍枝交易協議傷透腦筋，紐西蘭的毛利族乃至加拿大依努特伊族等，一再表達原住民有延續傳統的權利，也一直是值得關切的問題。

但情況是，聯合國公約確實認知到自衛和狩獵等合法權利，國際社群原本可以兩者兼顧，但問題是為何有這麼多生產槍枝的國家不簽署槍枝公約？部份答案是因為有些特殊的人在背後，那就是有強大金主作靠山的擁護槍枝遊說團體。

＊　＊　＊

湯姆等我點完餐後，才說他要點什麼。我那難過的飢餓感早就不再，但還是猶豫該吃什麼，我猜他是要看我能吃多少再點的比我少，不然就是單純不餓；當你跟擁護槍枝的說客用餐時，這種事很難說。顯然活力早餐的重點不在早餐，而在活力（power）。

一九九〇年代中，全球四十五個擁護槍枝的團體結盟，取名為「射擊活動的世界論壇」（World Forum on Shooting Activities），宣稱代表全世界超過一億的運動射擊者，包括巨獸般的美國槍枝遊說團體「全國步槍協會」（National Rifle Association，簡稱NRA）的成員在內，目的是來跟主張解除武裝的聯盟互別苗頭。

湯姆．梅森（Tom Mason）是世界論壇派駐聯合國的說客，他看起來很稱職，就像從田納西．威廉斯豐富想像力誕生的人物，短小精悍、下巴不留一絲鬍渣，在俄勒岡州波特蘭市擔任

---

119. 還有威森納協議（Wassenaar Arrangement），由四十一國簽署，目的是使槍枝和其他武器的移轉更加透明，其中明訂在何種情況下，國家應拒絕小型武器的輸出許可，以促進槍枝等武器的轉移透明化，這是為了遏止提供槍枝助長恐怖主義、戰爭衝突和人權侵害。這項協議在提高武器移轉的透明度方面具合理的效果，但辯論和爭論也不斷。到底該分享多少資訊？如何將一個國家歸入「警戒」狀態？輸出槍枝真的會造成動盪嗎？當然還包括白俄羅斯、中國和以色列這幾個槍枝大生產國根本沒有簽署的事實在內。以上鐵一般的事實在聯合國常規武器登錄被一再提起，這個單位的目的是防止大規模添購武器，主要針對坦克車和飛彈發射台等大型武器，但其中還設有槍的部門，邀請各國提供槍枝出口、目的地、庫存和製造的數量等資訊。但由於屬於自願性質，因此二〇一二年只有七十二個國家交報告。

律師，那是最堅持保有狩獵和射擊傳統的一州。他點了麥糊（因為穀物片熱量太高）後，開始談論擁護槍枝的遊說，如何影響對抗武器非法買賣的聯合國行動綱領。

「很多很……『開明』的政府，我特別強調開明，或者你也可以用『左派』政府，還有一些反槍勢力試圖制定行動綱領……他們的努力成果很大程度被約翰．波頓（John Bolton）削減。」

約翰．波頓，知名的美國新保守主義者，擔任過美國駐聯合國大使，而他最讓人印象深刻的，第一是他雜亂的銀白鬍鬚，第二是雖然他主張「沒有所謂聯合國這種東西」，他還是當上了聯合國大使。他認為只有國際社群，而且這個國際社群只能被全世界僅存的超級強權美國領導。

湯姆身上當然帶有任何超級強權都免不了的意識形態傲慢，他說，人從一開始就擁有攜帶武器的權利，「約翰．波頓說，任何行動綱領都不能影響民用槍械。」

波頓在那場辯論的公開演說中，提出一串他所謂的「紅線」，亦即美國在任何行動綱領的定案階段都不會接受的議題，包括拒絕任何試圖對槍枝合法交易施予的約束，任何對槍枝銷售的限制，以及任何導致行動綱領具法律約束力的內文；他的「紅線」充滿挑釁意味，使得行動綱領會議主席、也是哥倫比亞大使的雷耶斯．羅德里格茲（Reyes Rodriguez）面露不耐，大使在閉幕演說中表示失望，因為「基於某個國家的關切」，導致其他會員國不能在管制私人擁有的槍枝上達成共識，也不能防止把槍賣給非國家的團體。波頓為所欲為。

我想知道他現在在做什麼？波頓擔任ＮＲＡ的國際事務小組委員會主席，不是他還會是誰？

波頓身居高位，試圖在武器交易公約的談判上作梗，例如他說公約會限制承認槍枝權利國家的自由，會「專門約束美國，這點最重要」，國際特赦組織指名要求ＮＲＡ「取消扭曲事實的宣傳」，但是災害已然造成，扭曲事實的行為相當普遍，謠言滿天飛。

各種小動作在在暗示，聯合國制定公約是為了扼殺憲法第二條修正案，使美國政府對槍枝擁有者建立登記制度，並趁著國會休會期間簽署成為正式法律，但這些全都不是真的。連美國律師協會（American Bar Association）的人權中心（Center for Human Rights）都表示「擬議的公約不太可能危及第二條修正案的權利」，否則「公約本身就會喪失法律效力」。

或許謊言被人們看穿。ＮＲＡ曾有一次沒能夠如其所願，武器交易公約以壓倒性多數被通過，美國本身也在二〇一三年九月簽署，只是重點在於還未獲得美國參議院的正式認可，《華爾街日報》（*The Wall Street Journal*）當時寫道，「如果ＮＲＡ失敗……在紐約，組織大概會把焦點移轉到參議院，以防協定被正式認可。」依規定公約必須經過三分之二的參議員通過才能獲得正式認可。ＮＲＡ派在華盛頓的說客當然老早已經展開工作。

同年早先的時候，就在三月某個星期六早晨三點鐘，參議院以五十三比四十六的票數通過反對武器交易公約的非約束力修正案。全世界最大的槍枝生產商，在黎明前的投票中讓大家知道他的厲害，他們永遠不可能正式認可這項公約。

俄羅斯的做法類似。當你想到二〇〇八至二〇一一年之間，所有將武器轉移給開發中國家的合約中，百分之七十是美國和俄羅斯簽下的，就會感到憂慮。

我問湯姆關於波頓的事。「他是從國內的角度來看這件事嗎？換言之，是從美國憲法第二條修正案的角度嗎？」

「很大程度是的，」湯姆說。他們稱之為遊說的保守說法。

我再度體認到，憲法第二條修正案造成的深遠後果遠超越美國邊境，不僅在走私武器進入墨西哥和中美洲方面，也破壞國際公約，並影響公約中限制世界各地槍枝造成傷害的辯論。因為如果連世界最大的槍枝生產者都不肯合作，那你就有麻煩了。

這不僅是拒絕簽署公約。NRA過去就曾在美國以外的地方積極參與支持槍枝的遊說，支持渥太華一群尋求廢除加拿大槍枝登錄制度的人，並且在哥斯大黎加和千里達島和多巴戈舉辦一場名為「拒絕成為受害者」的公共安全研習會，當巴西——槍枝在該國造成的死亡，是所有非戰爭國家之冠——試圖舉辦全國禁槍的公投時，NRA便派了一群說客前去干預，「強調權利，不強調武器」是他們的不二法門。於是巴西的槍枝遊說活動開始打廣告，說如果政府奪走你擁有槍枝的權利，也會從你身上奪走其他自由；在這項宣傳活動前，七成巴西人表示支持禁槍，活動結束前，百分之六十四的巴西人投票反對。

就連莫三比克的阿比諾都受到影響。「二〇〇一年的某天，有個NRA的成員來到我的辦公室，」他說，「他來不是要把槍銷毀，而是問我們能不能把槍交給NRA。」NRA的人竟然長途跋涉來到一個不久前才有一百萬人死於槍下的國家，而且還要求買他們剩下來的槍，令我驚訝萬分。

於是我問湯姆，他以什麼理由反對把槍賣到長久以來有侵害人權記錄的政府，但是八面玲瓏的湯姆回答的很圓融。

「當沒有人能定義何謂侵害人權時，基本上就很難反對侵害人權，」他說。「一些左派或反槍組織的確可能會到某個製造和出口槍械的國家，跟當地政府說，『我們反對你們把槍出口到美國，因為美國在槍械方面侵害到人權。』」

有件事是清楚的。想了解全球對槍枝宣戰的行動如何遭到破壞，必須了解憲法第二條修正案和槍枝是如何在美國被遊說。而當地最厲害而且必定最具影響力的說客，正是NRA。

* * *

二〇一四年，NRA第一百四十三屆年會上，行政副總韋恩・拉皮爾站上講台。條紋領帶和灰黑色西裝讓他看起來精明幹練，而他的警告卻充滿火氣和煙硝味。

他談到一些高尚美好的事。他譴責職場霸凌，讚許親切的小舉動，他說美國有些人在街上看到棄兒會逕自走過去，「但我不會，」我想。拉皮爾說，NRA的會員也不會幹這種事。

這番話會讓你以為，NRA的會員一定都是好人，畢竟就像拉皮爾說的，他們參與棒球小聯盟的活動、上教會、守法，不會棄孤兒於不顧；既然如此，有什麼理由不喜歡他們呢？他重復「我們是一群好人」了幾十次。根據二〇一二年的蓋洛普民調，百分之五十四的美國人也認為NRA是一群好人。

很難提出異議。我在美國各地的旅行過程中，遇到過許多善良踏實的NRA會員，他們有時憤怒、有時多疑，但多半是懷有恐懼的，且絕大多數是吃苦耐勞的人，有其魅力和可愛的地方。一篇報紙的評論將他們對槍的觀點做了最佳摘要，「擁有槍不是對男子氣概的荒謬幻想，而多半被認為是攸關個人安全的事，就像新款福特小卡車上的安全氣囊。」

觀眾幾乎清一色是身穿格子襯衫的男性，有著粗壯的手臂和濃密的鬍鬚，他們點頭稱是，偶而鼓掌叫好，拉皮爾彷彿在對唱詩班傳教，但我感興趣的不是NRA的組成份子，而是他們的領導者和說客們所採取的步驟和方法，特別是談論個人安全之類的事。

拉皮爾在領導論壇採取比較陰暗的調性，他說美國人買的槍枝和彈藥比過去還要多，不是要惹事，不是的。「我們已經知道自己身在麻煩之中。」他的話預告不幸的事即將到來。「有恐怖份子、私闖民宅者、毒梟、劫車者、暴力遊戲玩家、強暴犯、憤世嫉俗者、校園殺手、機場殺手、購物中心殺手、路怒症殺手，還有企圖以一波波大規模暴力來破壞輸電網格、毀滅我們國家的殺手，或是可能摧毀社會的有毒化學物質或疾病……我們必須靠自己……存亡的關鍵在於當你只能靠自己的時候，阻止帶槍歹徒的最有效方法，就是帶槍的好人！」

這是預示災難即將到來的畫面。他甚至警告他會因為「狂熱地宣傳恐懼」而遭到嘲笑，這招真聰明。如果預先說一定會遭到批評，就會把批評的殺傷力減輕，但他的話令我不解。拉皮爾的辯詞似乎跟NRA一直掛在嘴邊的「愈多槍等於愈少犯罪」相抵觸，他們自己的標題寫著，「槍枝擁有數創新高，全國的兇殺率幾近創新低。」他們無法二者兼得不是嗎？在此同時，拉皮爾又說起生命威脅愈來愈普遍而且嚴重，美國的武裝程度從沒比現在更高，既然如此，他幹嘛說這些？

他的演說顯然沒有考慮邏輯以及是否跟其他主張有扞格之處，而是為了激發情緒，安娜·瑪莉·考克斯（Ana Marie Cox）在《衛報》寫到，他傳遞的基本訊息是，「把錢給NRA，好讓我們創造合法的環境，讓槍枝製造商賺更多錢，這樣他們就可以給我們更多錢。」

NRA當然不是個窮單位。近半數資金來自五百萬會員的會費，但最大筆錢來自槍枝產業，對外的宣傳活動宣稱自從二〇〇五年以來，包括八家公司在內的「企業夥伴」捐贈高達六千萬美元給NRA，「致贈的金錢共超過一百萬美元。」令人驚訝的是，NRA還會送給捐款一百萬美元以上的槍枝公司總經理，一件個人專屬的金黃色外套。

這是良性循環或惡性循環，端看你從什麼角度來看——用賣槍的獲利資助遊說團體，確保人民有權購買更多槍。

而且很多遊說活動正在進行。二〇一三年NRA花費三百四十萬美元從事私下運作。問題當然是，是誰在幕後操縱的？是製造商，還是說客？我問「停止槍枝暴力聯盟」（Coalition to Stop Gun Violence）的執行董事賈許·赫洛維茲（Josh Horowitz），他的回答很直接，「一般人總是說，『哦，產業控制NRA……他們給NRA很多錢。』他們確實給很多錢，但那跟敲詐勒索的錢幾乎沒兩樣。『你們要給我們這些錢』，或者『不要在安全性方面創新……不要裝置更好的板機鎖，否則我們就抵制你們。』」

他說的有道理。柯林頓執政期間，史密斯威森承諾幫助防止槍枝被賣到非法市場，沒想到這決定幾乎讓這家公司倒閉。NRA煽動抵制這家公司，最後史密斯威森的營業額也大減百分之四十。

簡單來說，NRA吃定了美國的槍枝產業。

全世界沒有其他槍枝遊說團體有這麼大的影響力，當英國獨立黨（British UK Independence Party）的尼蓋爾・法拉吉（Nigel Farage）呼籲英國的手槍合法化並發給許可證，換來的是一片嘲笑聲；當德國引進槍械登錄制度時，並未引起槍枝遊說團體的強烈反應，當地重要槍枝權利團體沃芬瑞希特論壇（Forum Waffenrecht）的法蘭克・格柏（Frank Goepper）說，「德國內政部承諾保證高規格的資料安全性，所以這對我們不是問題。」大體而論，其他地方的槍枝說客聊備一格，但在美國，NRA不僅代表槍枝擁有者的主流意見，也對美國的槍枝文化產生既深且廣的影響，從拉皮爾的演說就嗅到這樣的影響力。

引起我注意的，是他傳達的兩個訊息。首先，他批評媒體欺騙美國大眾。接著他說，美國法律被利用來為政治菁英謀福利。

說到左傾政客的議題，他愈來愈激動。他大聲吼道，你們知道媒體在說謊嗎？因為他們仍然自稱為新聞記者。這是個令人玩味的指責，畢竟NRA在傳播具煽動性的假訊息方面無人能出其右，他們談論邊界暴力的「外溢」和有殺人傾向的移民，卻不承認美國槍枝對南部邊境的傷害，他們把人民感受的恐怖主義威脅，作為美國人需要擁有武器的基礎，即使二〇一三年全世界只有六名美國公民死於恐怖主義。同一年美國卻有三萬兩千三百五十一人死於槍械。

話說回來，你能期待什麼呢？NRA是一群說客，誇張是必然的，好比自由派說客也會提出一套完全相反的說詞。這就是野獸的天性；只是說到媒體時，我認為確實有一件事是不對的，那就是NRA讓合法獨立的研究無疾而終。

一九九〇年代，美國政府曾經想認真檢討槍枝殺人的影響，但是NRA當時（現在也一樣）的立場是，這麼做是「濫用納稅人的錢，以『研究』為幌子，行反槍枝政治宣傳之實」。當醫學研究者亞特・凱勒曼（Art Kellermann）發現，家中的槍被用來殺家中成員的可能性，遠高於用來自衛，這時NRA終於按耐不住，以摧毀所有持反對意見的研究做為回應。

他們把苗頭指向疾病管制中心（Center for Disease Control, CDC）資助的槍枝研究上，阿肯色州的共和黨代表傑・迪奇（Jay Dickey）在NRA的遊說下推動一項修正案，內容是：「疾病管制中心所有可用來預防和控制傷害的資金，一律不可被用來支持或鼓吹槍枝管制。」疾病管制中心的資助被大砍兩百六十萬美元，正是前一年度花在槍枝研究上金額。[120]

120. 桑迪胡克大屠殺後，歐巴馬總統發布一份總統備忘錄，指示疾病管制中心等機構針對犯罪的原因和預防進行研究，他促請國會提撥一千萬美元給疾病管制中心，針對電玩、媒體影像和暴力的關係進行進一步研究，儘管媒體報導二〇一四年會解除資金凍結，但撰文的此時尚無可得知。http://www.msnbc.com/rachel-maddow-show/cdc-still-cant-get-funding-research

這造成的效應影響久遠。一九九六年，傷害流行病學領域的先鋒法倫．溫特謬（Faren Wintemute）在補助款被刪後，向《紐約時報》表示，「被ＮＲＡ及其在國會的盟友阻止。」

ＮＲＡ也阻止其他事情。二〇〇三年政府頒布一項官方命令，勒令ＡＴＦ——負責管制槍械的機構——不得提供研究單位所有牽涉犯罪案件的槍枝摹圖資料，而這項命令的背後就有ＮＲＡ的影子，此外當聯邦調查局被告知，在美國人民通過槍枝背景檢查的二十四小時內必須將記錄銷毀，ＮＲＡ也脫不了關係。[121]

但是ＮＲＡ對抗的不僅是資訊戰爭，拉皮爾也利用講台狠批華盛頓濫用政治權力，他說美國「選擇性執法」，顯然是著眼於歐巴馬有意施加某種形式的槍枝管制，來減少類似桑迪胡克事件的發生，這個指控令我憂心。

畢竟，ＮＲＡ憑本身的條件有能力在政治上呼風喚雨，八位美國總統都曾經是終身會員，二〇一三年破壞國會槍枝管制措施的四十五位參議員當中，除了三位以外全都有拿槍枝說客的錢。根據位在華盛頓的公共誠信中心（Center for Public Integrity）表示，ＮＲＡ和槍械產業自從二〇〇〇年以來，將超過八千萬美元投入政治角力中。

類似遊說造成的影響，經常在非政治的情況下被看到，美國槍械產業的為所欲為令人嘆為觀止，消費者產品安全委員會（Consumer Product Safety Commission）是保護消費者「免於不合理死傷風險」的政府機構，但卻沒有權力管制槍枝；二〇〇五年的武器合法交易保護法案（Protection of Lawful Commerce in Arms Act），使槍枝製造商免於許多產品責任的訴訟，換言之玩具槍要受大量規範以減低死亡事件的風險，真槍卻完全不用遵守聯邦安全標準，即使美國兒童遭到非故意槍殺的可能性是其他高所得國家孩童的十六倍。這是與槍械遊說這種異常勢力有關的慘痛難題。

更進一步，菸草製造商不准直接向兒童行銷，但槍枝製造商可以。「拱心石運動武器」（Keystone Sporting Arm）的蟋蟀步槍，標榜「我的第一支步槍」，用一隻卡通蟋蟀為標誌，NRA為兒童舉行射擊營，還發行名為《透視NRA家族》（*NRA Family InSights*）的雜誌，為八歲以下兒童開闢專區，所作所為沒有考慮槍枝傷害導致每天有大約二十名兒童被送進醫院，以及在美國死於槍下的兒童和年輕人，是死於癌症者的兩倍，是死於心臟病者的五倍，更是死於傳染病者的十五倍。而就在把兒童死亡和政治勢力連結在一起時，我感到NRA的遊說影響力真的是讓人困惑且痛苦。

* * *

這些樹乘載這裡的記憶。麻薩諸塞州這一帶的其他城鎮，正沉浸在萬聖節的愉悅中，你可以在沃爾瑪買到好多食屍鬼和小妖精，到處都是美國歌德式想像的卡通恐怖人物，樹上掛著咧

121. 說客們也將注意力轉向美國國家衛生機構（US National Institute of Health, NIH），該組織每年投資三百億美元在醫學研究上。一份二〇一一年的法案有個附加條款，明定國衛院的資助不可全部或部份被用來支持或推動槍枝管制。

嘴微笑的骷髏或是發光的南瓜。

但這裡全都沒有。

這一年，所有的裝飾都因為桑迪胡克而暗淡無光，絲帶取代骷髏，蠟燭取代滴淌的血，因為不到一年前，蘭薩在這條路前方的小學，殺了二十六名學童和大人。

開車進入桑迪胡克就像進入禁區，我想去那裡的街上走一走，看看店家，和當地人談談二○一二年冬天發生的事。但我沒辦法下車，我覺得自己像個侵入者，而且是個卑鄙的侵入者，或許我到目前為止已經去過太多類似的安靜街道，芬蘭和挪威的記憶還在腦中揮之不去，新聞採訪已經演變成黑暗的工作，而我覺得我在這裡沒有容身之處。

我經過學校，外頭有個告示牌。那裡現在是營建工地，未經許可的車輛一律會被攔下不准進入，我繼續開車直到通過這個鎮的外圍，我把車停在那裡，走進當地一家咖啡店。

牛頓市的星巴克大致上乏善可陳，一面牆上掛了一張愛德華．哈波（Edward Hopper）的《夜鶯》（Night Hwaks），一邊的檯子上擺了顏色鮮豔的錫罐，要為食物銀行（Faith Food Pantry）募款，我走向頭髮稀疏，面帶微笑的店經理，他很快了解我來這裡的原因，立刻表示很抱歉無法交談，跟我說話令他不自在，他反映了我當時在那裡的感覺。

我來到這間咖啡店，是因為在槍擊案發不到一年，二十幾位槍枝權利的支持者在此集合，對星巴克不禁止顧客攜帶槍枝到店裡的政策表達感激和讚賞，有些人穿著野戰裝、攜帶手槍而來，但情況讓他們失望了，店門是關的，告示牌寫著，「基於對牛頓市的尊重以及近來這裡經歷的一切，我們決定今天提早打烊。」

不過，此舉成了全國新聞。當地人怒不可遏。其他地方的星巴克因為在准許公開攜帶槍枝的州，准許人們公開攜帶槍枝到他們店裡而遭到反槍團體批評；但是正當土地上才剛剛放入一具具小到不忍直視的棺材，支持並擁有槍枝的人們竟然來到這裡表達政治主張，真是讓人難以理解。

遇到類似情況時，有時我會努力尋找任何跟支持槍枝的遊說團體之間的共同觀點。冒犯到某些人的，不光是槍枝說客所做的事，兩個團體甚至打算在二〇一三年十二月十四日，也就是桑迪胡克大屠殺的一周年紀念日，辦一場「槍拯救生命」的活動；另一個團體免費送槍給佛羅里達州奧蘭多市居民，那裡距離警衛喬治．辛默曼（George Zimmerman）槍殺手無寸鐵的黑人少年崔逢．馬丁（Trayvon Martin）而引發爭議的地方，僅僅二十英里遠。

類似的行動引來眾怒，但凡受矚目的美國槍擊事件後，卻老是上演令人喪氣的類似戲碼，人民要求加強管制武器的取得，接著立刻遇到主張人民有權擁有槍枝的大鐵板要求辯論，最後支持槍枝的遊說團體勝出。

世界上其他地方的大規模槍擊事件後，政府會引進一些方法防止憾事重演，就在亨格福特（Hungerford）和鄧布蘭（Dunblane）大屠殺後，英國政府引進較嚴格的槍枝管制措施，當紐西蘭的阿拉摩亞納（Aramoana）有十四人被殺，終身槍枝許可證就被取消，改為十年有效。二〇〇二年德國埃爾福特（Erfurt）屠殺十六人的案件，使得二十五歲以下的人購買槍枝要接受心理健康篩檢；一九九〇年代中澳洲亞瑟港的大屠殺，讓保守派政府禁止自動和半自動武器，並且發起全國的槍枝買回計畫。

這些法律都發揮效果。一九九五至二〇〇六年間，澳洲的槍械殺人案件下降百分之五十九，一九九六年立法之前十八年間發生十三起大規模槍擊事件，造成一百零二人死亡，而自從引進法律後就不再有屠殺事件[122]，二〇〇八至二〇〇九年間，英格蘭和威爾斯有三十九起犯罪致死是跟槍械有關，兩地人口約為美國的六分之一；二〇〇八年，美國有大約一萬兩千起和槍枝有關的殺人案件。

但美國的情況不同。這是全世界唯一一個在發生過大規模槍擊事件後，將槍枝法律放鬆而非綁緊的國家，在一九九一年德州大規模槍擊事件造成二十一人被殺後，該州推動一項法律准許夾帶武器。其他州也跟進。

即使在桑迪胡克大屠殺後，人們也呼籲增加而不是減少槍枝。那天以後，美國有二十七州通過九十三項法律以擴大槍枝相關的權利，包括讓人們夾帶武器上教會，有些學校甚至同意老師配備武裝到學校，許多槍械擁有者因為擔心槍枝管制，甚至囤積數百萬枚槍彈，購買的數量多到影響全球供應量，連澳洲的槍彈存貨都因而短缺。

人們對安靜小鎮桑迪胡克發生的事所表現的恐懼，NRA是以更多槍而非更少槍以為因應。他們支持一項「學校庇護」的提案，呼籲每所學校聘請武裝警衛來加強校園安全。拉皮爾向媒體表示，唯有帶槍的好人能阻止帶槍的歹徒，牛頓市大屠殺後一個月，出現了可以用來測試射擊手精準度的應用程式，名叫「NRA：練習靶場」（NRA：Practice Range），建議給四歲以上使用。

實情是，桑迪胡克大屠殺發生前一年半，美國十七起槍擊事件有十七人死亡，桑迪胡克發生後一年半，六十二個案件造成四十一死，增加了百分之一百四十一。過去十年，來美國的大規模槍擊事件持續增加中。

許多美國人對預防大規模槍擊事件感到萬分無力，於是一家奧克拉荷馬的公司賣防彈毯來保護學童，這種毯子厚度八釐米，據他們的說法能用來防護校園槍擊事件所用的九成武器。

到頭來，槍枝遊說造就一個學校買防彈毯給學童的國家。

* * *

為了了解美國文化與槍枝的獨特關係，我橫跨這片廣闊無垠的土地。我到亞利桑那州和槍枝賣店的老闆交談，到華盛頓拜訪槍枝管制的說客，我想從亞利桑那州的倖存者和曼哈頓的反戰份子身上，了解美國對槍為何如此迷戀，這種迷戀的根深植在這片土地上，而且比我能挖掘的還要深。

---

122. 受影響的不僅是大規模槍擊事件。當時澳洲的槍械致死率為十萬分之二點六，如今低於十萬分之一，不到美國的十分之一。來源：澳洲統計局和美國疾病管制中心。這但包括所有和槍有關的死亡案例，包括自殺、他殺和非故意死亡。如果只聚焦在槍枝的他殺率，美國就超過澳洲三十倍。

但是，這條小徑帶領我來到紐約州中城的橘郡市集（Orange County Fairgrounds），於是在十一月的某個寒風刺骨的早晨，我用外套將自己緊緊裹住，走在一間巨大倉庫裡，這間倉庫的長度相當於一整排卡車和生鏽的四輪傳動車，而且只要花十五美元，你就可以在各個黃色告示牌間遊逛，「徵求槍枝，」牌子上寫著，「買槍，零件，彈藥。」

這是該郡的槍隻市集，是美國各地每年舉行的上千場類似的活動之一，充滿家庭的氛圍，父親帶著兒子吃漢堡，祖父們跟孫女們講獵熊的故事，角落一位戴著子彈耳環、身穿野戰T恤的女士正吃著玉米片，背後一張海報上寫著：「我寧可被十二人審判，也不願意變成屍體被扛走。」123

但是儘管這裡洋溢著愛家的氣氛，卻有種讓人不安的感覺。不是因為中國賣家在桌上整齊擺著雷射照準器的不協調感，也不是M16造型的烤肉打火器或名叫「紅脖子牙籤」的刀子，這些東西並不讓人心神不寧，而是一張擺了湯匙的桌子。

說得更明確點，那張桌子上擺了一個刻有AH字樣的湯匙，那是希特勒的湯匙，是一九四五年由美國空軍中尉華茲（DC Watts）發現，現在只要花四百美元就是你的。124這支湯匙在一排納粹的物品旁邊顯得不起眼，包括了一張希特勒「德意志帝國元首」的問候卡，還有一張伊娃・布朗（Eva Brown）的電話卡。

我抬頭看到另一個東西。這個東西有點不同，有著空洞的眼睛、布滿凹洞的臉和流口水的嘴，這是售價四點九九美元的納粹殭屍標靶，我寫出來是因為那殭屍的樣子令我難忘，接著我突然想到，納粹殭屍在我進入槍枝世界的旅程中有其重要性，某方面來說，納粹殭屍是這個世界最稱職的說客，是無法被毀滅的邪惡象徵，和千年不死的殭屍戰鬥，至少是擁有槍的最佳理由。

我在美國的槍展見過殭屍標靶、各種T恤和服裝，有殭屍麥斯子彈，有殭屍生存營，《戶外生活雜誌》（*Outdoor Life*）甚至做了「殭屍槍」的專題報導，寫著，「把他們除掉的唯一方法，就是對著腦袋給一槍。」

一味用殭屍作比喻似乎很極端，但美國的殭屍文化卻普遍受歡迎，AMC電視台的《陰屍路》（The Walking Dead）劇情是在面對千年不死的殭屍世界時的生存之道，第二季首映絕對是美國最受歡迎的節目之一，第四季首映更吸引超過一千六百萬觀眾，至於大受歡迎的電玩《決戰時刻》中有殭屍模式，電影《殭屍湖》（Zombie Lake）、《下雪總比流血好》（Dead Snow）和《殭屍大戰》（Zombies of War）中都有納粹殭屍的角色[125]，至於殭屍遊行是人們穿上

---

123. 譯註：I'd rather be judged by 12 men, than carried by 6. 這是軍隊流行的諺語，寧可錯殺而遭到審判，也不願意被殺而讓同袍扛回家。

124. 華茲於一九四五年在奧伯薩斯堡（Obersalzberg）或希特勒的居所貝格霍夫（Berghof）鷹巢（Eagle's Nest）待了幾個禮拜，在那裡不是尋找納粹，而是寶物。他蒐集上千件銀器、制服和文件。

125. 《下雪總比流血好》是二〇〇九年的影片，內容是關於一群醫學院學生去滑雪度假，結果遇到「無可想像的威脅」而出了一些問題。這部片花了大約八十萬美元製作，光是票房就賺進約兩百萬美元。

不死生物的服裝，化裝成殭屍的樣子走路，在二十個國家都舉行過，一度有四千人參與。

殭屍成為顯學，甚至影響到政治。二〇一四年佛羅里達州的某參議員提案，准許人民在緊急狀態時武裝自己，結果被另一位參議員否決，將這個攜帶槍械的法案斥之為「跟千年不死的殭屍有關的法案」。

支持槍枝的遊說團體也用殭屍來譬喻，二〇一三年十月，上百名武裝的擁槍權利支持者聚集在聖安東尼奧的阿拉默（Alamo），當時頗具爭議的電台脫口秀主持人艾力克斯．瓊斯（Alex Jones）走上講台，攻擊步槍斜背在背上，他簡單陳述全世界共謀拿走所有人的槍，稱這些贊成查核基本背景的人為「病態的殭屍……愚蠢的受害者，想要我們像他們那樣過奴隸的生活。」

我不了解的是，為什麼對這種不死族如此迷戀？我擔心我對這方面的想法會引來嘲弄，槍枝狂熱者會把我撕成碎片，於是我尋求更高層級的協助。

更高層級指的是學者克里斯多福．寇克（Christopher Coker），倫敦政經學院的教授，寫過多篇關於殭屍和戰鬥的文章，而且願意見我。他的辦公室像神奇的百寶箱，有中國毛主席的政治宣傳人偶，塔利班人頭的俄羅斯洋娃娃，還有西非的巫毒娃娃，他在倫敦政經學院執教三十二年，對五十六歲的人來說，外表年輕到不可思議，或許是我幸運吧，他也同意我對殭屍的觀察，他說這件事其來有自。

「現在西點軍校也讀殭屍的書，殭屍已經相當程度滲透到美國軍隊，」他的門外貼了一份剪報，那是美國國防部一份叫做CONOP 8888的災難準備文件，這是對付殭屍軍隊的文件，目的是訓練指揮官為全球性的大災難做好準備，摘要清楚寫著，『本計畫的設計確實不是鬧著玩的。』」

我問寇克，殭屍究竟為什麼在美國的槍支世界中如此有吸引力。

「首先，你的對手不是任何具備道德人格的生物，」他說，「你可以隨自己高興開槍，說穿了就是可以殺紅了眼，又不引起道德難題，這必須透過反恐戰爭的觀點來看，如果塔利班和蓋達組織其實是殭屍，那豈不是太棒了嗎？」

不過，他認為殭屍的吸引力不僅是精神錯亂的士兵和槍枝狂，「恐慌在槍枝文化中非常重要，而且ＮＲＡ……美國對內部的敵人感到恐慌，一直都是內部的敵人，始作俑者是英國佬和班乃迪克·阿諾德（Benedict Arnold）。你還能信賴誰？用殭屍來比喻，你的鄰居可能因為遭到汙染而變成殭屍，所以你需要槍來跟鄰居對抗，守護家人。」

恐慌的根源更深。「那種恐慌源自喀爾文教義。而且跟你是不是天主教徒或無神論者無關，喀爾文教派充分滲透到美國人的想像中，地球上有魔鬼，魔鬼不是只在地獄等著，美國人一直活在恐懼中，而且我認為是一種非常原始的恐懼，這種恐懼在美國人的心理占了很大部份，可以是殭屍，可以是另一種愛滋病毒，當然也可以是恐怖份子。」

這讓我想到一九九一年馬丁·史柯西斯的電影《恐怖角》（Cape Fear），片中私家偵探克勞德·喀爾賽克（Claude Kersek）說，「南方人生在恐懼中，恐懼印地安人，恐懼奴隸，恐懼可惡的美國。南方人有一種品嘗恐懼的微妙傳統。」

不過，這是種怪異的恐懼，畢竟美國的整體犯罪率有下降的趨勢，比一九八〇年少了百分之四十。我只能說，美國人把種種擔憂化為殭屍的危險，而這些擔憂是因為滲透在新聞和廣告中經常可見的威脅，而得以持續。

槍枝公司的行銷手法上，也處處展現這種恐懼的斧鑿痕跡，一份格洛克的廣告，主題是當陌生人敲你家的門並且將你強暴時，如何藉由槍來脫困；而對千禧年的莫名恐懼也被利用成為槍枝的賣點，行銷者故意強調Ｙ２Ｋ可能造成的動亂，「飢餓的狗將回歸成為兇猛禽獸。」還有，人們一直擔心歐巴馬會奪走你我的槍，拉皮爾在ＮＲＡ網站上的文章寫得很清楚，標題是：「歐巴馬祕密計畫最遲二〇一六年摧毀憲法第二條修正案」。

當千年不死的殭屍上門時，你該如何自保？方法是，儲存大批槍械和彈藥。

這種焦慮愈滾愈大，因此美國槍械產業將它視為有如此多的美國人在二〇一三年購買槍枝的關鍵原因，「對犯罪率可能升高的擔憂，為產業帶來空前成長，」一份報告的結論寫。獲利來自人民的驚恐，購買槍械而申請的犯罪背景查核件數，在九一一後的一個月增加百分之二十二，二〇一二年，就在科羅拉多州的奧羅拉和牛頓市的屠殺事件後，聯邦調查局的背景查驗件數增加百分之八十二，根深柢固的恐懼，迫使驚恐的屋主晚上必須在枕頭下放一把手槍。

恐怖的諷刺在於，以暴制暴並無法真正讓你變得更安全，《新英格蘭醫學期刊》（*New England Journal of Medicine*）說，「美國人買了幾百萬支槍，主要都是手槍，以為家裡有槍就比較安全。其實手槍的購買者遭到暴力致死的風險反而大幅上升。而且是從拿到手槍的那一刻開始。自殺是手槍擁有者在買入手槍頭一年內的最大死因，而且接下來好幾年都是……擁有槍枝和槍枝暴力（率）會同步起落……對攜帶槍枝採取寬容政策並不會降低犯罪率，在這方面寬容的州，槍枝相關的死亡率通常高於其他州。」[126]

儘管如此，用「你需要一把槍來拯救自己的生命」這種謊言作為行銷手法，依然最符合槍枝公司和NRA的利益，製造商面對的現實是，他們賣的東西不同於電冰箱或吸塵器，而是相當難以毀滅的東西，他們不能催促顧客把老舊的武器換掉，因為他們往往以槍的來歷做為主要的賣點之一，因此廣告必須聚焦在另外兩件事情上，那就是你可以買到的配備，包括照準器和訂做的槍把，或是槍能為你恐懼的事物帶來怎樣的保護。

亞當．斯密曾經說過一句話，大意是絕大多數國民生活在貧困中的國家，不可能是幸福的。或許你還可改寫為：絕大多數國民活在貧困或恐懼或兩者皆是的國家，不可能是幸福的。我在旅行中一再目睹當人取得槍枝，便將貧窮和恐懼整個轉變成致命暴力。而槍枝的取得輕而

126. 溫特謬在二〇〇八年《新英格蘭醫學期刊》的文章，一四二一至四頁的〈槍、恐懼、憲法和公共衛生〉（*Guns, Fear, the Constitution, and the Public's Health*）。類似的結論和暴力政策中心的研究一致，後者是根據疾病管制中心二〇〇八年的資料。其中發現「擁槍率較高且槍枝法律不完全的國家，槍枝死亡率也比較高……分析顯示槍隻死亡率最高的五州，分別是阿拉斯加、密西西比、路易西安納、阿拉巴馬、懷俄明。二〇〇八年每一州的槍隻死亡率超過全國的十萬分之十點三八，這些州的槍枝法律都比較鬆散，擁槍的比率也比較高，相對之下，槍枝法律嚴格且擁槍比率低的州，槍械相關的死亡率也低很多。」

易舉，有很大的部份應該歸咎兩種人，一是確保政治意志對槍枝銷售有利的遊說團體，第二種人當然是槍枝的製造商。

Chapter 15

製造商

歷史上的第一支槍↓土耳其黑海海岸一家手槍工廠的營運情形↓龐大的槍枝獲利和美國紐約的政治影響↓進入全世界最大的槍枝製造業者地獄犬的會議室卻未竟其功

無論從什麼角度看，一八五一年十一月都是個特別的月份。赫爾曼・梅爾維爾（Herman Melville）在這個月出版《白鯨記》，這本書以其劃時代的雄心壯志，被有些人視為第一本現代小說。第一艘被保護的潛艇電報被放置在英吉利海峽的海床上，預示全球通信年代的到來。而在倫敦的某一天，當黎明的天空從泰晤士河的顏色變為明亮的湛藍，山謬・柯爾特（Samuel Colt）站在土木工程學會一群蓄鬍、西裝筆挺的會員面前，等他們安靜下來。他有東西要給他們看。

柯爾特和許多美國的工程師一樣，來到英國參觀令人目不暇給的萬國博覽會，打算在那裡炫耀他設計的作品[127]，他展示的東西讓群眾看傻了眼，那是可交換零件的海軍柯爾特左輪槍（Navy Colt Revolver）[128]，而給予這群自視甚高的工程師更多想像空間的，是百分之八十的槍都在機器上製作，與傳統手工打造的金屬零件可說是革命性的大不同。

柯爾特的發表結束後，在場許多人都對這種大量生產的方式深信不疑[129]，授獎委員會頒給柯爾特尊貴的德福金獎（Telford Gold Medal）。這種槍枝製程，從以往美國絕大多數槍械的製造地康乃狄克河谷傳遍全國各地甚至國外，這種廣泛使用可交換零件和機械化的生產法被稱為「美國系統」，很快就成為現代生活中眾多必需品的主要生產方式，包括汽車、腳踏車、時鐘和家具，以及數百萬計的槍枝。

因此，雷明頓製造打字機、縫紉機和收銀機也就不是偶然，又或者溫徹斯特製作的手銬、洗碗機和抽水馬桶活塞也是。也難怪卡拉什尼科夫步槍的發明家曾經夢想設計農業機械，或是槍枝製造者格洛克開始設計起塑膠窗簾桿掛環。生產原理全都一樣，只不過槍的用途跟其他大量生產的物件非常不同罷了。

柯爾特是這場生產革命的前鋒，有些人甚至把海軍柯爾特左輪槍稱為「歷史上的第一件產品」，而且當然是大量生產。超過二十五萬支左輪槍被生產出來，很快就在美國平原乃至俄羅斯的大草原現蹤，從不列顛帝國勢力所及的遠方熱帶區，到奧圖曼帝國塵土飛揚的平原，這個設計啟動現代槍枝產業，使數以千萬計的槍械被製造出來，打從柯爾特的創辦人提出左輪槍的第一件專利以來，光是該公司就賣掉三千萬支。

今日生產的槍枝數更是多到讓人下巴掉下來。一百多國的一千家公司生產槍和彈藥，正確數字難以取得，但經常被引用的估計是，每年約製造八百萬支槍，或許有低估之嫌。光是美國一國的槍枝製造商每年就做出近六百萬支槍，而中國和俄羅斯的祕密工廠生產不計其數的槍，卻完全逃過世人的眼光。

我們確實知道的是：一九五〇年代以來共生產多達一億支ＡＫ型的步槍，一九六〇年代以來共生產約一千兩百萬支AR15型的步槍，有多達一千七百萬支李恩菲爾德系列步槍，以及約七百萬支G3型步槍，也從世界各地的工廠生產出來。

全世界生產的小型武器，至少有一半來自美國，全世界前十大槍枝生產者中，有七家總部設在美國[130]，魯格、雷明頓和史密斯威森等三個美國品牌，在一九八六至二〇一〇年間各製造出一千多萬支槍，占美國國內槍枝生產約百分之四十。

歐洲是另一個槍枝的主要生產地。義大利、英國、法國有幾家全世界最大的槍枝製造商，

---

127. 這不是「新」點子，這種設計已經存在好幾年，特別的在於它以生產設計之姿在世界舞台出現。

128. 柯爾特在那天表示，「需要新零件時，不必再仰賴人的高超技巧，就可以極其精確作出多件完全相同的東西，而且成本較為低廉；或者在服勤時，可以使用軍事行動結束後所撿來殘破武器的部份，隨時製作出幾把完整的武器。」

129. 最早成功使用可更換零件的技術並大量生產，其實是一八〇三的馬克・伊山巴德・布魯內（Marc Isambard Brunel），但是這種製造方式，在幾十年間卻沒有被英國的一般製造業採用。

130. 彼得・貝區勒（Peter Batchelor）和凱・麥可・肯克爾（Kai Michael Kenkel）合著的《控制小型武器：合併、創新和研究與政策的新領悟》（*Controlling Small Arms:Consolidation, Innovation and Relevance In Research and Policy*）第三十五頁。自從羅斯福總統於一九四〇年的耶誕節，鼓勵美國成為「偉大的民主兵工廠」，就一直是這樣。後來美國經歷了軍事產業爆炸、一九四〇至一九四三年間製造產出倍增，一九四一至一九四三年間武器生產增加八倍，幾乎是英國、蘇聯和德國三國的總和。

貝瑞塔每天平均製造一千五百件武器，至於俄羅斯和中國以及土耳其等急起直追的槍枝生產者，更是不在話下。

這些武器能賺進多少錢，是再清楚不過的事。二〇一二年，美國的槍枝產業總獲利近十億美元[131]，二〇一三年魯格的營收近七億美元，鉅額獲利讓美國槍枝產業自詡為「經濟體的亮點」，二十年間見證「槍枝銷售的穩定成長，包括其中五年成長創記錄。」

不同於彈道飛彈和攻擊機，製槍的技術障礙低到不可思議，許可證的發給和技術的傳播，代表企業即使不花大錢進行研發依舊能夠生產槍枝，製槍經驗豐富的業者，研發費用估計只占營業收入的百分之一。

投資低代表一些槍枝製造者有錢到難以想像，加斯頓・格洛克（Gaston Glock）的錢多到花一千五百萬美元買一匹馬給格洛克馬匹表演中心（Glock Horse Performance Center），該中心的主持人是比他年輕約五十歲的嫩妻凱薩琳，穿金戴銀的貝瑞塔家族後代，被《億萬富豪》（*The Billionaire*）等雜誌撰文歌功頌德極盡討好之能事，就連風評不佳的銀行家摩根（J.P.Morgan），年輕時期也部份靠著賣假槍賺進第一桶金。

當然，事情不是都這麼順遂。製造AK47的公司在蘇聯解體後度過艱困時期，一接連二的停工和管理不良，導致該公司虧損高達五千萬美元，槍枝生產界的代表柯爾特如今也面臨財務危機，因此必須透過遊說和行銷，不斷鼓勵人們買更多他們的產品，照我看來，這個動盪不安的市場，需要靠行銷恐懼和生產新型武器才得以繼續生存。

為了賺錢，有些製造商開始尋求創新。頭盔系統的開發，讓士兵從此只要移動頭就可以瞄準架設好的槍，此外「超級槍」的目標鎖定技術，可以把任何步槍變成精準無比的狙擊手武器，「桁端科技」（Yardarm Technologies）發展的地理位置系統可以遠端開火或將槍隻瞄準目標，還有些武器的發展已經到了走火入魔的地步，有一種叫「打火石」的槍枝系統，射擊率為每分鐘兩萬枚子彈。

彈藥的開發也不落人後，從無毒彈藥到引導式智慧型子彈，各種各樣的邪惡軍火被生產出來，有一種子彈殼能把你的槍變成短程火焰噴射器，還有一種「次因素控制爆裂式子彈」，能「從槍管靜靜地彈出，進入目標物後經由水壓破裂形成鋒利的花瓣和花座。」

看著這些不禁要問，這些東西到底是誰發明的，他們的動機何在，以及如何為他們的作品提出正當理由。因此我在旅行接近終點之際，把注意力轉回槍枝製造商。

* * *

兩封郵件幾乎同時出現在收件匣裡。

131. 營業收入一百一十七億美元，獲利九億九千三百萬美元。http://www.washingtonpost.com/blogs/wonkblog/wp/2012/12/19/seven-facts-about-the-u-s-gun-industry;http://www.ibisworld.com/industry/default.aspx ?- indid=662。菸酒槍砲及爆裂物管理局表示，二〇一〇至一一年間，美國製造的槍枝數增加百分之十六，來到六百四十萬支，聯邦調查局預計二〇一二年會進行一千七百八十萬次槍械購買的背景查驗，比前一年增加百分之九。

第一封來自紐約的影片製作人及導演洛克威爾（A.V.Rockwell），她導演過一部音樂錄影帶，暗示巴利斯．蘭恩之所以自殺，是因為幾個被他欺負過的幫派份子威脅報復的緣故，她的郵件讀起來跟影片很不同。

雖然影片靈感來自巴利斯的故事，但絕大多數的事件都屬杜撰。根據他的親近友人表示，沒有人能確定他自殺的理由，但他並沒有擔心生命不保的立即性理由。然而他的成長過程確實問題重重。我希望這些資訊對你有幫助，抱歉把你引導到錯誤方向。

就是這樣。到頭來跟幫派完全無關。只是獨自一人用一把上了膛的槍走上絕路，我一直被杜撰的真相困擾，自殺成了一種殺人的形式，而一個年輕人的「尊嚴」得以被確保。或許自殺太醜惡，會讓唱片不好賣，到頭來只是又一條生命被無謂犧牲。

接著又來了一封郵件。之前我寫信到全世界前二十大槍枝製造商，問我能不能去參觀他們的工廠，史密斯威森回信寫道，「您要蒐集的資訊多半屬本公司私有，恕難照辦。」德國的狩獵步槍公司布雷瑟（Blaser）的回信至少比較坦率，「本公司不得不擔心我們的名字被公布在可能引起負面聯想的文章中。」其他根本相應不理。

但這家公司不一樣。這是來自土耳其的槍枝製造商烏特古．阿拉爾（Utku Aral）。「感謝您的來函以及對本公司的興趣，」他寫道，「敬邀您前來本公司……我將等待您的回音。」

＊　＊　＊

「在桑頌（Samsun），任何多出來的時間對旅人來說顯得如此沉重，」這是旅遊書對這個位在黑海岸、人口五十多萬的土耳其城市所做的惡評。這麼說是有道理的，這是個功能性的城市，觀光辦公室早就關門大吉，小雨和骯髒的水潭是死氣沉沉的街道上常見的景象，哪怕是在夏天。

替我開車的努瑞不會說英文，但他在載我前往槍枝工廠的路上，指了幾個可看的景點。這座海港城曾經是歷任龐帝克國王的貿易站，但乏善可陳。灰濛濛的天空下，有一尊現代土耳其之父阿塔蒂爾克（Ataturk）的黯淡雕像，他的船班德瑪（SS Bandirma）停靠在遠一點的地方，破舊的紅色新月旗遮住船腹，遠方無聲無息的貨輪在港口微微晃動著，船上黑色長方形的貨櫃，點綴這失去往日光彩的港口。

車子繼續往前開，通過被薄泥覆蓋而有些濕滑的路，幾位身穿絞染布面紗的女士快跑避雨。在我們上方出現水泥的清真寺尖塔，和灰黑色的鳥飛過烏雲的瞬間剪影。

經過看似永無止盡的輪胎和擋風玻璃雨刷和輪圈蓋的小店家，我們看到一面告示，寫著：「桑頌組織工業園區」（SamSun Organize Sanayi Bolgesi），烏特古的工廠就在這裡，他是土耳其數一數二手槍製造商「坎尼克」（Canik）的執行長，每年從生產線產出八萬多支警用配槍。

我們把車停在灰色廣場，有人帶我去烏特古的辦公室。他不在位子上，於是我就做記者該做的事，在他的辦公室東張西望。牆上釘著好幾具薄型的架子，每個架子裝滿他出差的紀念品，有個哈薩克的金子人像、脖子上圍了一條紅色方巾的西班牙公牛、以色列的小飾品，還有從美國、巴基斯坦來的物品，從這些能看出坎尼克的手槍都賣到哪二十個國家。在這些東西旁邊是烏特古的鑲框相片，深色西裝，面容嚴肅在槍展上展示他的手槍，兩側被頭戴高頂軍帽的人以及看似好鬥、體格精壯的政治人物包夾。我到處看。他的辦公桌上有一張年輕老婆的相片，身穿晚禮服看起來很尊貴。

烏特古走了進來。他穿白色前釦式襯衫和斜紋布長褲，才三十二歲就成為這間家族事業公司的總經理，他擁有一流大學的機械工程學位，妻子是商事法律師，散發的自信彷彿知道自己在世界上的地位。他舒服地坐在一張深色皮椅，叫人端來小杯土耳其甜茶，茶來了，接著他用完美的英語解釋起這一行。

坎尼克是中等規模的土耳其槍枝公司，在國內排名第十三大，營業額約四千萬美元。他們生產半自動和狙擊手步槍，但還是以手槍最大宗。

他措辭謹慎，這種特質反映在他整齊的短髮和熨燙精準的襯衫上，他的確需要小心，因為他的公司是從東黑海武器專案（East Black Sea Weapon Project）這項政府倡議中誕生，即使現在政府還是對他嚴加控管，不但經常對該公司進行檢查，出口和生產也必須取得數都數不清的許可。

他在土耳其軍隊服過役，因此提到愛國主義。他認為，替土耳其警察製造手槍是在盡保衛國家的義務，「阿富汗、伊拉克、敘利亞動盪不安，而這些國家全都在我們的邊界，」他用誦經般的語調說。這件事令他不安。「我們知道越過邊界的敘利亞難民都是些什麼人嗎？萬一是伊斯蘭國的人怎麼辦？」他指的是距離我們所在地二十小時車程的伊斯蘭好戰份子打仗的地方。

對自我保護的權利深信不疑，促使他把武器賣到喀麥隆、布吉納法索、泰國、尚比亞、南非、約旦、哈薩克、坦桑尼亞、祕魯和智利。

「如果執行長坐在家裡，就沒有盡到該盡的職責，」他說。去年有超過十萬支土耳其製手槍被賣進美國，憲法第二條修正案再度發揮無遠弗屆的威力，「如果美國『不再』進口槍枝，那麼全世界的小型武器製造商就不存在了。」

我問到武器交易的貪腐。他的坦率令人驚訝。「貪腐在我們這一行就跟在其他各行一樣存在著，凡是不承認的人就是在說謊，」他說。問題出在當政府介入交易時。「昨天我跟利比亞開會。目前聯合國對利比亞實施武器禁運，所以我們不能出口到那裡，但是俄羅斯、中國就不管聯合國的決議。」

我問，如果這樣，豈不是便宜了走私販子，他搖搖頭。「一切都是政府做的，把槍從某地運到另一個地方而不受到控管，不是件容易的事。必須政府出面才行。」

他解釋運作方式。「我們到迦納，表示想賣槍給他們，但是迦納要我提供優惠條件的貸款，說如果這樣就跟我買槍。」他說政府就是用這種方式搞定大筆武器交易，再透過走後門的方式提供融資。「就是這麼玩的。」

我們聊了好幾小時，他察覺到我想看看槍被使用的情形，於是帶我下樓到測試靶場。當時他的最大買家是土耳其警察局，每年向他訂購約三萬把手槍，但那是一紙得來不易的合約，警方拿他的手槍測試，從高處把手槍丟到水泥地上，把手槍放入低溫冷凍和烤箱中，接著進行所謂的「凌虐測試」，把手槍放進鹽水中浸泡二十四小時，然後連續擊發一萬發子彈，如果是賣到土耳其特種部隊單位，就會多擊發三萬發子彈，進行這項測試的人員因為射擊而擁有發達的肌肉，光靠手臂動作的力量就能扳動手槍的扳機。

他遞給我一把坎尼克手槍，告訴我正確的站姿是雙腳打開、手臂要穩、臀部擺正，我舉起槍，對著微幅震動的標靶射出十發子彈，手槍比我想像的還要重，最後照準器在我手裡不停晃動。

我的準頭很差。多年前，我在靶場上還有一定的水準，而今卻是一蹋糊塗。或許只是因為缺乏練習，或許我不再想盡最大努力射出好成績，因為我看過它造成如此多傷害，以致射擊成了討厭的事，手槍發出的每一聲刺耳爆裂聲，在在喚起我的回憶。

烏特古把我帶到主大樓的後面，整個交談過程伴隨著機械的低音聲響，但就在他領我走過長廊，來到通往工廠的大門前，聲響大了起來。四面八方的機器發出規律震動，幾名身穿藍色馬球衫、鐵著臉的男人，正在顧一台來自德國、黑灰相間的巨型機械怪獸，烏特古雇用兩百四十五名員工，約三分之二都在生產線。

「每一秒鐘都是錢，」他的聲音蓋過機器的噪音。四十八台機器每周運轉六天，其中五天是全天候開機。「現在可以用一台多功能機器做其它機器百分之九十八的工作，一台機器要價三十五萬歐元，但是一台可抵二十五台，」他說。往裡頭看，可以看到金屬經過車床加工變成槍管和槍托，旁邊有上千個零件製成品，真的是大量製造。「小型武器的生產，是國防市場中的自動化產業，」烏特古大聲說道。

我們走到一間儲藏室，裡面整齊排列上千個切割專用的工具，每一排都附上標籤。有來自德國、以色列和義大利的工具，有些要價高達一千歐元，這讓我想到槍枝產業不僅影響遊說團體、醫療單位和殯葬業，對製造業也有隱藏的財務影響。

「沒有國防產業就沒有工具產業，沒有工具產業就沒有機械產業，」烏特古說。而且是很大筆錢。他打開一個櫃子。「整個櫃子，」他要我探頭看，「價值十萬歐元。」

我們來看其他生產槍枝所需的工具，這裡是規格測量室，每一面都擺英國製的微調器材。烏特古解釋，「少了測量儀，每一把槍的性能就不會一樣。沒有標準規格就沒辦法取得備用零件，我們必須製造兩千個完全一樣的零件。」這裡的車床切割精準度可以達到零點零一釐米。「毫釐不差是最重要的。」他說。

我問他，槍有改變他嗎？「他讓我成了控制狂，」他回答。這讓我想到，這裡的每件事物不外是控制和細節，然而產品卻可能一個不小心造成莫大的混亂和災難。我猜潘朵拉的盒子裡，也有整齊的襯裡和標準的直角吧。

我對烏特古說，他製造的東西一定是用來殺人。「這我不管，」語氣強烈到令我驚訝。「如果人類不是世界上最危險的生物，情況就不同了，如果我們在世界上能不斷文明化，槍枝管制可能有用；但世界上並不是每件事物都變得愈來愈好。」

對此，他的槍要負相當的責任。國際刑警組織曾經請他解釋，為何他生產的其中一把手槍被用在薩爾瓦多的兇殺案，結果這把槍是從瓜地馬拉走私的。但是在這座忙碌的工廠，很難想像這些槍會往哪裡去，會奪走多少人的性命。這裡的槍只是產品，沒有惡意、尚未完成。人畜無害。

黃色堆高機在地上畫定的區塊四周忙著搬送一落落尚未完工的滑座和扳機保險，這些零件待會要浸泡化學藥劑，或者用大型金屬火爐使之更加堅硬，烏特古帶我上樓到最後一間，也就是組裝槍枝的地方。我走進去，巴西的點點滴滴快速浮現腦海，因為這裡的牆上是一排排橫板，每個洞裡放了一把新手槍，只是還沒有染上該隱的「記號」，這樣的手槍有成千上百，一張桌子上放了幾把手槍，有墨黑色和鉻黃色，有一般警槍的石板灰和「花俏的阿拉伯」鍍金。這些手槍名字叫鯊魚、水虎魚或是魟魚。

在這牆上放滿槍的房間裡，我覺得我的旅程即將接近尾聲。我到過一些地方需要槍來維持和平，一些地方的槍似乎只是搞破壞，我也認識一些社群沒有發生過和槍枝及其使用有關的血腥事件，但我也看到幾座充滿槍枝受害者墳墓的墓園。我每說出一個事實，似乎就有另一件事作為反證。

烏特古說，「我相信控管槍枝是不可能的，我們是動物，當我們窮的時候，就是更可怕的動物，人類不關心別人，只想求自己成功，就這樣。停止槍枝暴力根本是癡人說夢，槍是非常必要之惡。」

或許他說的對，但我不想相信這麼冷酷的人生觀。我想感受來自良善的抵抗，甚麼都不做是問題所在。我們應該正視邪惡。

* * *

我又回到紐約。最後有件事要做，我要跟幾位槍枝製造業的金主見面，一路追到金脈的源頭。

第三大道八七五號的建築物低調、平凡無奇，跟一千棟無趣的辦公大樓一個樣，裡面進駐的是所有紐約大型辦公大樓都看得到的店家，有一間鎖定怕胖男士的壽司吧，一間三一冰淇淋給不那麼怕胖的人，一間潛水艇三明治給其他人；不過吸引我目光的，是一間賣可食花藝的店，所有水果都做成花的樣子。我想知道這些以水果和花為主題的籃子，會不會被送到在我頭頂的十、十一、十二和十四樓用金屬和玻璃打造的會議室，那裡會不會有西裝筆挺的嚴肅男士正在討論損益和資產負債表，他們或許會中途停下來，摘下一顆美味雛菊（Delicious Daisy）的成熟草莓。我品嘗水果的清爽滋味，心想他們會不會回過頭來討論最近的屠殺案對槍枝銷售額是否有正面影響，因為在我頭頂的高樓，就是「地獄犬資產管理公司」（Cerberus Capital Management）的辦公室。

地獄犬是重量級的私人投資公司，「專門從事不良債權投資，」他們說。確實是專門，因為這家公司帳面上有超過兩百五十億美元的投資，他們處理「非控股的私人權益」、「不良資產」和「企業中介市場貸款」，這些經過斟酌的措辭，都是用來掩蓋這家公司真正在做的不可告人之事。

比這些文字遊戲更具體的是，二〇〇六年四月，地獄犬資產管理公司決定大舉進軍槍枝業務，第一件大型收購案，是買下半自動步槍的製造商毒蛇槍械公司。地獄犬斥資約七千六百萬美元買下後，第二年資產集團組成他們所謂的「自由集團」並瘋狂併購，搶購雷明頓步槍跟軍火、滅音器和盔甲製造商等一堆公司。

如今根據自由集團自己的估計，他們是全世界最大的商用槍械和彈藥製造商[132]，二〇一二年獲利超過十二點五億美元，其中百分之六十來自銷售槍械，次年售出一百八十萬支槍和三十一億發子彈。

我回到樓上，第五度檢查電話。什麼都沒有。處理地獄犬資產管理媒體事務的公關公司韋伯．山德偉克（Weber Shandwick）還沒回電[133]，我並不意外，主要因為這家公司的執行長史蒂芬．范伯格（Stephen Feinberg）曾在股東會上表示，「如果地獄犬的任何人把他的相片或是所屬部門的相片登在報紙上，我們不僅是開除，還會殺了他。坐牢都值得。」

整個槍枝產業都蒙上神祕的面紗，只有少數幾家股票公開上市，大部份都沒有義務公開詳細帳目或年報。美國除了一家主要的本國槍枝製造商魯格外，其他都是未上市公司，而且這一行不像菸草、製藥或金融等產業會有吃裡扒外者，因此有些人甚至稱槍枝產業是「最後一個不受規範的消費產品」。

但是，地獄犬和自由集團是少數幾家每年公開帳目的公司之一，這點倒可以好好利用。帳目顯示自由集團在二○一三年賣出的槍枝數，比二○一二年多四十萬支，而他們「致力於符合國際要求」，為公司帶來「與菲律賓共和國估計五千萬美元的卡賓槍合約」，一個大約五分之一人口活在貧窮線以下的國家。

這些文字發人深省，但我有一套很明確的問題想問范伯格，於是我走向接待櫃檯的電腦，輸入他的名字。

「抱歉，史蒂芬．范伯格沒有進一步資訊，」冒出來這樣的答案。

我又輸入幾個地獄犬的員工姓名，直到孔武有力、滿臉狐疑的警衛狠狠地注視我說，「先生，有什麼我可以幫忙的地方嗎？」

---

132. 地獄犬在自由集團的權益接近一億六千萬美元，持股比例百分之九十四。http://www.bloomberg.com/news/2012-12-18/cerberus-outlay-reviewed-by-pension-after-school-massacre.htm

133. 媒體人被列在地獄犬公司網站上的有彼得．度達（Peter Duda）和約翰．迪拉德（John Dillard），兩人負責公關。

我解釋說，我是記者，想要找范伯格，警衛的表情變得更兇惡。於是我走開，他用兇惡的眼神目送我。我打電話給公關公司，還是沒有回音，或許在接到記者打來問關於槍的電話時，他們很少回覆吧。畢竟韋伯．山德偉克是一家老油條的公關公司，客戶包括哥倫比亞政府、美國陸軍和英國飛航系統（BAE System），那種會請人寫「光榮的戰役」之類文章的公司，而地獄犬不斷發動的，當然都是些光榮的戰役。

地獄犬這樣的資產公司遇到公關災難也在意料中，毒蛇的突擊步槍曾因為半自動功能可能變成全自動而發生大規模召回事件，另外當CNBC播送《火線下的雷明頓》紀錄片時，記者深入探討雷明頓七百型步槍扳機不安全的指控，據稱可能導致槍枝意外走火，造成「多起死亡和數百件重傷案件」，該公司稱此項指控「毫無事實根據」。

不過，最大的公關災難要屬桑迪胡克，蘭薩用在桑迪胡克小學大屠殺的槍枝，是一把毒蛇AR15攻擊步槍，這把槍的廣告詞是，「任何一把槍都會讓侵入者三思，毒蛇的槍會讓他們多想一次。」

還不只蘭薩。出沒於華盛頓環城快速道路的DC狙擊手也使用毒蛇的槍，十四次射擊中有十一次是用它，二〇一二年殺手瑋柏斯特（Webster）在紐約槍殺四人並殺死兩名正在救火的義消，據說也是用這種槍。

不過還有一件讓人憂心的事：地獄犬旗下的醫療機構「守護者醫療」（Steward Health）雇用一萬七千名員工，在新英格蘭服務超過一百萬名病患，從二〇一一年新英格蘭發生近四萬六千件暴力犯罪案件看來，幾乎可以確定地獄犬是在經營一項必須治療槍傷患者的事業。

好好地想一想。全世界最大的槍械公司，以銷售槍枝賺進大把鈔票，其中一些槍被用在大規模槍擊事件，也是一家以治療槍傷患者賺錢的公司。

醜惡的事實引起騷動。二〇一二年十二月，為了回應桑迪胡克屠殺事件，該公司宣布開始釋出在自由集團的股份，或許是因為范伯格住在牛頓市的父親催促兒子拋掉這些公司吧，又或許是加州教師退休系統（California State Teachers’Retirement System）（投資六億美元在地獄犬的基金）等投資者的壓力，才促成這項宣布。

又或許只是公關辭令。地獄犬從來沒有說到做到。就在桑迪胡克事件一年後，公司公布獲利約二點四億美元，自由集團的營利比這些孩子被殺死之前增加百分之三十五。[134]

我在自由集團的年報中尋找「桑迪胡克」的字眼，結果一無所獲，相反地年報出現「分期攤銷精算利益和損失」以及「補充財務公制以評估我們的營運績效」。沒有桑迪胡克。不過年報中提到三百四十萬美元的州和聯邦租稅扣抵，美國的納稅義務人似乎在補貼美國的槍枝製造商。[135]

在我頭頂的，是不得其門而入的窗明几淨的辦公室，那裡坐著地獄犬的執行長史蒂芬・范

134. http://www.ft.com/cms/s/0/9fb20eea-6407-11e3-b70d-00144feabdc0html#axzz3Ehx2zdA7。而且不光是地獄犬。桑迪胡克事件後，史密斯威森公布當年營收上升百分之四十三，來到五億八千八百萬美元的新高，魯格的淨營收上升近百分之五十，來到四億九千一百八十萬美元。http://booming-as-anxiety-buying-continues

伯格，五十四歲，三個孩子的爸，據報他家牆上掛了一顆麋鹿的頭，他騎哈雷機車並自稱「藍領」，但年收入高達五千萬美元，在上東區有一間公寓，唸過普林斯頓大學。

范伯格認為自己只是平凡的受薪階級，我並不驚訝。他的公司措辭也是類似拐彎抹角。「我們是投資者，不是政治家也不是政策制定者，」這家公司的報告寫著。但是在美國，「錢」永遠是進入政治和政策的途徑，范伯格握有進入共和黨核心的鑰匙，過去十年間，他捐了超過三十萬美元給他們。自認不是政策制定者的范伯格對捐獻對象相當挑剔，他捐錢給猶他州參議員歐林・海契（Orrin Hatch），海契因為「反對任何……對美國槍枝擁有者施加限制的聯合國國際公約」，而被NRA評為A^+議員；或是是蒙大拿州的麥斯・包克斯（Max Baucus），他和另外三位民主黨員投票反對針對販賣私有槍枝進行背景檢查的修法，因而使這項法案遭到封殺。因此，范伯格當然是投資者，不是政策制定者。就像他的妻子捐錢給全國共和黨國會（National Republican Congressional）和參議院委員會（Senatorial Committees），以及一群被NRA評為A^+的政治人物，也與地獄犬的低調態度——他只是個不關心政治的投資人——一致。

或許范伯格和支持槍枝的共和黨幹部會議最直接的連結，是地獄犬全球投資的董事長，也是前任副總統奎爾。

接著是自由集團的董事長喬治・卡勒戴茲（George Kollitides），他跟范伯格不同，網站上閃現一張灰褐色頭髮留個小鬍子的相片，卡勒戴茲在網路上的個人檔案，展現他過著利己的愉悅生活，四十三歲的他有軍人的整齊外表，兩鬢的頭髮剪得很短，面容展現的驕傲多於幽默，相片捕捉到他把手擺在被獵殺的公鹿鹿角上，或蹲在一頭剛被獵殺的熊後面，還有些是他在紐約參加慈善活動時，混在一群有錢的東岸菁英中拍的相片，似乎嚮往進入紐約上流社會的日常生活。

他的妻子凱倫．卡勒戴茲似乎也樂此不疲，金髮、打扮很有特色的她，是上流社會活動的常客，包括參加提供乾淨的水給非洲偏遠地帶的「模特兒募水」（Model 4 Water）等，這會讓你不禁要問，她的先生製造的槍是否也參與驅趕非洲難民，害得無數多家庭必須在無盡的燠熱沙漠中，為沒有水喝的生活尋找一點滋潤[136]。當然他公司的槍也在替伊斯蘭國殺人的民兵手中被發現。

卡勒戴茲跟范伯格一樣，也是政界和遊說團體的大金主，二〇一三年十二月，他被NRA連同其他自由集團的副董事長和總裁正式納入「自由集團的金環」，只要捐給NRA至少一百萬美元就可以被納入。近來他也對好幾位被該協會給予頂尖評價的共和黨員提供政治獻金。

如果你要我相信，這些人把錢送給美國政治菁英卻不求回報，因為他們只是一群謙卑的投

---

135. http://www.bloomberg.com/news/2013-01-09/gunmaker-tax-breaks-to-lure-jobs-face-renewed-scrutiny.html。自從二〇〇七年以來，該集團收到約五百五十萬美元的津貼和補助。

136. 他的公司當然會把武器賣到非洲。http://www.remington.com/my-account/partners/sales/international-distributors/africa.aspx

資者，那我猜我也會相信他們生產的槍和殺人毫無關係，就像我會相信拉皮爾對媒體操弄和不當政治影響的評論，也不會發生在ＮＲＡ。

不用說也知道，范伯格和卡勒戴或拉皮爾都不願意跟我說話。於是我離開這幾間樸素、照明良好且舒適的辦公室，在外面漫無目的地晃著。

地獄犬。是以替冥王黑蒂斯看門的三頭狗命名，范伯格顯然是認同永遠有一個狗頭在看守的概念，如同他的公司二十四小時看守客戶的資金，然而這名字對我卻有不同的弦外之音，一部份的我去過地獄的某些地方，聽到桑迪胡克殘酷的沉默，看過美國槍在宏都拉斯和墨西哥引起的恐怖，甚至可能被地獄犬製造的武器射中。

從我展開這趟旅程後，經過很長時間來到現在，我遇上了地獄犬，那是守衛地獄入口的狗，而牠不讓我越雷池一步。

Chapter 16

自由

思考一個自由和沒有槍的世界。

自由女神聳立在我面前，綠色的巨人，沉默的存在。人們在她的基座繞行，仰望她，但她占據了大半個小島，以致人們除了她以外，幾乎只能關注彼此，青少年打情罵俏，小孩在風中奔跑然後被制止。從東到西、從北到南，多年來她是各國集會的場所。

我在吃了地獄犬的閉門羹後來到這裡，如果地獄的看門狗不打算跟我討論自由集團的內部運作，那麼搭渡輪到全世界最知名的自由象徵，似乎是不錯的變通之道。

於是，我看著俯衝的海鷗，感受大西洋的風愈來愈強，紐約的天際線在地平線閃爍，我抬頭看了看那尊雕像，他們稱她是「啟發世界的自由」，是「黃銅和鐵做的巨像」，背甲薄如兩個一美分硬幣，他們選擇黃銅而非青銅是別有用心的，法國設計師弗里德利．奧古斯特．巴特勒迪（Frederic Auguste Bartholdi）不想用「從敵人奪來的大砲」鑄造雕像，歐洲軍隊傳統上會用戰敗者的青銅槍來鑄造勝利雕像，但黃銅是硬幣和商業用的金屬，她是抑制槍而獲得自由的象徵。

越過飛濺的水花就是美國幅員廣大的土地，我想到今日的光景已不復從前。如今自由女神依然為自由而聳立著，只不過跟巴特勒迪當初認知的自由不同，如今她被人民有權攜帶槍枝的憲法第二條修正案邏輯包裹，這法案是在以單發槍為思考的年代下應運而生，而不是一眨眼就可以把校園殺的片甲不留的自動射擊槍。凡是質疑擁槍權利的人都會遭遇猛烈攻擊，遊說團體、製造商的政治獻金和沉默不語的富人們築起一道石牆。

攜帶槍枝權利的邏輯，從美國散播到更遠的地方。美國槍到頭來成了中美洲和墨西哥毒品戰爭以及中東等地邪惡衝突的打手，引述憲法第二條修正案的說客們，讓國際上企圖解決非法槍枝氾濫的努力難以伸張，而槍枝的大量製造意謂著被製造出來的槍遠多於被摧毀的。

我的旅程即將進入尾聲。在我身後是遭到無情打擊的記憶，充滿痛苦、權力、愉悅和利益，我看到槍對你我生活的影響，被切割成幾十個不同的真實狀態。與槍枝共同生活的社群核心，往往和其他也跟槍枝共存的社群不相往來：槍的說客從不曾中槍，而幫派份子幾乎遇不到政治人物。槍枝製造商專注在槍管寬度的枝微末節，醫生則全神貫注，追查子彈旋轉造成不規則的孔洞所流出來的血。

槍吃定了你我源自一個分裂的世界，我們永遠無法使槍不帶給人痛苦，因為這麼做就意謂奪走某些人的權力、他們的愉悅和利益。說「槍不會殺人，是人殺人」，其實是沒有看到全局。他們只看到槍具有轉變力的元素，但我看到槍的各種面貌，對我而言是很清楚的，那就是槍會殺人。

轉變，這是槍之為槍的本質。槍利用人類的基本衝動再加以放大，從提供金字塔頂端的人們財富並滿足其欲望，到痛苦和戰爭的深淵，槍可能將一種主張變成致命衝突，讓你把所有注意力放在你完全不會也不該關注的對象，拯救你並且使你無法自拔。當然槍也給我們自由。自由做我們想做的事，或者對對方而言，是自由做他們想對我們做的事。

那真是恐怖所在。

從巴西形似棺材的兵工廠，到南非與太陽一般高的山，我見過槍改變處境、人、意識形態甚至是我自己，槍使我不安，左支右絀，我感到害怕，死亡留下它神祕的印記，戰爭不會因為你不在場就結束，而且我害怕未來。我已經料到這本書會招致的批評，來自與擁槍權利結為一體的人們憤怒的言語。

但我已經看到該看的，在心裡留下這些事，似乎我唯一剩下的就是文字了。那種恐懼好像暫時離開了我，我仰望若隱若現的自由女神像，低頭看她周遭被人們踐踏的草皮，一片草皮上有幾名中歐青少年在做日光浴，另一片草皮上坐著一名男子慢慢打開用錫箔紙包的三明治。這裡一片祥和。

於是我突然想到：姑不論美國對擁槍權利如此堅持，但你卻不能攜帶武器來到這個美國象徵，自由島是聯邦財產，國家公園條例禁止一切武器，觀光客加入紐約海濱緩慢移動的長長隊伍，聽從指示通過安全檢查，確保沒有攜帶槍枝入境，因而創造了幾乎零犯罪的島，美國公園警察說得很清楚，「兩千年至今，我們在自由女神像之下沒有任何槍械事件的統計數字。」而這段時間有大約兩千萬名訪客到過那裡。

那可能是全世界最安全的公共空間。

我環視這個自由的人造景象，緩緩呼一口氣。我想知道完全沒有槍的世界會是什麼樣。接著陽光漸強，遍照整個天空。

世界可能會是什麼樣。

致謝

我要向Greene and Heaton的經紀人Antony Topping以及勘諾蓋特出版社（Canongate）的編輯Katy Follain致上由衷感謝，他們既是朋友，也是靈感的來源，我也要為無數多次的晨間散步以及在兩位早餐尚未消化前，用槍的黑暗故事將你們的腦袋填滿而道歉。

深深感謝不屈不撓的Jenna Corderoy，為這本書從事無可取代的研究。她是前途無量的記者，有著明澈的心智。

我想感謝Steve Smith和所有「對武裝暴力採取行動」（Action on Armed Violence）的夥伴們，對撰寫這本書給予的協助，沒有你們的支持，這一切都不可能。

若是沒有接下來的幾位，本書也將不可能寫成。你們以編輯身份決定送我去遙遠的國度，你們以記者身份幫助我在陰暗小路中看見光，你們鼓起勇氣大聲說出面對槍枝恐怖的經歷，或只是把你的時間、洞見和耐性給我。我都致上相同而且深深的謝忱。

Aage Borchgrevink, Ailsa Bathgate, Alexander Renderos, Alice Shortland, Alicia Fernandez, Anne Cadwallader, Apostolos Spanos, Barbara Eldredge, Cate Buchanan, Christopher Coker, Claudia Xavier–Bonifay, David Mapstone, David Potter, David Watson, Dorothy Parker, Elaine Potter, Flossie Baker, Frank Gardner, German Andino, henry Dodd, Jamie Byng, Jamie Mills O' Brien, Jenny Kleeman, Jon Palmason, Jaz Lacey–Campbell, Lesley Levene, Mark Murray–Flutter, Michal Lee Sapir, Molly Molloy, Nic <arsh, Oren Rosenfeld, Ramita Navai, Robin Barnwell, Roy Isbister, Sam Poling, Sara Ramalho, Jon Snow, Shahida Tulaganova, Simon Reeve, Sophie Lochet, Stella hermes, Vicki Rutherford, Will Thorne, Willard Foxton.

我也要請未能被提及的人原諒，並感謝您的諒解。

我也想感謝所有在書中本文和註解裡被標註為參考的研究。我是站在你們的肩膀上。要在本文中或是個別致上謝意，就要用掉一本書的篇幅。我希望我有正確詮釋各位的研究發現，也希望您了解註解不僅僅是註解，而是我對您的新聞工作和研究深深的讚佩。

接下來當然最深且最私人的感激，必然是獻給我的家人，他們的耐心使一切變得可能，他們的信念安撫我不安的情緒，他們的靈性永遠使我振奮。你們讓我想起愛永遠存在於這世界上。

血色的旅途：權力、財富、血腥與兵工業，一場槍枝的生命旅程 / 伊恩．歐佛頓 (Iain Overton) 著；陳正芬譯 .-- 初版 .-- 臺北市：時報文化，2016.02
384 面；　公分 .--（文化思潮；1）
譯自：Gun baby gun : a bloody journey into the world of the gun
ISBN 978-957-13-6542-8（平裝）
1. 槍械 2. 報導文學

595.92　　　　105000557

ISBN 978-957-13-6542-8
Printed in Taiwan

文化思潮 001

血色的旅途 權力、財富、血腥與兵工業，一場槍枝的生命旅程

Gun Baby Gun: A Bloody Journey into the World of the Gun

作者　伊恩．歐佛頓 Iain Overton｜**譯者**　陳正芬｜**審訂**　廖光興｜**責任編輯**　陳怡慈｜**責任企畫**　廖婉婷｜**美術設計**　許晉維｜**董事長．總經理**　趙政岷｜**出版者**　時報文化出版企業股份有限公司　10803 臺北市和平西路三段 240 號 4 樓　**發行專線**——(02)2306-6842　**讀者服務專線**——0800-231-705．(02)2304-7103　**讀者服務傳真**——(02)2304-6858　**郵撥**——19344724 時報文化出版公司　**信箱**——台北郵政 79-99 信箱　**時報悅讀網**——http://www.readingtimes.com.tw｜**法律顧問**　理律法律事務所　陳長文律師、李念祖律師｜**印刷**　勁達印刷有限公司｜**初版一刷**　2016 年 2 月 19 日｜**定價**　新台幣 420 元｜行政院新聞局局版北市業字第 80 號｜